21世纪高等院校
VR
虚拟现实设计系列教材
Virtual Reality

虚拟现实引擎交互设计

刘跃军　苏嘉伟　著

中国国际广播出版社

图书在版编目（CIP）数据

虚拟现实引擎交互设计 / 刘跃军，苏嘉伟著. —北京：中国国际广播出版社，2023.11
ISBN 978-7-5078-5467-1

Ⅰ.①虚… Ⅱ.①刘…②苏… Ⅲ.①虚拟现实－程序设计－教材 Ⅳ.①TP391.98

中国国家版本馆CIP数据核字（2023）第238005号

虚拟现实引擎交互设计

著　　者	刘跃军　苏嘉伟
责任编辑	张晓梅
校　　对	张　娜
版式设计	邢秀娟
封面设计	赵冰波
出版发行	中国国际广播出版社有限公司［010-89508207（传真）］
社　　址	北京市丰台区榴乡路88号石榴中心2号楼1701 邮编：100079
印　　刷	北京启航东方印刷有限公司
开　　本	710×1000　1/16
字　　数	270千字
印　　张	18.5
版　　次	2024 年 4 月　北京第一版
印　　次	2024 年 4 月　第一次印刷
定　　价	88.00 元

编　委

（按姓氏笔画排序）

陈　峰　鲁迅美术学院用户体验与大数据可视化实验室主任

李　刚　山西传媒学院动画与数字艺术学院游戏教研室主任

张　帆　浙江传媒学院媒体工程学院数字媒体技术系主任

张兆弓　中央美术学院未来媒体游戏工作室主任

张　昱　北京建筑大学城市计算与人工智能研究室主任

邵　兵　吉林艺术学院新媒体学院数字娱乐系主任

吴南妮　广州美术学院视觉艺术设计学院

汪翠芳　江西财经大学副教授

周广明　中国动漫集团有限公司党委副书记

　　　　沉浸式交互动漫文化和旅游部重点实验室副主任

周立均　广州美术学院视觉艺术设计学院数码游戏设计工作室主任

杨　林　广东财经大学艺术与设计学院

姜俊杰　中国动漫集团有限公司 VR 实验室项目部主任

翁冬冬　北京理工大学光电学院研究员

高　盟　北京邮电大学数字媒体学院副教授

倪　镔　中国美术学院网络与游戏系副主任

前　言

虚拟现实是一种划时代的革命性信息技术，是继计算机互联网和手机移动互联网之后的下一代关键信息平台。虚拟现实与人工智能、5G通信、大数据结合构成了下一代万物互联、虚实融合的沉浸式信息生态系统，把握了这些核心技术就掌控了未来信息的核心力量，其战略意义重大。国家“十三五”规划及后续阶段已经将推动虚拟现实及相关产业的协同发展作为战略性新兴产业发展的重要组成部分，各级政府从政策、资金及相关产业布局上进行全方位支持。2016年9月3日，习近平主席在G20峰会上指出：“创新是从根本上打开增长之锁的钥匙。以互联网为核心的新一轮科技和产业革命蓄势待发，人工智能、虚拟现实等新技术日新月异，虚拟经济与实体经济的结合，将给人们的生产方式和生活方式带来革命性变化。”此后不久，国务院正式发布《“十三五”国家战略性新兴产业发展规划》（简称《规划》）。《规划》中明确指出：“以虚拟现实为代表的数字创意内容产业将带动周边产业，在五年内产业规模将超过8万亿。”其核心内容为虚拟现实与相关产业的融合应用，2020年中国“VR+”相关产业的直接产值将达到5000亿，2025年将接近2万亿规模。此后，国家科技部、文化和旅游部、教育部、工信部、财政部等多部委陆续出台政策联合推动虚拟现实产业发展。

面对全球虚拟现实科技持续发展的大潮，中国在虚拟现实科技的基础研究、硬件技术、软件技术、虚拟现实内容方面保持持续发展态势，虚拟现实技术在教育、文化、旅游、影视、游戏、科技展览展示等各行各业开始逐步应用，其规模也不断扩大。政策的连续出台和产业的持续发展预示着虚拟现实在未来将拥有巨大空间。不久的将来，随着虚拟现实产业的快速成长，虚拟现实科技、虚拟现实内容、虚拟现实平台、虚拟现实产品等将快速发展。

产业发展的前提是要有大量的从业人员的支撑，虚拟现实作为一个全新的领域，从硬件到软件，从科技到内容都面临巨大的人才空缺，虚拟现实专业人才的培养成为当务之急。随着虚拟现实技术日益走向成熟，虚拟现实应用场景在各个领域的广泛融合，高质量的虚拟现实内容成为制约产业发展的关键。由于虚拟现实内容设计包含策划、艺术设计、三维制作、引擎开发等多个跨门类的专业知识，传统设计人才很难直接满足行业应用需求。

本系列教材专门针对虚拟现实内容设计环节，融合策划、艺术设计、三维制作、引擎开发等环节的关键技术，聚焦虚拟现实内容设计过程中的专业问题，以高质量虚拟现实内容的制作实现为目标进行系统的课程内容设计。理论与实践结合，以行业成功案例为素材指导学生在较短的时间里掌握虚拟现实内容设计的整体流程和关键技术。本系列教材囊括了高水平虚拟现实内容设计的各关键环节，形成虚拟现实内容设计制作的产业链条的闭环，完整地架构了虚拟现实设计相关专业的核心骨干课程。每本教材均配备专门的电子教学资源，让学生轻松入门，且逐层深入掌握虚拟现实内容设计的关键技术。

由于教材编写时间较为局促，编写过程中未能对每一个细节进行完美打磨，对于发现的问题请随时向我们提出，我们将尽快修订。此外，在教材编写的过程中，尤其是案例分析环节，引用了不同时间、不同国家和地区的各类型优秀的、经典的虚拟现实内容，由于编写出版时间的限制和联系方式的制约，未能全部及时与作者取得联系，在此深表歉意。如果您对本系列教材中呈现的您的作品有任何意见或建议，请发送至邮箱69101433@qq.com告知我们，我们将及时与您沟通。感谢您的支持！

刘跃军

2020年1月于北京电影学院

目　录

第一章　软件安装、设置与教学资源获取

第一节　软件安装

打开网络浏览器，输入https://www.unrealengine.com/zh-CN，进入Epic Games（英佩游戏）的官方主页，如图1-1-1所示。

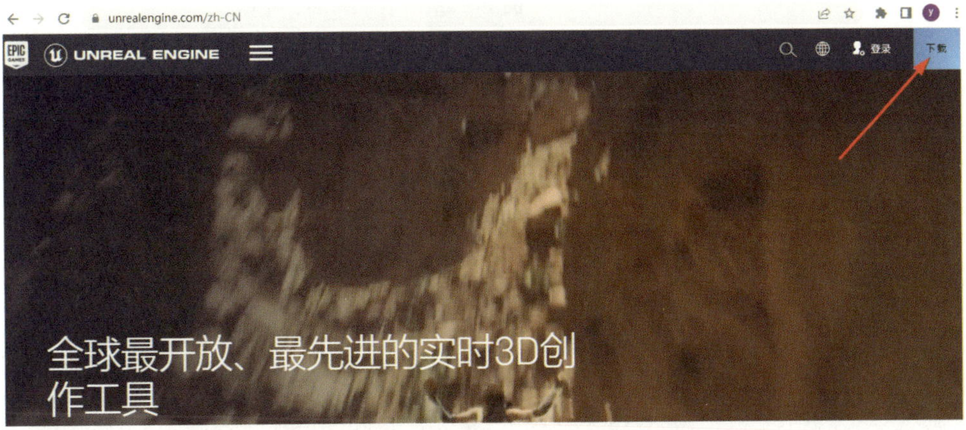

图1-1-1

如图1-1-2所示，点击右上角的“下载”按钮，进入下载页面，可以看到官方推荐的电脑硬件配置和软件系统等相关要求。箭头所指的系统要求是最低要求，但在实践过程中这样的配置运行Unreal 5难度会很大，速度会非常慢。

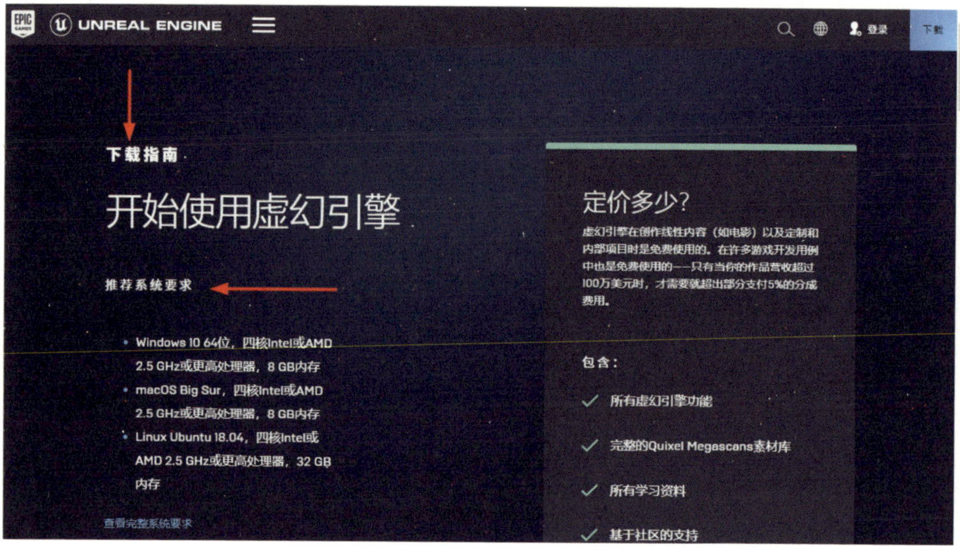

图1-1-2

Epic Games官方使用的典型系统中能流畅运行的硬件配置为：64 GB内存、256 GB固态硬盘（操作系统盘）、2TB固态硬盘（数据盘）、NVIDIA GeForce RTX 2080 SUPER显卡、六核Xeon E5-2643、CPU主频3.4 GHz。当然，如果希望系统运行更好，配置可以在此基础上提升。软件系统建议安装64位Windows10 。

如图1-1-3所示，下拉右侧的滑竿，可以看到“下载启动程序”按钮，点击“下载启动程序”。

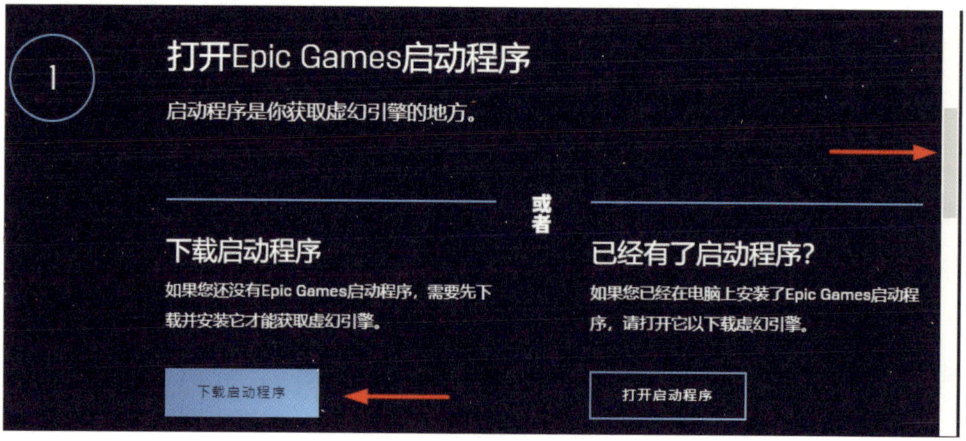

图1-1-3

下载后，执行安装启动程序。

在安装过程中，建议将安装目录设置在非系统盘，因为后续安装会占用数十个G的硬盘空间，如果系统盘空间不够大，则很容易出现空间不够用的情况。即使空间基本够用，在之后的制作项目过程中也会生成很多缓存文件，会很快将系统盘空间占满。一般要求安装盘的存储空间不少于100G，建议大于200G。

安装完成后，可以在桌面找到Epic Games Launcher图标，如图1-1-4所示。

图1-1-4

如图1-1-5所示点击打开，系统会要求注册Epic Games账号，完成注册后进入Epic Games启动界面。

图1-1-5

点击上方的“库”按钮，进入引擎版本安装界面。

如图1-1-6所示，点击右上角的“安装引擎”，打开安装版本。如图1-1-7所示，我们可以从中选择Unreal Engine 5.0以上的版本进行安装。

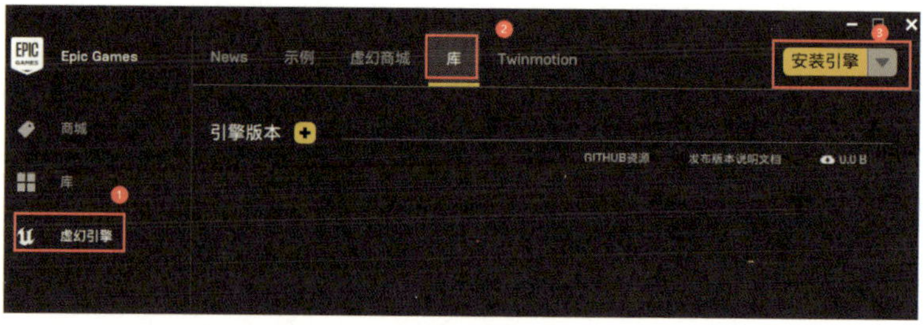

图 1-1-6

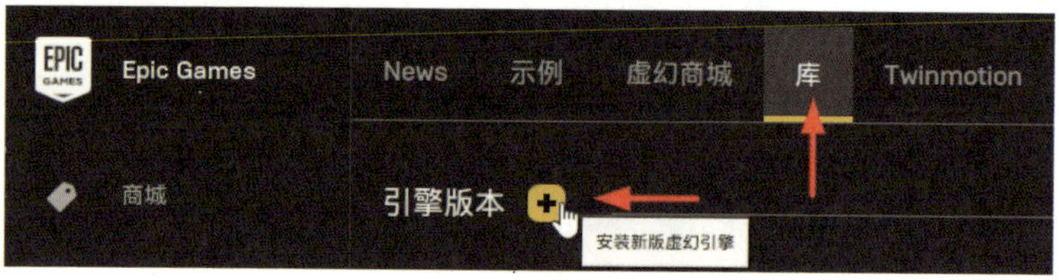

图 1-1-7

图1-1-8中上图为安装路径设置，下图为安装内容选项。注意在安装过程中的路径设置，软件尽量不要安装在系统盘，因为安装内容超过50G。

图 1-1-8

接下来系统自动进行下载和安装。安装时间与网速和电脑硬件配置有关，一般在一小时至数小时之间。如果网速快，硬件配置好，软件在1小时左右能装好；反之，时长会更长。图1-1-9中箭头所指的是安装进度、下载速率及剩余待下载文件大小。

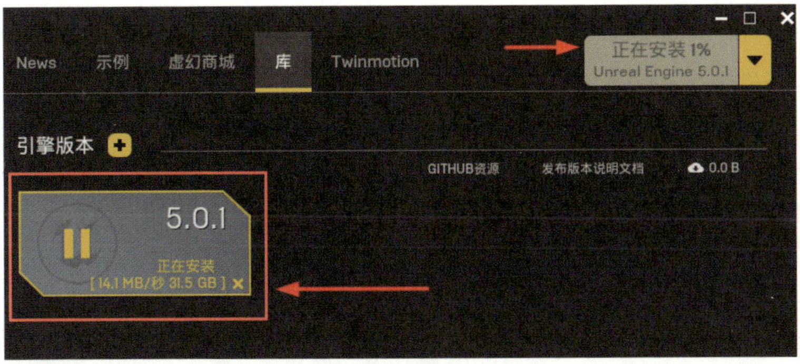

图1-1-9

安装完成后，可以看到图1-1-10所示的引擎名称及“启动”按钮。

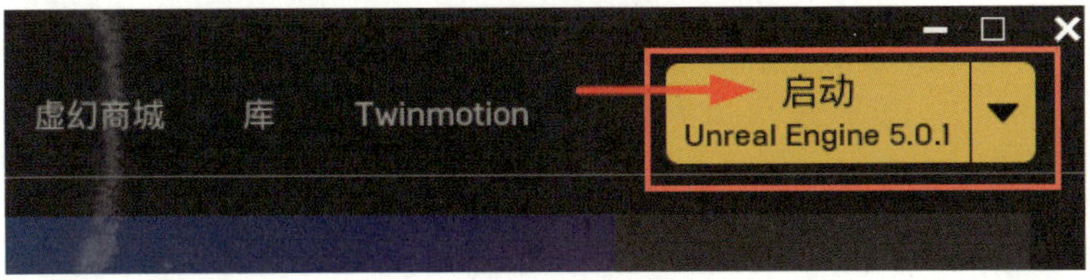

图1-1-10

单击“启动”按钮可启动引擎，出现图1-1-11所示的启动运行界面。至此，Unreal Engine 5.0.1引擎安装完成。

图1-1-11

第二节　引擎软件启动模式设置

引擎启动后如图1-2-1所示，进入虚幻项目浏览器。点击左侧的“游戏”菜单，为后面进入游戏项目或虚拟现实项目做准备。

图1-2-1

下面，我们将分别介绍普通游戏模式启动设置、虚拟现实模式启动设置。

一、普通游戏模式启动设置

1. 普通游戏模式选择

这里的普通游戏模式是指非虚拟现实头戴设备的游戏模式，如电脑游戏、手机游戏等。如果希望进行普通游戏开发，可以在选择游戏选项后，在中间的选项栏中选择空白模式，这是一种开放性游戏模式，可自主进行各种类型的游戏模式开发。

空白模式后的第一人称游戏、第三人称游戏、俯视角游戏是我们计划进行的游戏视角类型。在选定一个模式后，在项目默认为第三人称摄影机视角模式下运行测试。比如，在选择第一人称游戏后，此后的游戏运行测试过程中都将默认加载第一人称摄影机视角和游戏控制模式。

我们也可以选择空白模式，在进入引擎界面后，导入其他游戏模式。

2.项目默认设置

我们在选定基本游戏模式后，可以进行项目默认设置，包括图1-2-2所示的内容。其中“蓝图”和“C++”代表的是默认脚本开发方式，将“默认”设为“蓝图”——可视化脚本开发方式。

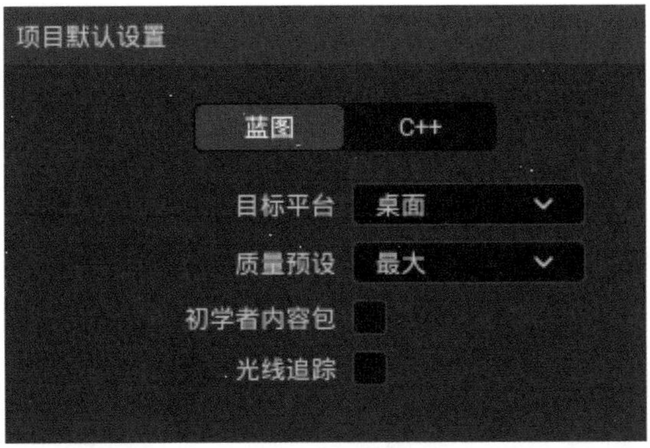

图1-2-2

“目标平台”可以选择桌面或移动平台。“质量预设”是指项目的渲染画质预设，选择“最大”代表项目默认为最佳的显示质量，但同时也预示着我们要有较高的电脑硬件配置，才能与之进行更好的匹配。

“初学者内容包”，指在项目启动后导入的初学者内容资源，通常是一些基本的场景模型、材质、贴图等，是初学者学习基本操作的基础素材。如果不勾选该项，那么项目启动后将没有这些基础素材。对于新手来讲，建议勾选“初学者内容包”。

“光线追踪”是一种高级渲染方式，这种渲染对光的处理更真实，但对显卡有较高的要求，只有支持即时光线追踪的显卡才能真正执行该功能。执行光线追踪的项目对电脑硬件性能的消耗相对较高。

3. 项目位置和名称

如图1-2-3所示，我们需要设置项目的位置和名称。建议项目不要设置在系统盘，而要设置在一个不小于100G的工作盘中。项目名称默认为“我的项目”，建议根据个人学习或工作项目设置专门的名称，以便以后进行项目记录和管理。设置完成后，点击“创建”完成项目设置。

图1-2-3

二、虚拟现实模式启动设置

这里的虚拟现实模式是指测试和输出为专门的VR头戴设备的开发模式。默认的虚拟现实模式设置需要我们在游戏选项下选择虚拟现实，如图1-2-4所示。

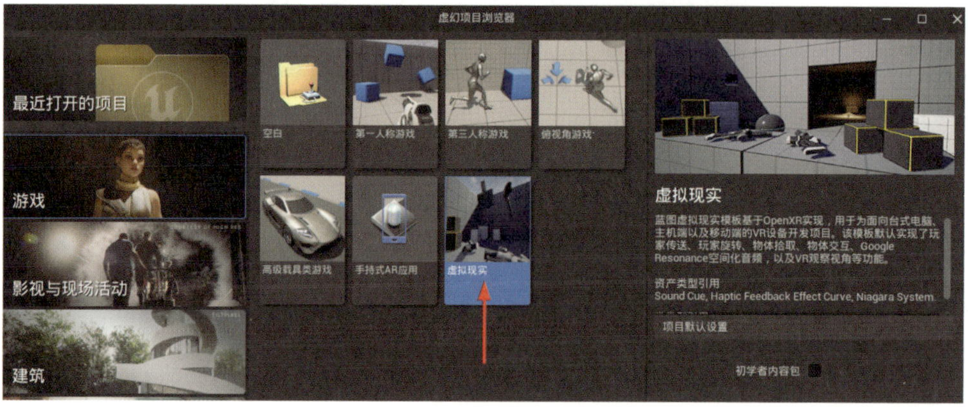

图1-2-4

在这个系统预设的虚拟现实模式下，系统集成了一些常用的虚拟现实开发模块，并对VR模式及性能进行了一些优化。这种模式可以针对基于电脑的VR模式或移动一体机VR模式进行开发，默认实现了玩家移动、拾取及基本交互等功能。

这种默认虚拟现实模式的优点在于集成了VR基本功能模块，并对VR模式的运算性能进行了一定程度的优化。但这种模式也存在一些明显的问题，如为了优化VR运算性能，降低或关闭了一些渲染功能，使该默认模式下的画质与其他模式下的画质有明显的差距，一些重要的渲染功能无法实现。

VR开发新手可以选择这种默认的虚拟现实模式。

这里的初学者内容包与前面的普通游戏模式中的基本一致，都增加了学习资源，新手可以勾选。

项目位置和名称也遵循前面的普通游戏模式基本规则来设置。

创建默认虚拟现实模式后，进入引擎主界面可以看到如图1-2-5所示的效果。这是打开了默认VR关卡VRTemplateMap后的内容。

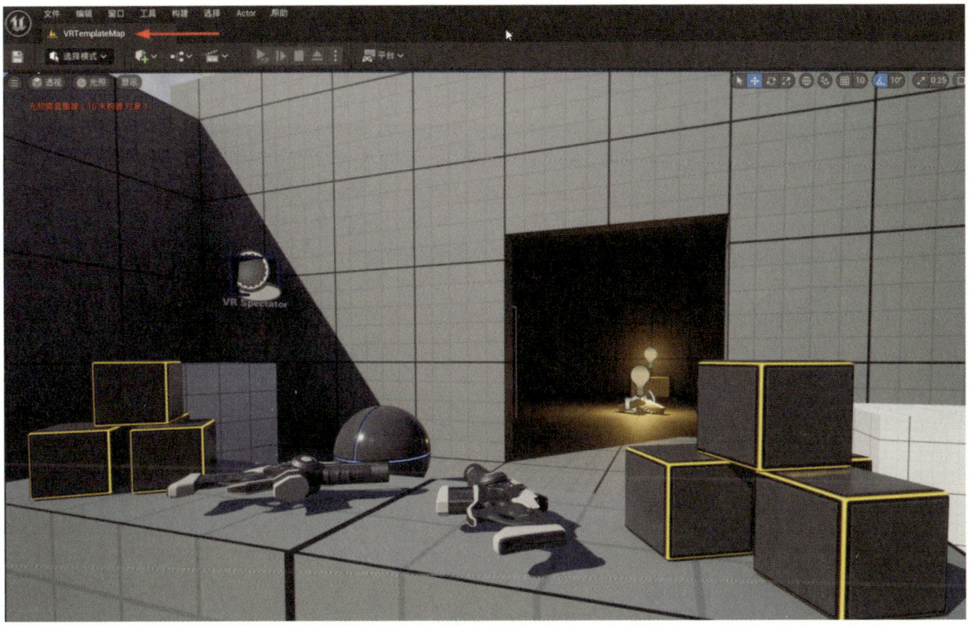

图1-2-5

如图1-2-6所示，在红色箭头所示位置点击三个点按钮，由于没有连接VR设备，我们可以看到一个灰色的“VR预览”项。

图1-2-6

如果连接了VR设备，正确进行安装并设置了相关软件，可以看到如图1-2-7所示效果。通过“VR预览”下的可执行状态或者界面上方的“VR播放”按钮测试效果。点击这两项中的任意一个，就可以进入VR播放模式，戴上VR设备就可以进入VR测试模式。

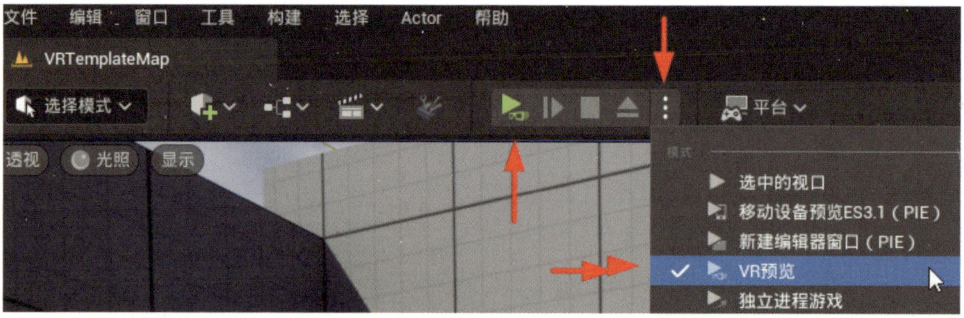

图1-2-7

第三节　相关教学资源获取

1.悟空资源

获取方法：在Epic Games启动界面中单击进入虚幻商城，如图1-3-1所示。按箭头标识，搜寻“虚幻争霸：悟空”，就可以看到图中所示的项目文件。

图 1-3-1

点击“添加到工程”，找到自己创建的工程项目，如图 1-3-2 所示，点击“添加到工程”，就可以将资源添加到自己的工程项目中。

图 1-3-2

2. 怪资源

获取的方法与悟空资源获取方法相同，只是查找的名称不同。在 Epic Games 启动界面中单击进入虚幻商城，如图 1-3-3 所示。按箭头标识，搜寻“虚幻争霸：格鲁克斯”，就可以看到图中所示的项目文件。

图 1-3-3

采用同样的方式将资源添加到自己的工程项目中。

3. 其他教学资源

特效资源、场景资源、声效资源在视频教程及配套文件中。

第四节　教材适用对象

一是在校学生。本教材的适用对象为数字媒体、游戏设计、虚拟现实设计等相关专业学生，包括高校学生或职校学生。本系列教材共7本，组成了数字媒体、游戏设计、虚拟现实设计等专业方向应用设计的核心课程。

二是从事虚拟现实、元宇宙、游戏设计等领域的其他人员。

三是专业爱好者。

本教材有助于读者系统地认识、学习、掌握相关专业流程和核心技术。

第二章　蓝图基础

第一节　简单的交互和丰富应用

本节将使用Unreal引擎进行简单的基础交互应用制作。先学习入门级的蓝图交互操作来实现交互控制，再将所学内容拓展到其他丰富的应用之中，从而了解游戏引擎中相对简单的互动过程。如图2-1-1所示，先在Epic Games中新建游戏项目，在启动界面菜单的“库”中安装好5.0.1引擎版本，启动后进入项目启动界面。

图2-1-1

如图2-1-2所示，在项目启动界面中选择“游戏”中的“第三人称游戏”。如果制作VR游戏，可以在项目浏览界面中启动“第三人称游戏”后再增加虚拟现实应用，也可以先启动虚拟现实应用再导入“第三人称游戏”应用，但要注意，“第三人称游戏”和虚拟现实应用在开始界面中不能同时使用。设置好以上内容后，在初学者内容包选项框内标记“√”，在后续的学习过程中将会使用初学者内容包中的资产内容。建议项目保存在存储空间较大的硬盘内，并修改项目名称。

图2-1-2

如图2-1-3所示，创建项目后将进入默认第三人称关卡场景，点击菜单栏“文件”中的“当前关卡另存为”，命名为“01_一个简单的交互过程”并保存。

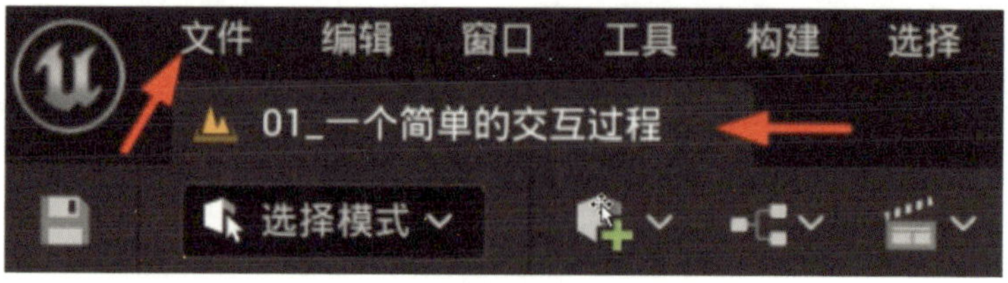

图2-1-3

如图2-1-4所示，点击绿色播放按键（Alt+P）进入第三人称视角，按键盘上的“W、A、S、D”键，可以操作人物行进方向。使用鼠标可以移动人物主观镜头视角。

图2-1-4

如图2-1-5所示，点击“快速增添到项目”，在“形状”中的“立方体”中增加一个立方体来学习关卡中简单的交互操作。

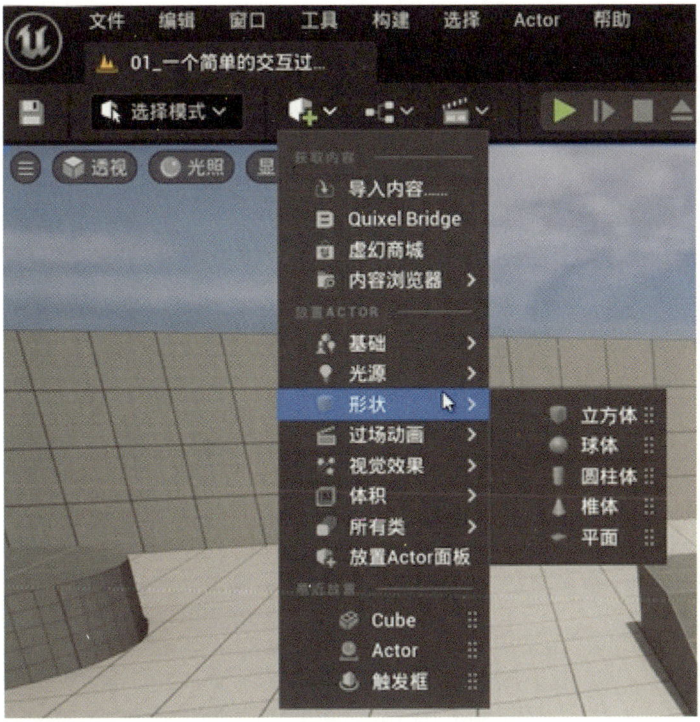

图2-1-5

如图2-1-6所示，打开供用户编辑或创建的世界蓝图场景列表，点击“打开关卡蓝图”（关卡蓝图对应不同的关卡），一个场景对应一个相应的关卡蓝图。关卡蓝图是对整个场景中物件、对象进行控制的集中平台。在这个平台上，只要启动蓝图，就会自动加载相关的蓝图节点。

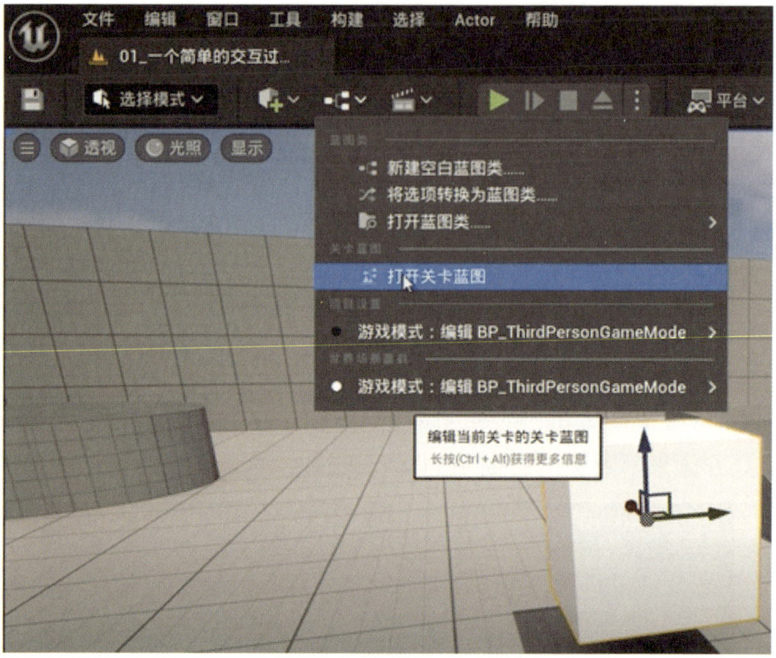

图2-1-6

学习如何调用关卡蓝图。如图2-1-7所示，选中关卡中的立方体盒子，在关卡蓝图中点击鼠标右键，在“此蓝图的所有操作”中点击“创建一个对Cube的引用”。创建后想要生成该物体，按键盘中“1”键控制物体旋转的交互过程，在“此蓝图的所有操作”中输入“1”，会出现“键盘事件”。在立方体大纲中，在“细节”的“变换”中点击“可移动”，然后在关卡蓝图中点击“编译”，再单击“保存”。

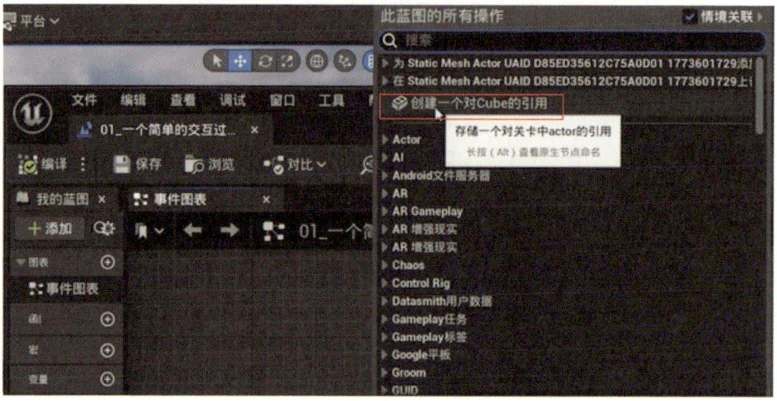

图2-1-7

如图2-1-8所示，在蓝图中选择蓝色的“Cube”右边的圆点，用鼠标左键拖动弹出对话框，在对话框内输入“设置世界旋转”的节点，点击“自动生成”。

图2-1-8

如图2-1-9所示，将蓝图中的节点排列整齐，以便后期查找、整合蓝图节点信息。观察立方体的X轴、Y轴、Z轴，若想实现立方体围绕Z轴旋转，在蓝图中“设置世界旋转”节点中Z栏内输入45.0，设置好后点击“编译”，再点击“保存”。编译成功后，编译文字颜色将从黄色变为绿色（注意：更新蓝图内节点信息后，必须编译和保存才可以实现交互操作）。

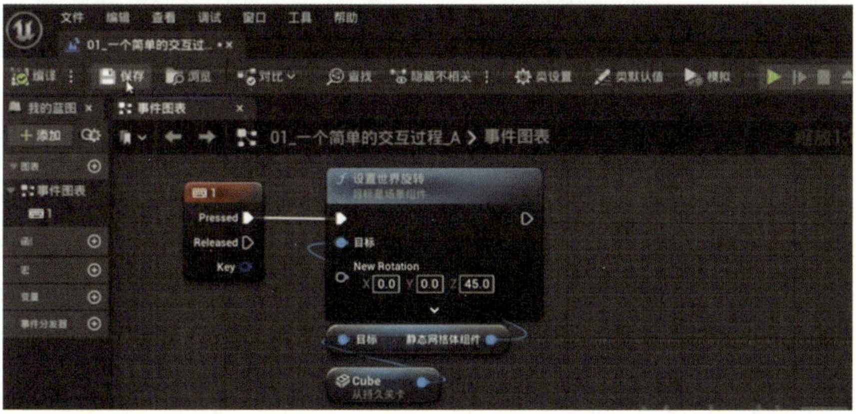

图2-1-9

以上操作完成后回到主界面，点击绿色播放按键（Alt+P）进入第三人称视角，按键盘上的“1”键检查立方体旋转交互操作情况。通过学习这类交互设计了解虚拟引擎中的基本交互方式。一种是外部输入方式，如使用键盘、鼠标、手柄等硬件设备控制游戏交互；另一种是内部触发方式，即通过触发器、程序逻辑等制作游戏交互。接下来通过学习内部触发方式了解游戏引擎中简单的交互操作。

如图2-1-10所示，点击“快速增添到项目”，在“基础”中的“触发框”中生成触发框。在关卡中选中触发框，将触发框拖动至任意位置。由于触发框在游戏中是透明材质，因此可以新建一个立方体，在触发框下方标记，当蓝图制作完成后控制第三人称游戏人物行走至该位置，碰撞触发框。

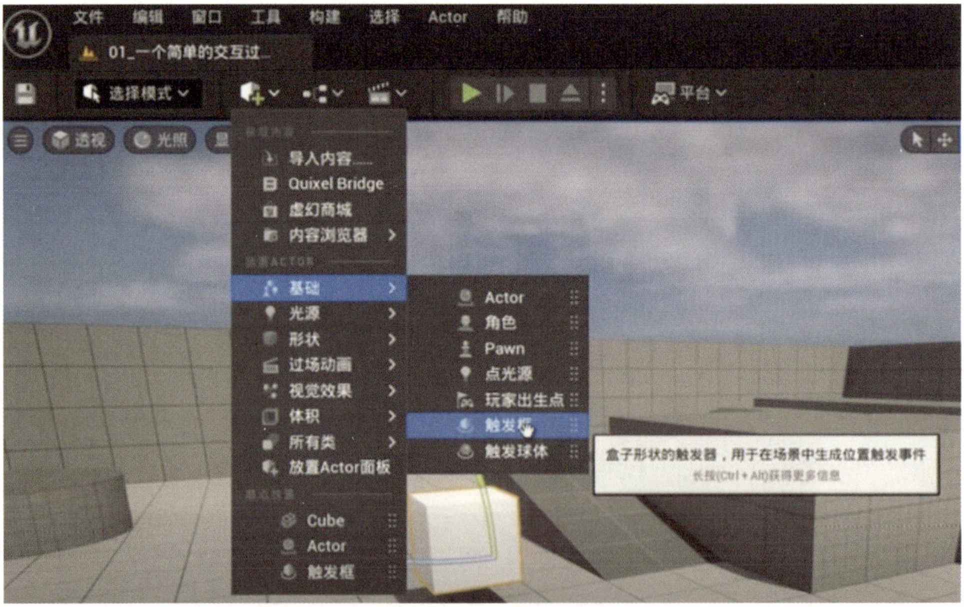

图2-1-10

如图2-1-11所示，进入关卡蓝图，用鼠标右键点击生成“此蓝图的所有操作”，选择为该物体添加事件，在“碰撞”中点击“添加On Actor Begin Overlap”选项。该选项的作用是，当游戏中被控制的角色走到触发框的范围内时会产生碰撞效果。

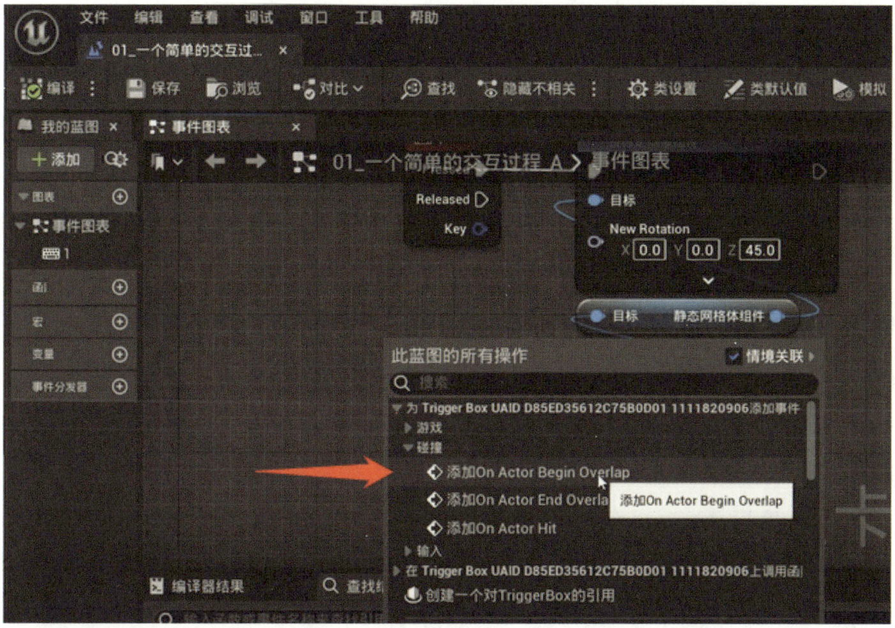

图2-1-11

如图2-1-12所示，连接“On Actor Begin Overlap（TriggerBox）”与“设置世界旋转”，点击“编译”“保存”，采用内部触发交互方式完成蓝图节点制作，回到软件主界面，点击播放，测试第三人称交互触碰制作效果。

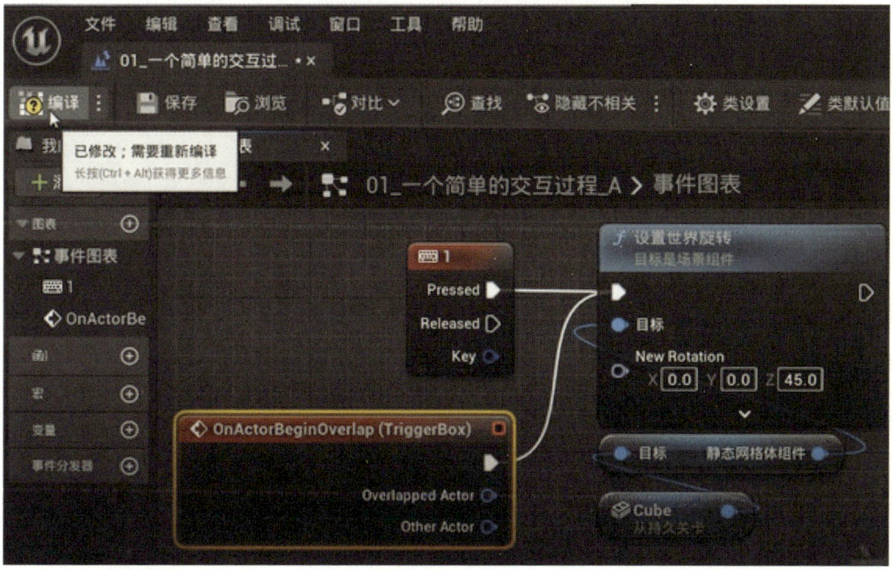

图2-1-12

这个简单的交互过程是引擎中使用程序或蓝图进行控制的基本单元。学会这两种基本的触发方式，可以基本了解引擎交互或游戏设计的基本方法。这种方法可以延伸运用至游戏关卡中各种功能的创作之中，如在游戏关卡中设置游戏特效的触发、获得奖励的触发等功能。

接下来通过学习以上两种基本交互方式拓展其他游戏交互设计，组成实现几乎所有游戏交互的基本单元。通过制作外部输入方式按键“2”引爆地雷，通过内部触发方式设置触发器“2”踩爆地雷。首先如图2-1-13所示，点击“快速增添到项目”，在“基础”的“触发框”中生成触发框。将触发框拖动到任意位置，并在触发框下建立几何体标记位置，以便制作完成蓝图交互后寻找引爆地雷的测试点。

图2-1-13

点击“触发框”后，切换到该触发框的关卡蓝图事件图表，随后在事件图表中用鼠标右键点击生成“此蓝图的所有操作”，点击“创建一个对该触发框的引用”。接下来用鼠标右键点击“此蓝图的所有操作”，在文字框内输入“2”，在最下方点击键盘上的“2”选择生成节点。然后用鼠标右键点击“此蓝图的所有操作”，在文字框内输入“在位置处生成发射器”，注意在文字框内输入的文字要准确。如图2-1-14所示，用鼠标右键点击“此蓝图的所有操作”，在文字框内输入“获取Actor位置”，生成该节点。获取Actor节点的作用是在触发盒子的位置产生一个发射器。

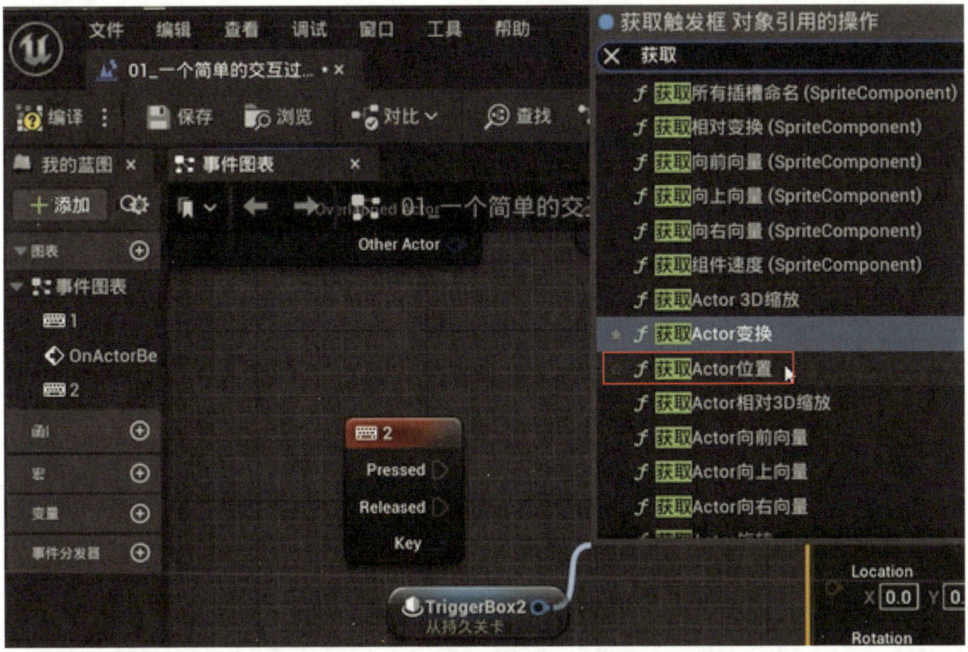

图2-1-14

按图2-1-15所示连接相应的节点，并在“在位置处生成发射器”节点中选择“Emitter Template”下的“选择资产”，选择初学者内容包中的P_Explosion特效资源。将“2”节点与“在位置处生成发射器”节点相连接，点击“编译”“保存”，回到游戏视图大纲中点击播放，测试地雷爆炸交互操作。

图2-1-15

学习通过内部触碰的交互设计制作踩爆地雷。首先选中该触发框，进入该触发框的蓝图。如图2-1-16所示，点击鼠标右键生成“此蓝图的所有操作”，在“碰撞”下点击“添加On Actor Begin Overlap”，生成On Actor Begin Overlap节点。

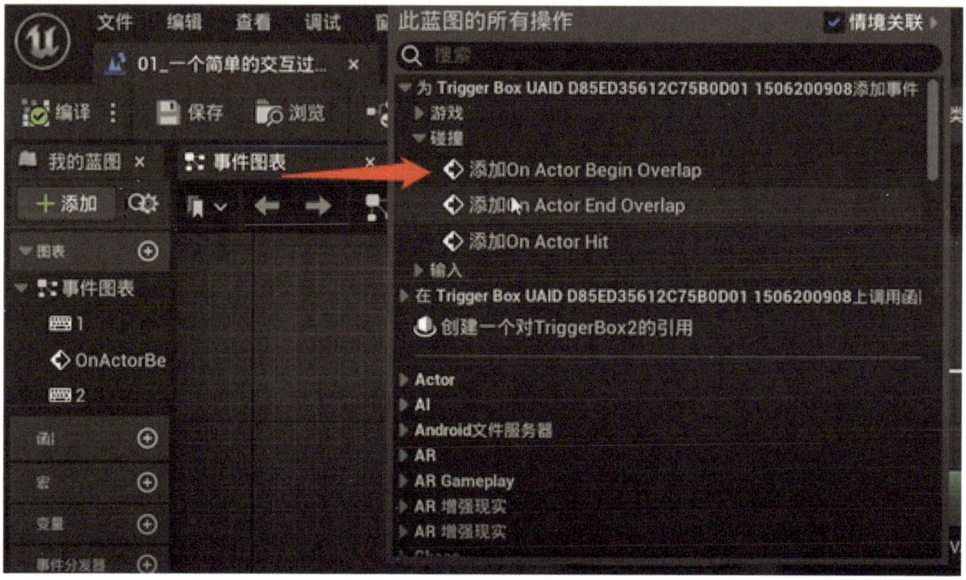

图2-1-16

如图2-1-17所示，连接好相应节点，点击“编译”“保存”，回到游戏视图大纲中点击播放，测试地雷爆炸交互操作。进入第三人称视角后，操作游戏人物走到标记触发框内，触发踩爆地雷，也可以按键盘上的“2”键引爆地雷。

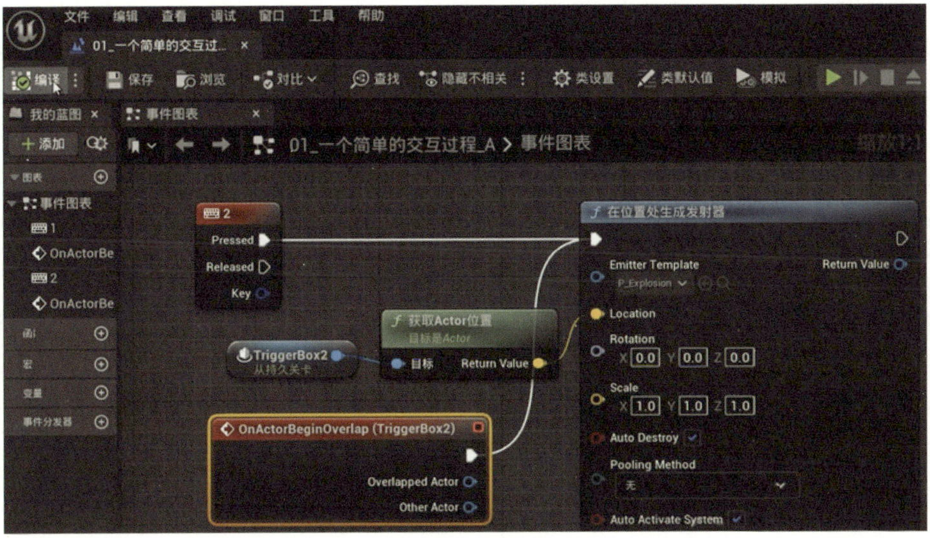

图2-1-17

学习制作角色生成功能。首先如图2-1-18所示，创建一个空的Actor。将这个空角色放在需要测试的位置。

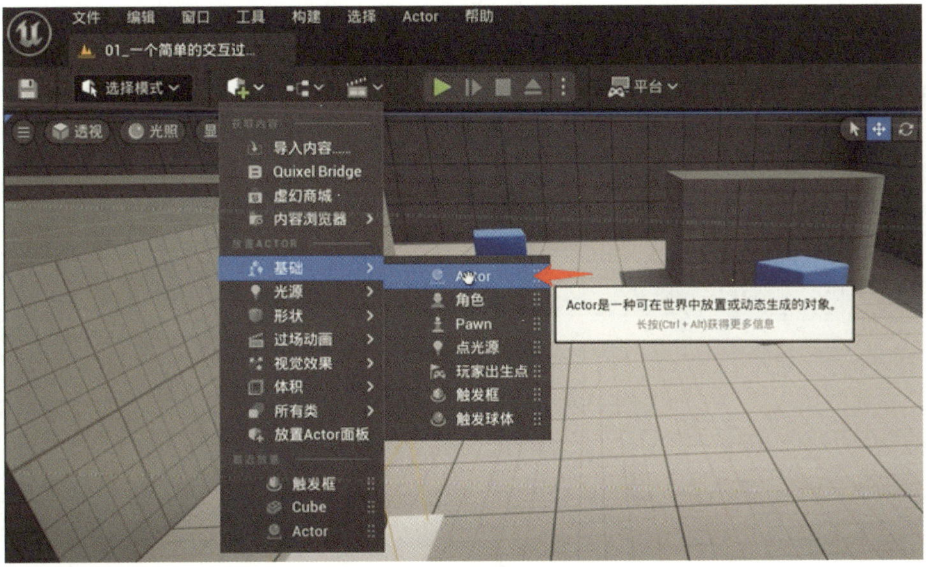

图2-1-18

打开“我的蓝图”中的“事件图表”，如图2-1-19所示“创建一个对Actor的引用”，点击鼠标右键在“此蓝图的所有操作”框中输入“3”，点击键盘上的“3”。

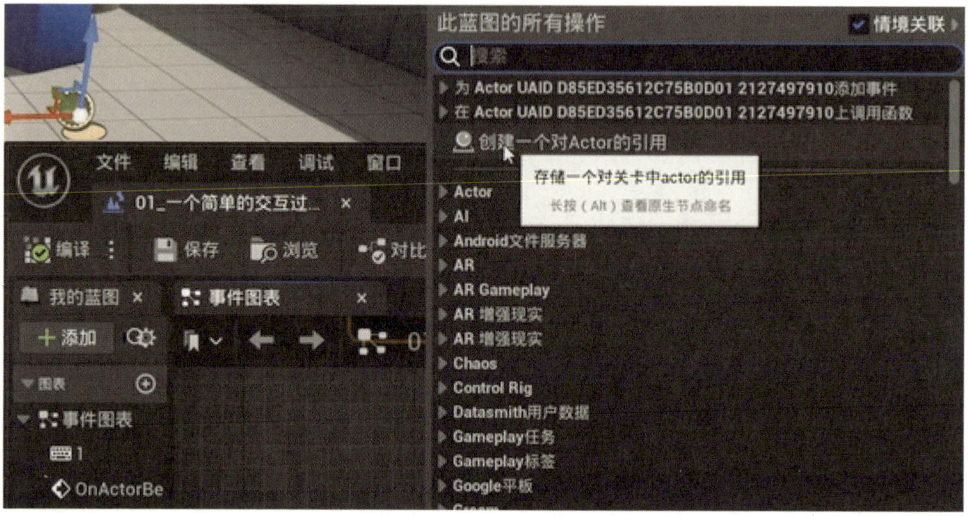

图2-1-19

按键盘上的“Ctrl+D”生成“复制一个获取Actor位置”节点，或者输入生成“复制一个获取Actor位置”节点。点击鼠标右键，在“此蓝图的所有操作”框中输入“从类生成Actor”并点击该节点，将生成的全部节点如图2-1-20所示与相应的控制节点连接。

图2-1-20

如图2-1-21所示，在“生成Actor NONE”中点击Class右侧的选择类，在菜单中输入“BP Third Person”，找到相应的选项生成“生成Actor BP Third Person Character”节点，点击“编译”“保存”，回到游戏视图大纲中点击播放，测试生成角色操作。进入第三人称视角后，按键盘上的“3”完成一个角色的制作。

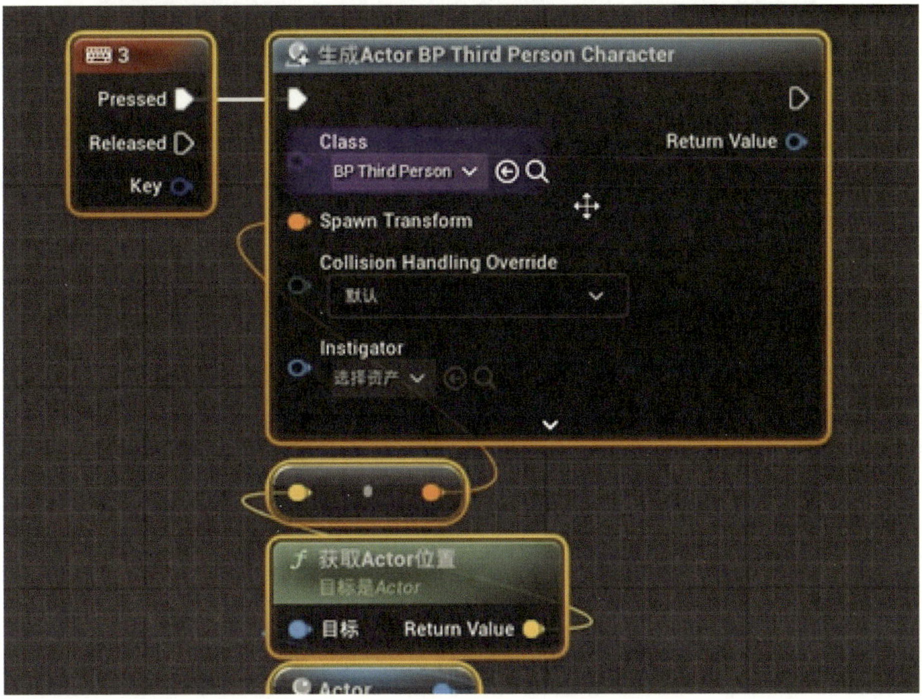

图2-1-21

通过触发器“3”激活角色跳跃动作。这项游戏操作可以在设计交互中创造许多玩法，如人物触到沉睡的怪兽，造成怪兽惊醒的交互设计。通过学习这个基础案例，我们可以将其延伸到更广的游戏创作之中。通过“基础”下的“触发框”创建一个触发框，将触发框拖动至任意测试位置，并在触发框下建立一个几何体，以便识别该触发框位置。选中触发框后进入该触发框的蓝图内进行操作，点击鼠标右键生成“此蓝图的所有操作”，在“碰撞”下点击“添加On Actor Begin Overlap”，生成On Actor Begin Overlap节点。如图2-1-22所示，在文字框中输入“获取类的所有Actor”。

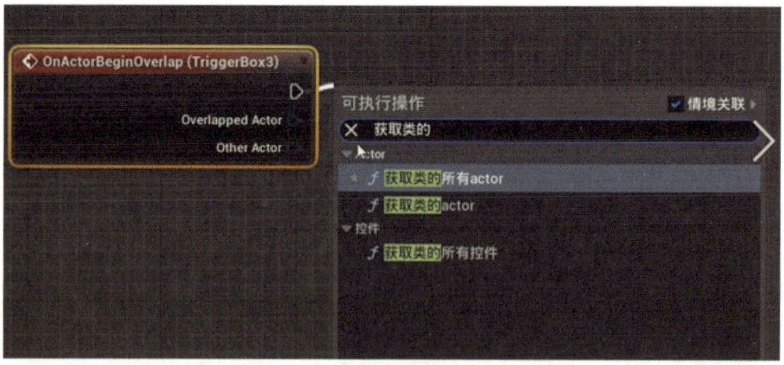

图2-1-22

如图2-1-23所示，在选择类中输入“third”，选择“BP_Third Person Character”，并连接好相应节点。

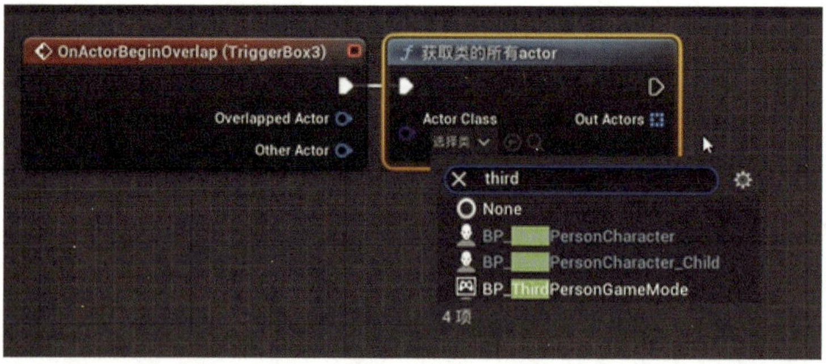

图2-1-23

如图2-1-24所示，从“Out Actors”中拖动输入“get”，生成“Get（复制）”节点，获取所有物体的排序。

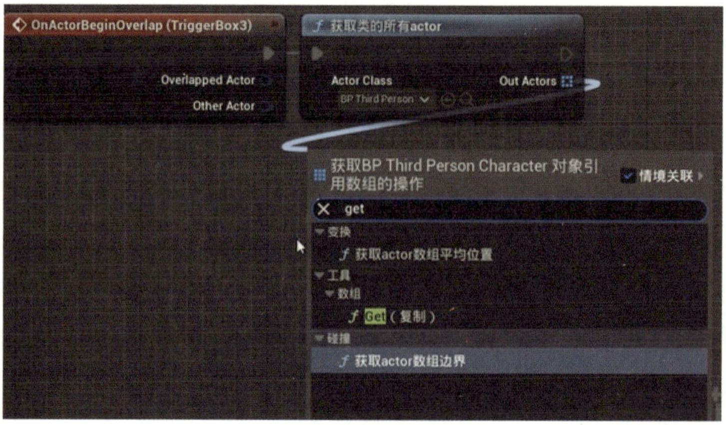

图2-1-24

如图2-1-25所示，用鼠标从“GET”节点右侧的蓝点处拖出文字框，输入“获取动画实例”，点击生成“获取动画实例”节点。

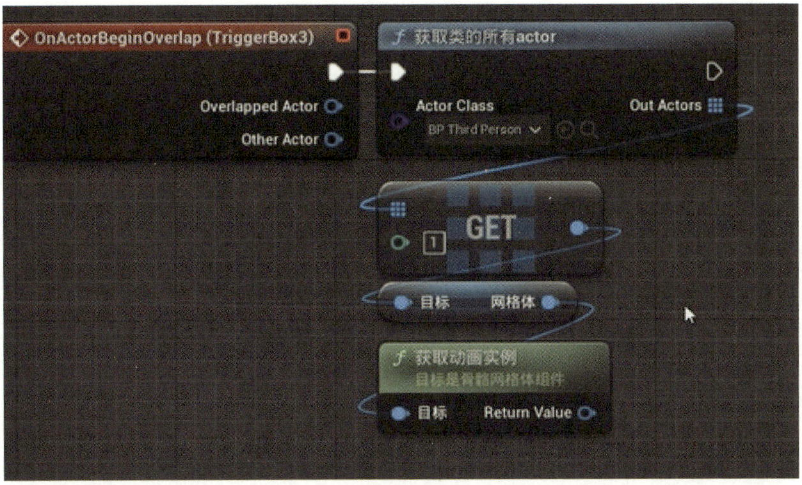

图2-1-25

如图2-1-26所示，在“获取动画实例”节点中的“Return Value”选项中用鼠标拖出文字框，在框内输入“蒙太奇播放”，选择“将槽动画作为动态蒙太奇播放”节点确认生成。

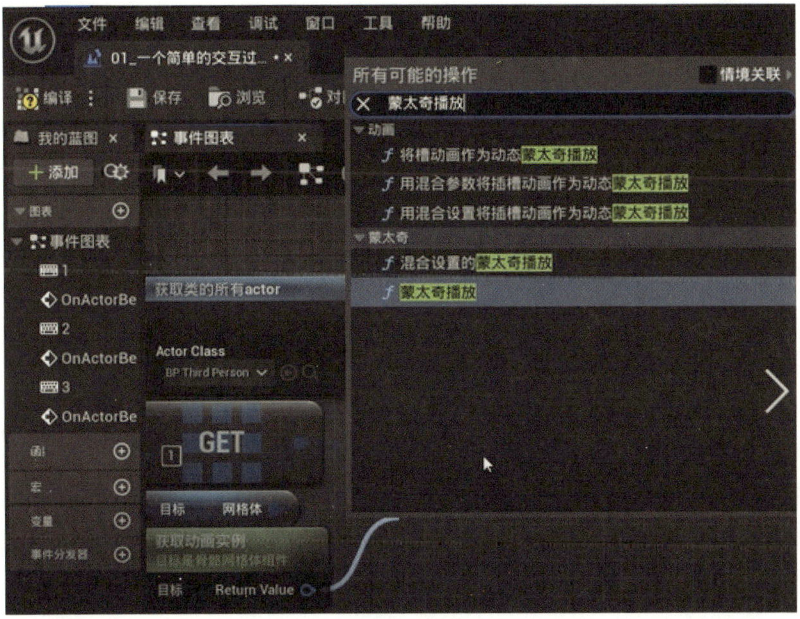

图2-1-26

在“将槽动画作为动态蒙太奇播放”节点下的“Asset”选择资产中输入“MM_Jump”并进行选择。然后在“Slot Node Name”选项框中输入“DefaultSlot”，如图2-1-27所示。连接好所有节点并检查以上的操作选项后，点击“编译”“保存”，回到游戏视图大纲中点击播放，测试触碰触发器和角色碰撞时的跳跃动作。

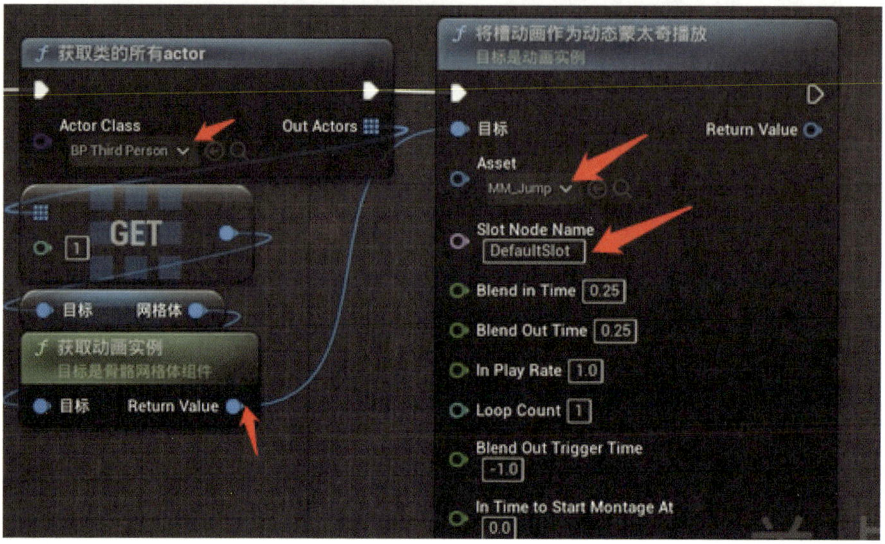

图2-1-27

我们既通过外部输入的方式进行旋转、点燃、生成人物等基本蓝图交互制作，也可以通过内部触发的方式进行同样的交互操作。对于初学者来说，建议安装5.0.1版本软件。

第二节　蓝图通信

本节通过案例学习制作蓝图通信。Actor（演员）类比于现实世界中的人物，每个Actor都有自己的蓝图（功能、做事方式）。通信则是通过蓝图的制作使Actor之间产生互动功能。接下来，通过具体的制作流程来了解蓝图通信。

首先在“Blueprints”中对第三人称角色进行“创建子蓝图类”操作，如图2-2-1所示。可以将子蓝图自定义命名，如BP_ThirdPerson_子。子蓝图类在编程中是一种常见的继承关系，子类拥有其上一层级父类的相关程序、功能、设定等。如果复制的第三人称角色与原来的人物之间没有任何关联，那么他们之间仅是单纯的拷贝关系。如果在第三人称角色中创建子蓝图类，对父类进行修改，子类将会拥有父类所有修改的功能，这样可以为接下来的制作提供很多便利。

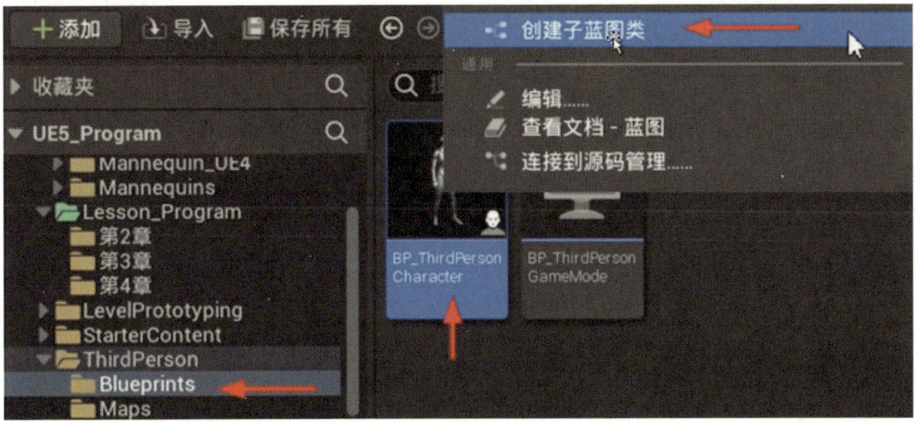

图2-2-1

用鼠标双击子蓝图进入“事件图表”，事件图表中有默认的蓝图节点。在蓝图空白处点击鼠标右键，出现“此蓝图的所有操作”，在文字框内输入“自定义事件”，重命名为“响起来吧！”，如图2-2-2所示。创建好该自定义事件后，在蓝图空白处点击鼠标右键，出现“此蓝图的所有操作”，在文字框内输入“获取Actor位置”并创建该节点。

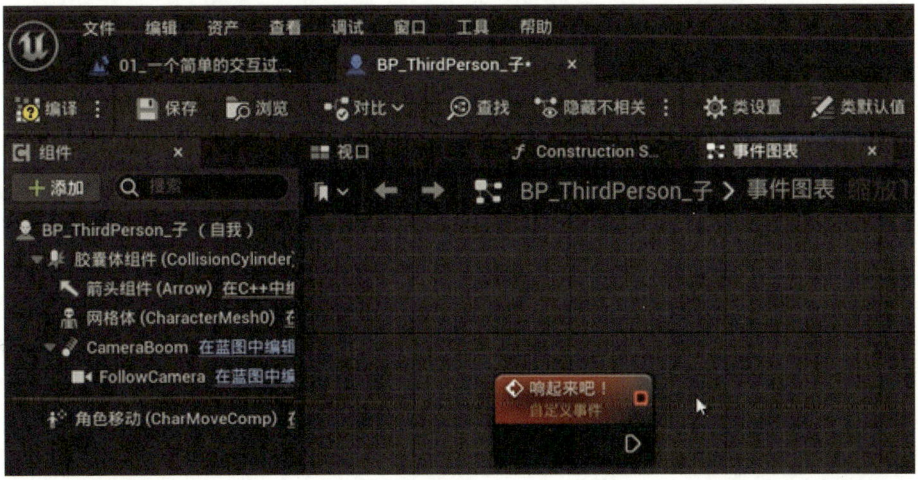

图2-2-2

如图2-2-3所示，将子蓝图鼠标拖进场景中，此时蓝图中的“获取Actor位置”生效。

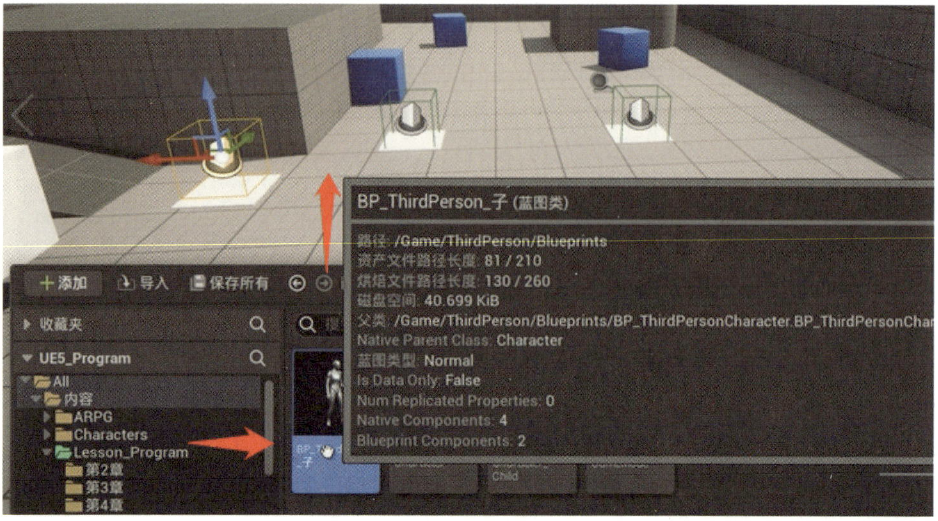

图2-2-3

如图2-2-4所示，拖动自定义事件并在“可执行操作”文字框内输入“在位置处生成发射器”并创立节点。再将“获取Actor位置”节点中的“Return Value”与“在位置处生成发射器”节点中的“Location”相连接。

图2-2-4

接下来在“在位置处生成发射器”节点中选择特效，如图2-2-5所示，发射器位置会自动生成爆炸特效。

图2-2-5

再拖动“在位置处生成发射器”节点，输入“播放音效2D”，选择音效中的资产，编译后再保存，如图2-2-6所示。这步操作会使爆炸产生音效。

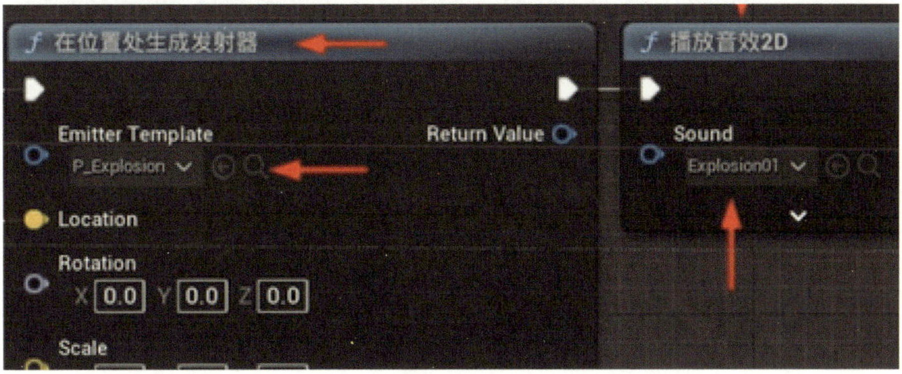

图2-2-6

在关卡蓝图空白处点击鼠标右键，出现“此蓝图的所有操作”，在文字框内输入数字“6”。选中大纲中的第三人称角色，在关卡蓝图空白处点击鼠标右键，出现“此蓝图的所有操作”，选择“创建一个对BP_ThirdPerson_子的引用”，如图2-2-7所示。

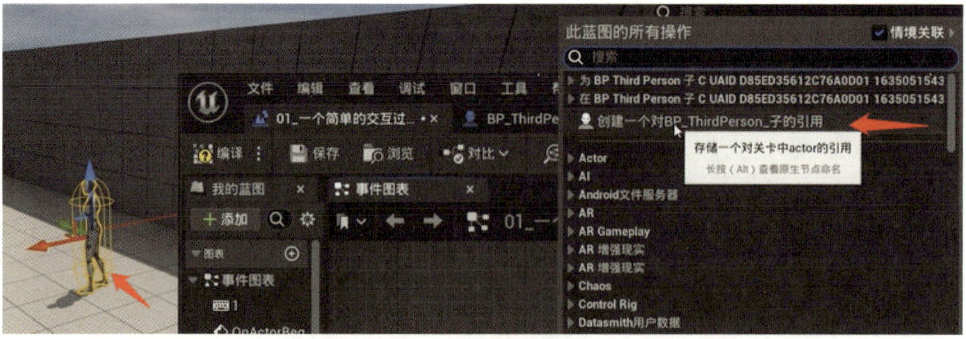

图2-2-7

拖曳“BP_ThirdPerson_子”，输入“响起来吧！”并选中该节点，如图2-2-8所示，编译并保存。回到游戏视图大纲中点击播放，按“6”测试交互操作。

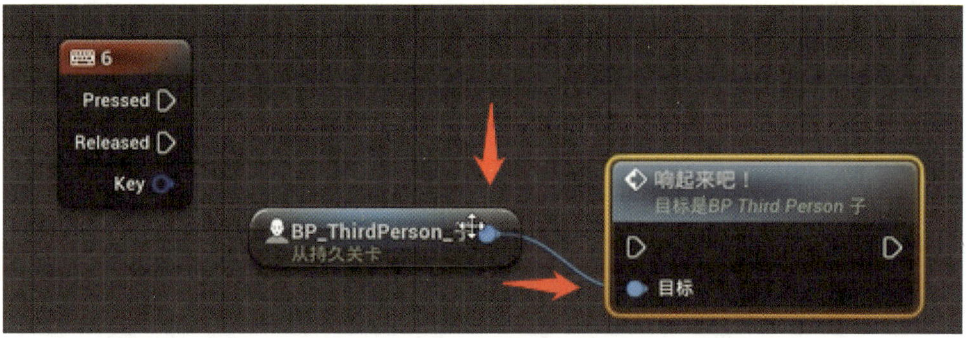

图2-2-8

如果想修改测试中爆炸特效的位置，回到蓝图在“获取Actor位置”中拖曳选择“拆分向量”，如图2-2-9上图所示；也可以在“获取向量的操作”中输入“+”，添加工具并建立节点，如图2-2-9下图所示。如果预设定在第三人称角色正前方2米处生成爆炸特效，则在“添加”节点中的X坐标内输入“200.00”，编译并保存后，回到游戏视图大纲中点击播放，按“6”进行测试。

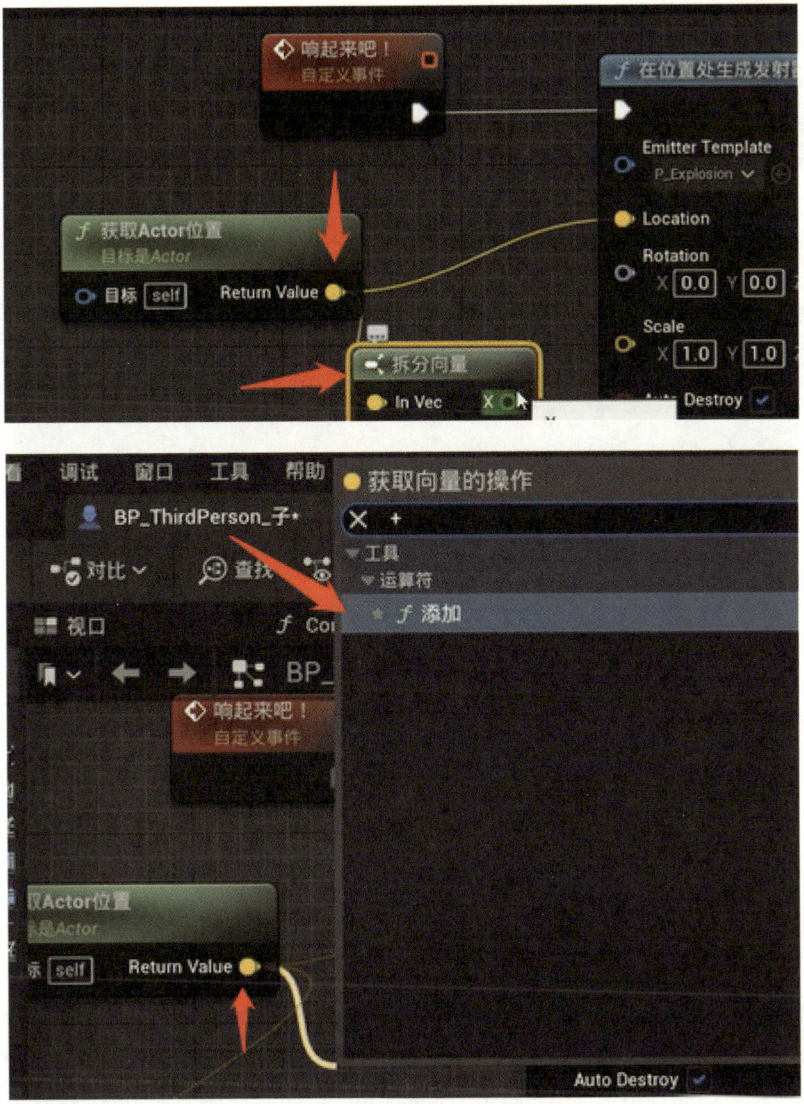

图2-2-9

总结蓝图中的通信案例，如图2-2-10所示，先建立蓝图中角色之间的通信，在第三人称角色蓝图中创建子蓝图类，修改名字并拖入关卡中，然后对子蓝图自定义事件进行编写，在蓝图中创建“获取Actor位置”，将之与“在位置处生成发射器”进行连接，然后选择爆炸特效与音效，最后修改爆炸处坐标轴位置，增加爆炸位置的X轴变量。编译、保存以上蓝图后，可以进行有针对性的练习。

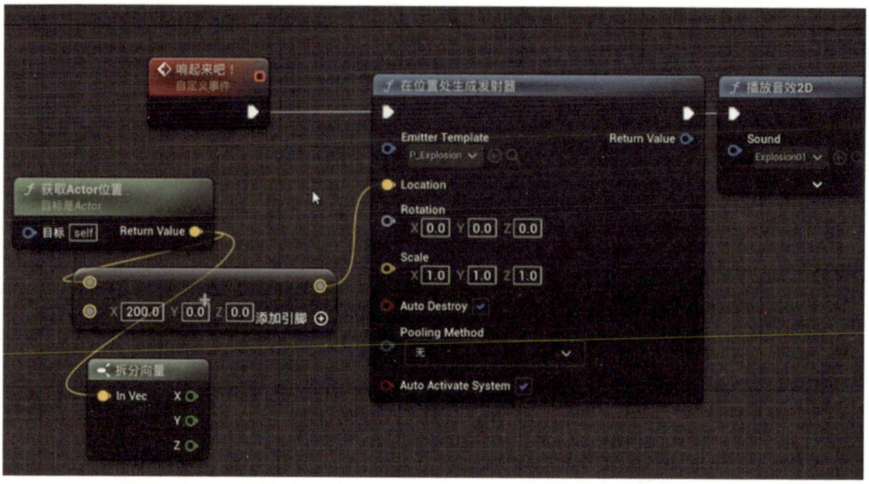

图2-2-10

第三节　变量

在本节中，我们将在案例实操中学习蓝图中变量的使用。变量在蓝图的设计中是应用率非常高的一个环节。本节案例通过设定按键“4”分步骤讲解变量的蓝图实现功能。接下来，展示具体操作步骤。

如图2-3-1所示，打开关卡蓝图，在“此蓝图的所有操作”中输入数字“4”，选择键盘上的“4”并建立节点。

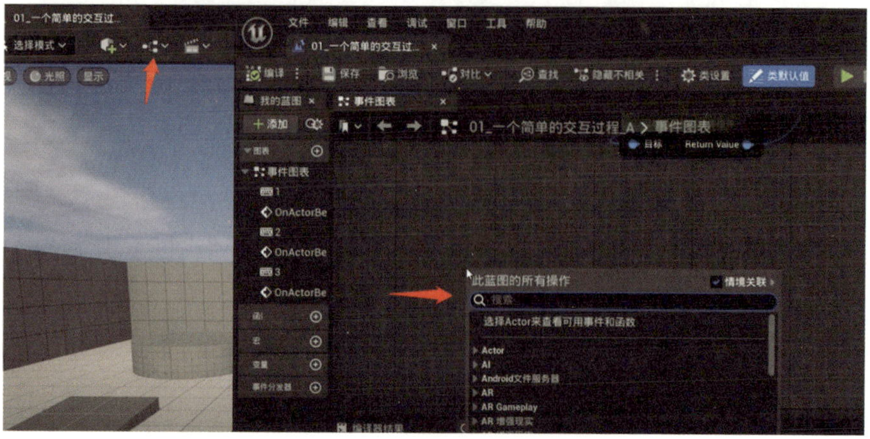

图2-3-1

如图2-3-2所示，在蓝图中增加变量“布尔”并命名为“4键的次数”，点击“布尔”后，在菜单栏中变量类型中选择“整数”。

图2-3-2

如图2-3-3所示，用鼠标左键拖动变量下制作好的“整数”到蓝图空白处，选择“获取 按4键的次数”并生成节点。同样操作，用鼠标左键再次拖动变量下制作好的“整数”到蓝图空白处，选择“设置 按4键的次数”并生成节点。最后点击“编译”，完成整个变量操作。

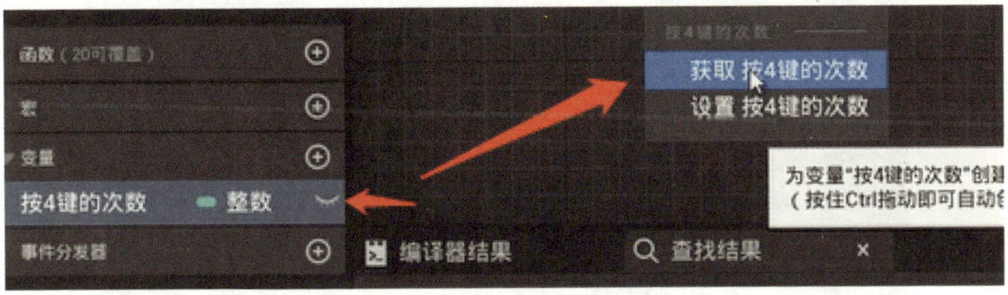

图2-3-3

如图2-3-4所示拖曳节点，在“获取整数的操作”文字框内输入“+”，添加并建立节点。

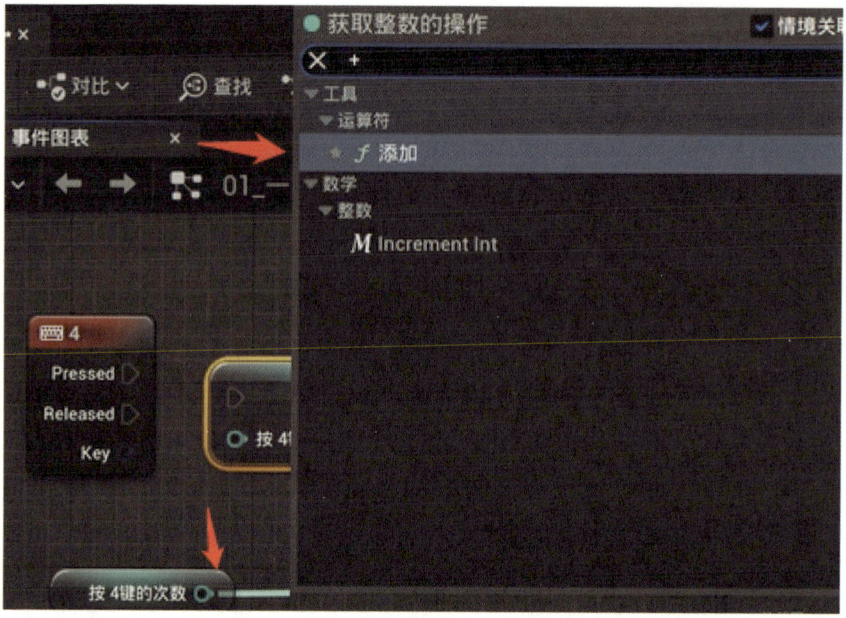

图2-3-4

如图2-3-5所示，在“添加引脚”中输入数字“1”，然后连接“SET”节点。这一步操作是为了给“按4键的次数”节点增加一个引脚数值。

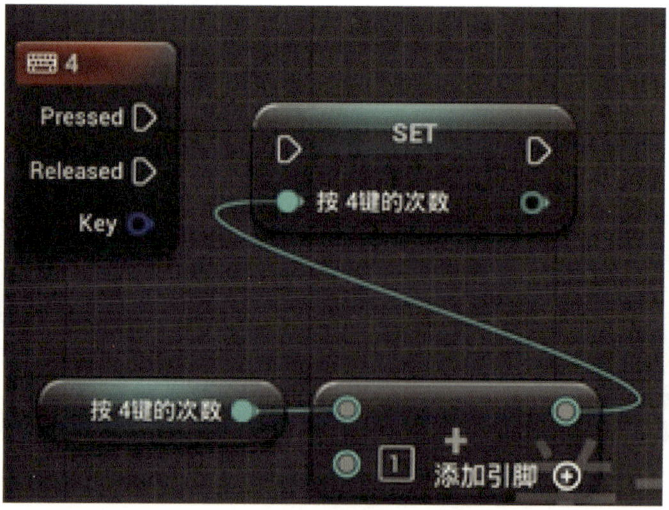

图2-3-5

如图2-3-6所示，在“可执行操作”文字框内输入“打印字符串”并生成节点。在“In String”右侧的文字框内输入“Hello World”。编译并保存后返回关卡播放，按“4”键检测生成效果。

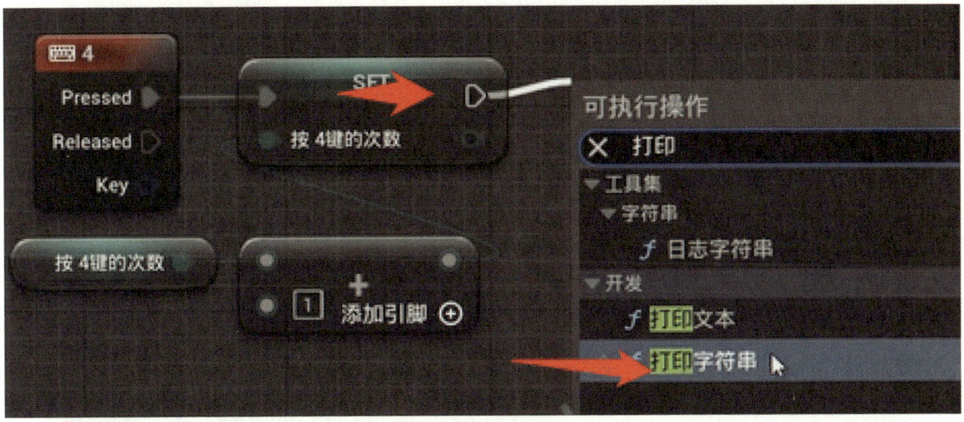

图2-3-6

如图2-3-7所示，将节点“按4键次数”与“打印字符串”节点中的“In String”相连接，然后编译并保存，返回关卡播放，按“4”键进行测试。

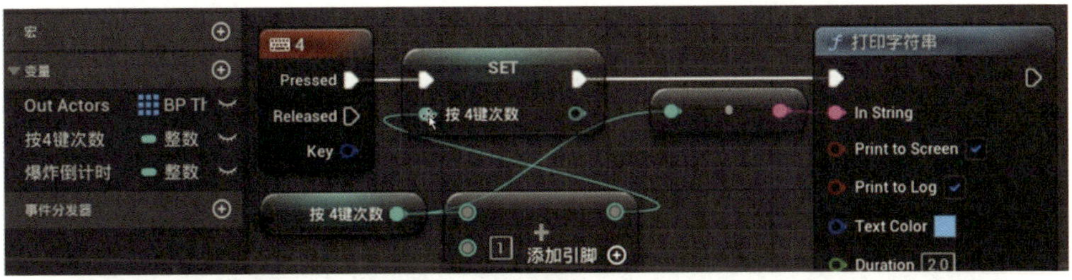

图2-3-7

接下来通过运用变量案例模拟一个人工倒计时爆炸物。如图2-3-8所示，在蓝图中增加一个整数变量，这个变量名称自定义为“爆炸倒计时”，然后在蓝图空白处点击右键，在“此蓝图的所有操作”中输入“5”，选择键盘上的“5”并建立节点。用鼠标左键拖曳“爆炸倒计时”到蓝图中，选择“获取 爆炸倒计时”，然后用鼠标左键拖曳“爆炸倒计时”到蓝图中，选择“设置 爆炸倒计时”并创建节点。

图2-3-8

如图2-3-9所示，连接键盘上“5”和“SET”节点，然后从“爆炸倒计时”处拖出“获取整数的操作”，并在文字框内输入减号生成节点。在“添加引脚”框内输入数字“1”。

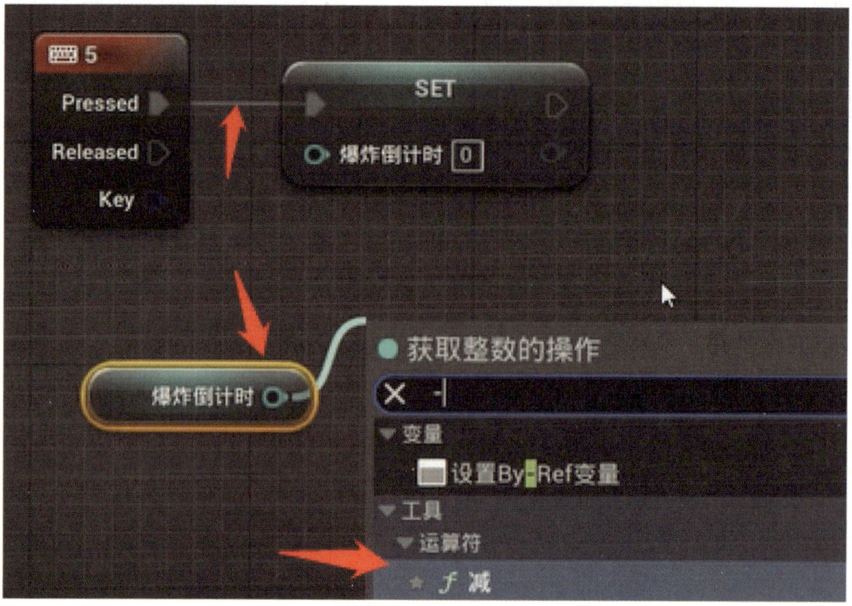

图2-3-9

如图2-3-10所示，将“添加引脚”与“爆炸倒计时”进行连接，然后编译并保存。此时的作用是当输入数字“5”时，设置的倒计时内容减少一个单位的数字“1”。

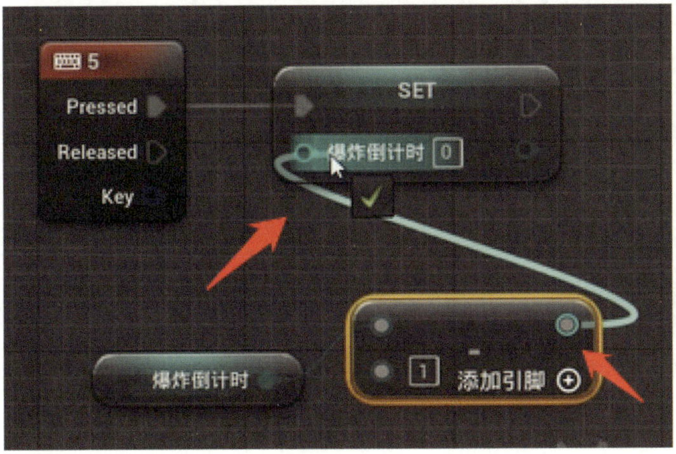

图2-3-10

如图2-3-11所示，修改细节面板中默认值下的“爆炸倒计时”数值，数值修改为“11”，编译并保存。

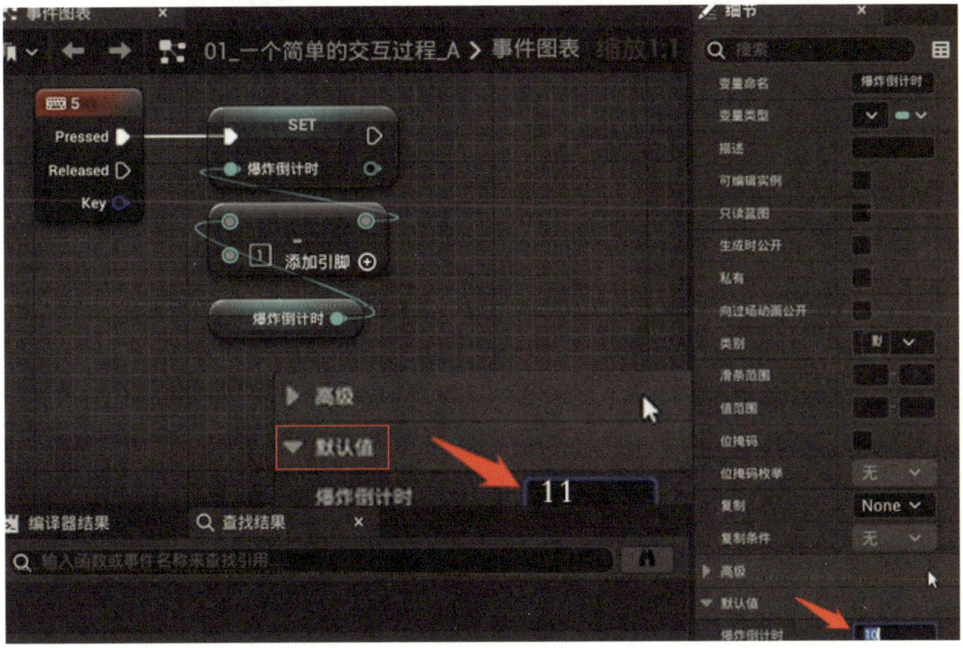

图2-3-11

如图2-3-12所示，拖曳“爆炸倒计时”，在“可执行操作”文字框内输入“打印字符串”并生成节点。

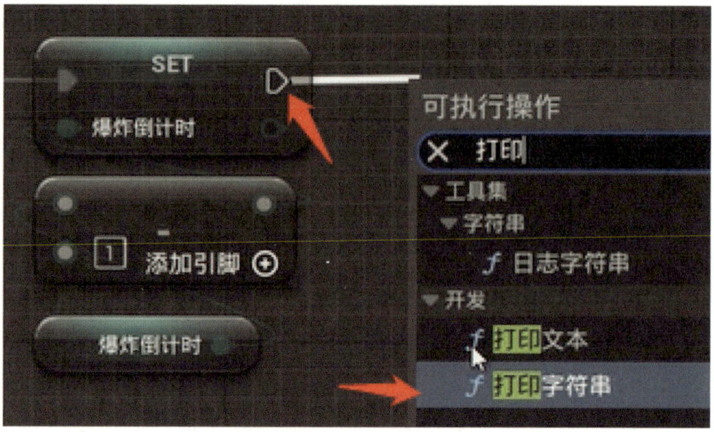

图2-3-12

如图2-3-13所示，将“爆炸倒计时”与“打印字符串”下的“In String”相连接。可以修改“打印字符串”下的文字颜色等细节信息。编译并保存后回到关卡中，播放后按“5”进行测试。

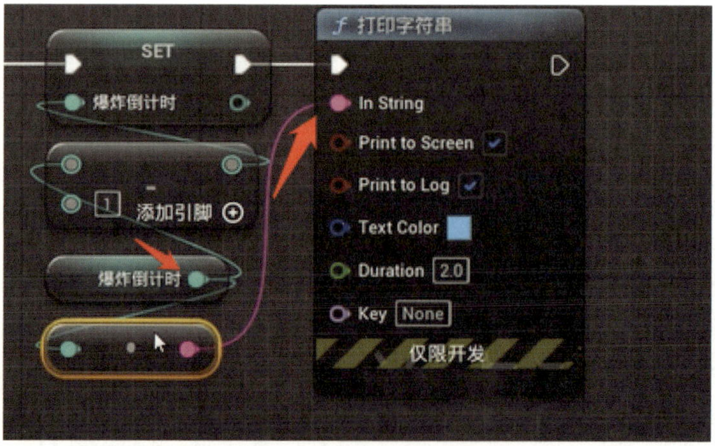

图2-3-13

在倒计时具体数字呈现出来时，我们需要对这个变量进行判定，随后在蓝图中利用“分支”判定数值有没有小于等于0。

如图2-3-14所示，拖曳“打印字符串”后在文字框内输入“b”，选择生成蓝图“分支”节点。

图2-3-14

如图2-3-15所示，拖曳“爆炸倒计时”，在“获取整数的操作”文字框内输入“小于等于”后选择生成该节点。

图2-3-15

如图2-3-16所示，将小于等于节点与“Condition”相连接，然后拖曳“真”，在“可执行操作”文字框中输入“打印字符串”并生成节点。如图2-3-17所示，在新生成的“打印字符串”下的“In String”文字框中输入自定义名“倒计时为0啦！”，并将Duration数值修改为“2.0”。编译并保存后回到关卡内点击播放，按“5”测试内容。

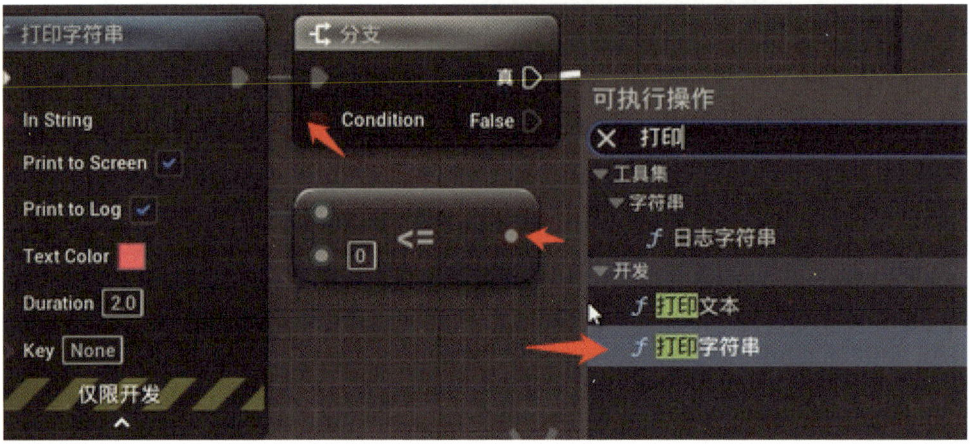

图2-3-16

图2-3-17

按“Ctrl+C”复制图2-3-18中已经制作好的节点，拖曳到制作好的倒计时蓝图节点下，按键盘“Ctrl+V”进行粘贴。如图2-3-19所示，编译并保存后在关卡中点击播放进行测试。

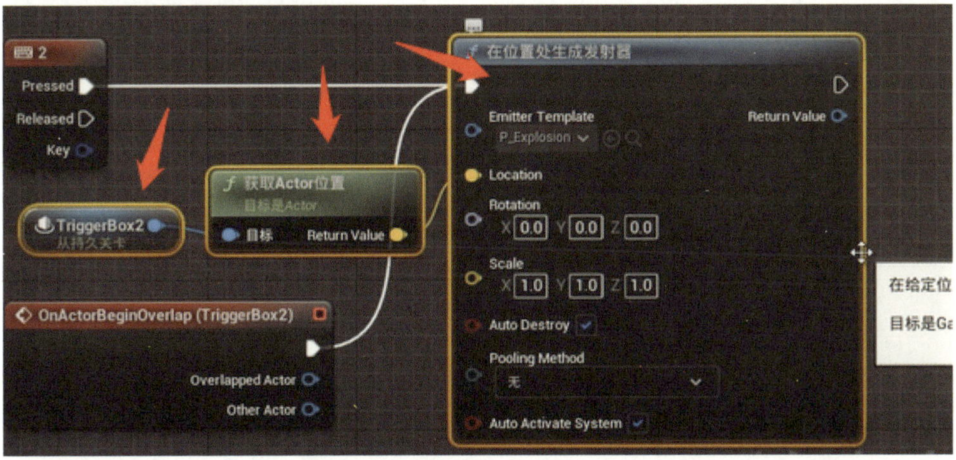

图2-3-18

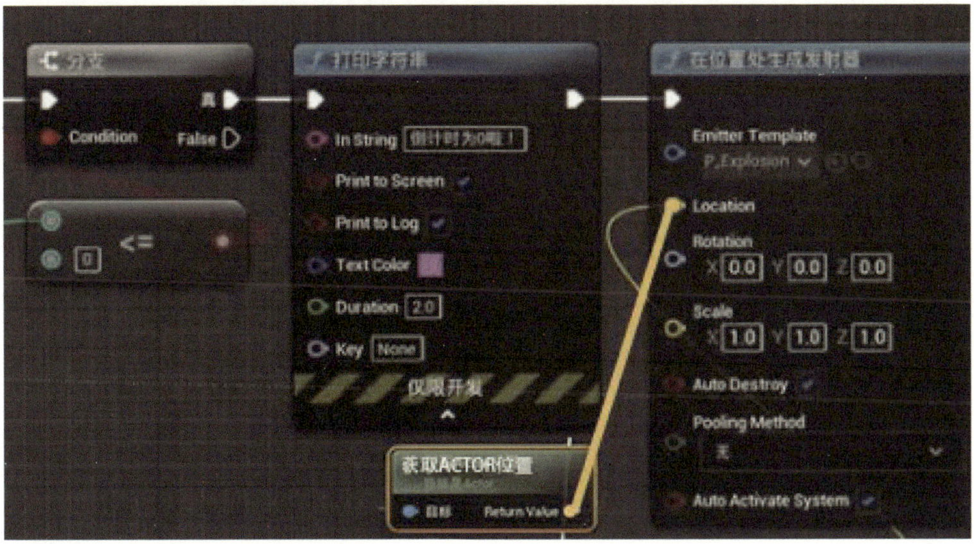

图2-3-19

测试的效果如图2-3-20所示。

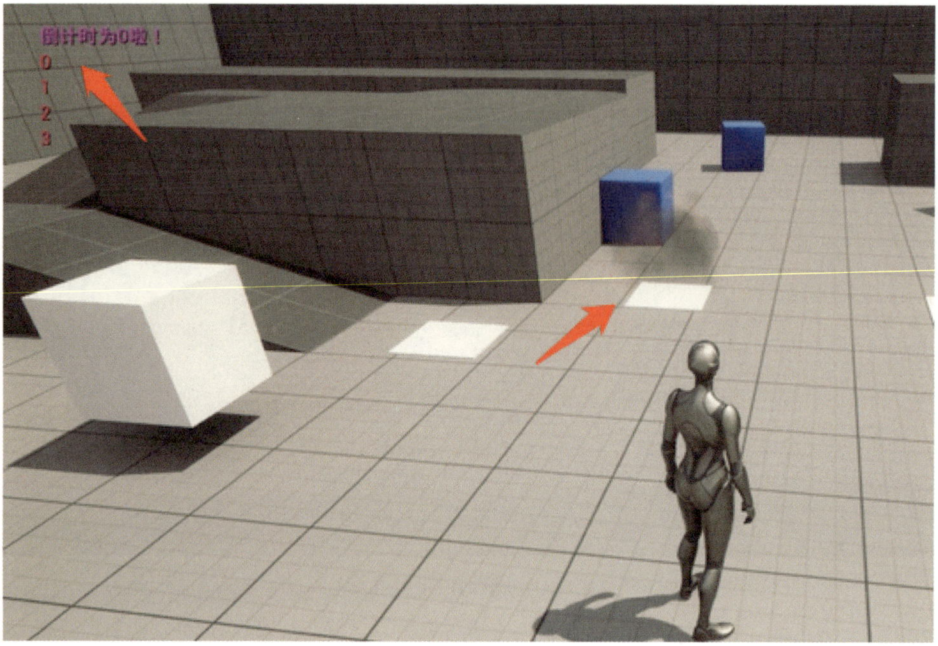

图2-3-20

通过设计变量倒计时的方式，即从10至0，特效会在设置处产生爆炸效果，这个节点是相对复杂的内容，建议多次练习体会其中的逻辑和节点功能。软件中变量的类型比较多，在制作变量的过程中，在应用后要设置复位数据，尤其在血量、攻击力等数据的计算过程中数据要清零和复位，以便回到程序的初始状态和提高解决制作过程中出现故障的可能性。

第四节　蓝图接口

在本节中，我们学习蓝图的另外一种通信方式——蓝图接口。如图2-4-1所示，蓝图接口相当于一个中间环节，一个Actor通过蓝图接口与另一个Actor通信。它和直接通信是两种不同的通信方式。接下来通过开门案例分步骤进行教学。开门需要三个关键环节，一是设定执行事件为门，可以自动开启；二是有一个中间的蓝图接口，可以通知门自动开启；三是角色要向接口发出开门指令。

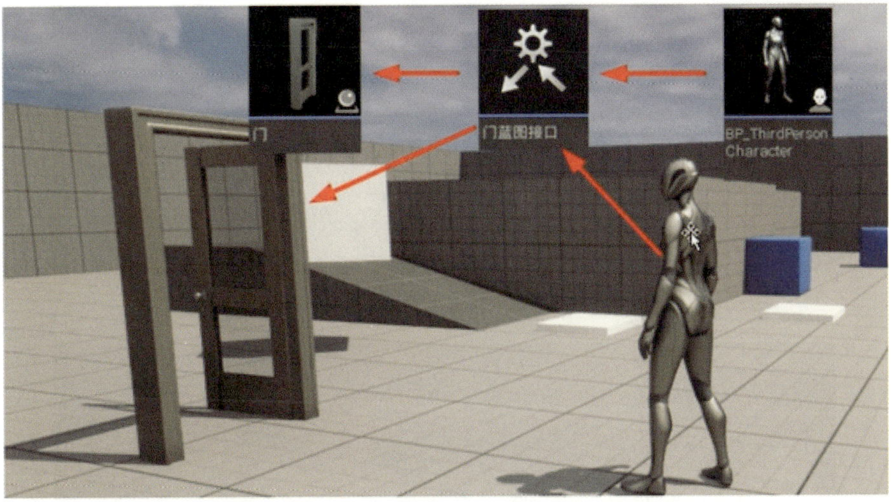

图2-4-1

新建文件夹并自定义命名为“蓝图接口”，如图2-4-2所示，选择“蓝图类”。进入后选择“Actor”后创建“Actor”蓝图。如图2-4-3所示，自定义命名为“门Actor”。如图2-4-4所示，创建蓝图接口，命名为“开关门接口A”，保存所有资产。

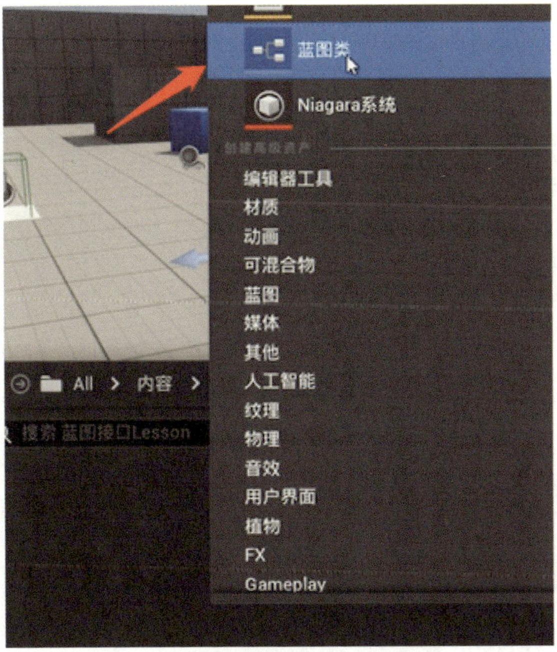

图2-4-2

图2-4-3

图2-4-4

如图2-4-5所示制作门。双击进入“门Actor”，选择“自我”后在左侧菜单栏中“添加”下选择“静态网格体组件”，命名为“门框”。同样，再一次选择“自我”后，在左侧菜单栏中“添加”下选择“静态网格体组件”，命名为“门”。用鼠标拖曳可移动层级，并使“门框”和“门”为同一层级关系，如图2-4-6所示。

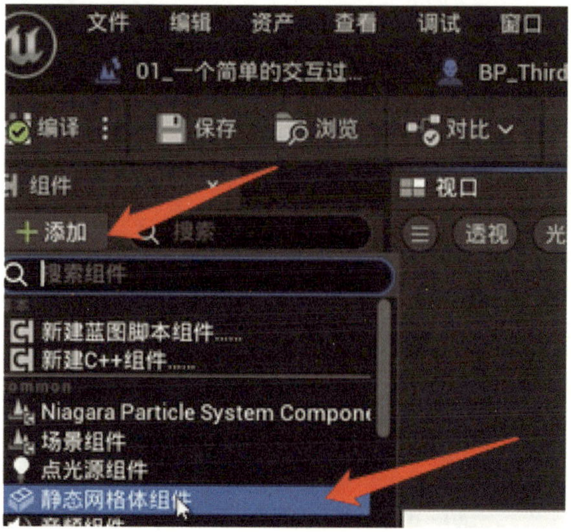

图2-4-5

图2-4-6

如图2-4-7所示，在初学者内容包StarterContent中找到门和门框的资产素材。如图2-4-8所示，点击静态网格，并在文字框内输入“door”，选择相对应的门和门框。接下来将门和门框进行移动组合。移动方法：使用鼠标选中物体，按“W”选择方向轴移动。注意：移动物体时可以解锁以“10个单位”为距离尺码的模式，如图2-4-9所示，确保门和门框对齐。

图2-4-7

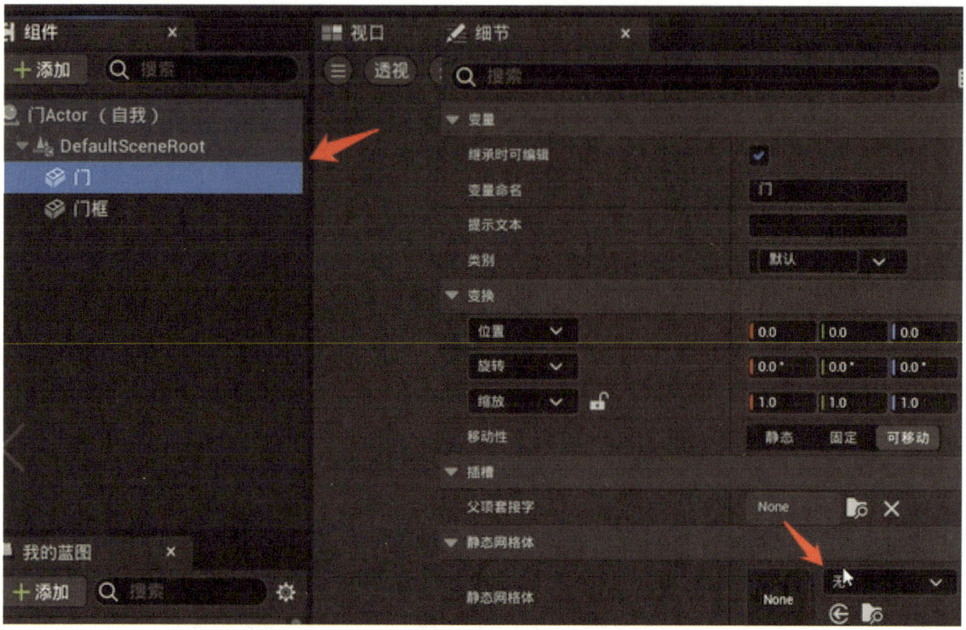

图2-4-8

图2-4-9

如图2-4-10所示，在视图中为门添加碰撞体。在“添加”菜单中找到“Box Collision”，选择后生成碰撞体。按“R”用鼠标左键调整碰撞体大小，按“W”调整碰撞体位置。建议将碰撞体的X轴位置数值与门的位置数值保持一定的位置差，以保证人物走进门时可以触发开门功能。需要注意的是，Box、门、门框三者之间是同一等级关系，如图2-4-11所示。

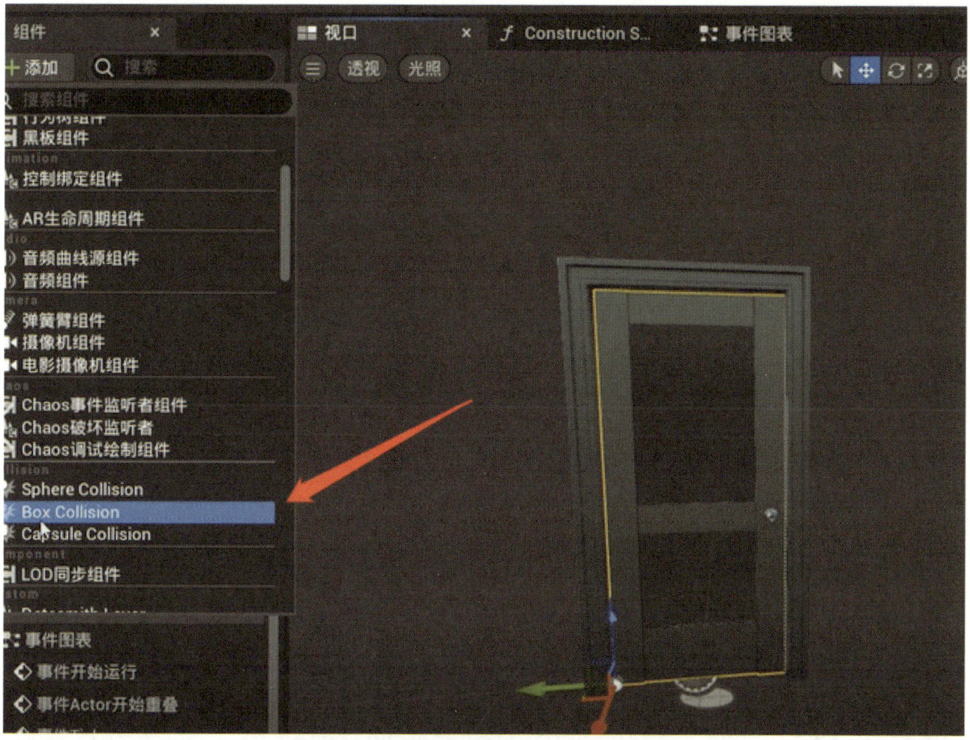

图2-4-10

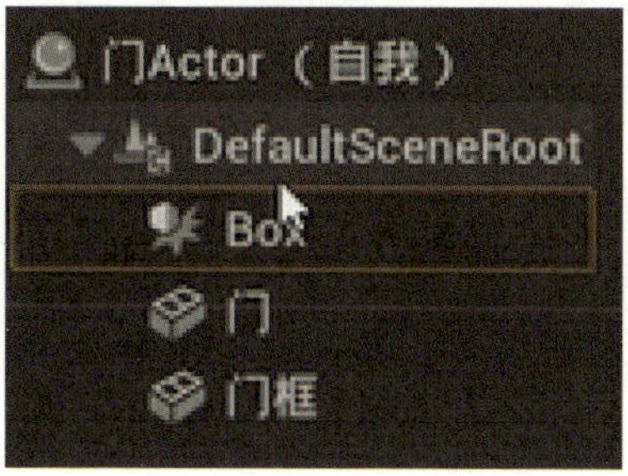

图2-4-11

如图2-4-12所示，双击创建好的“开关门接口A（蓝图类）”，进入蓝图添加功能。如图2-4-13所示，修改函数名称，命名为“开关门接口A”，编译并保存。

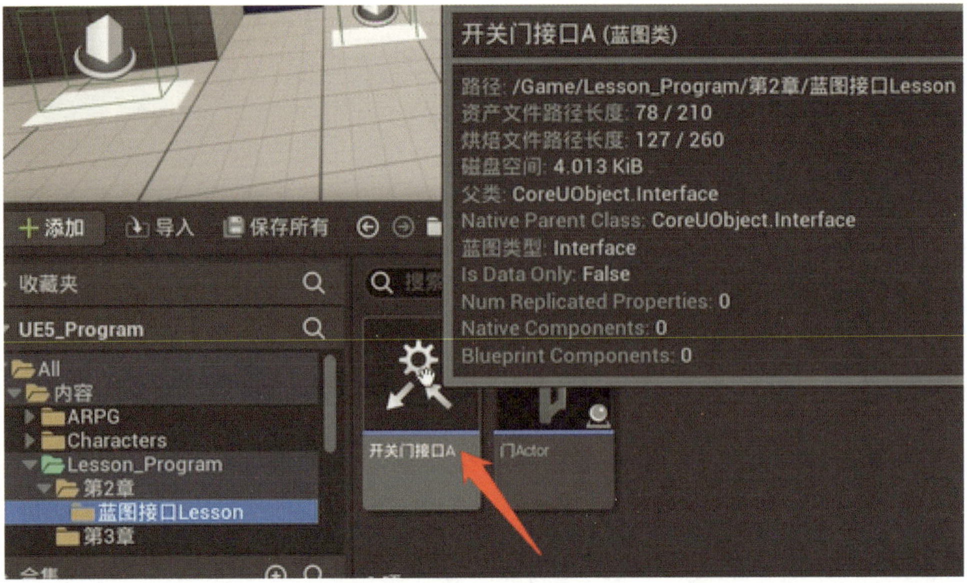

图2-4-12

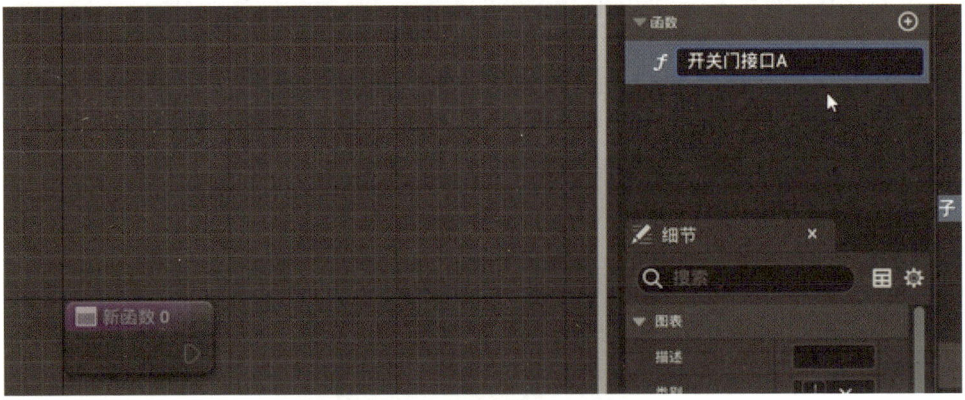

图2-4-13

接下来给门增加接口。如图2-4-14所示，点击“类设置”，在“细节”中“添加”下选择“开关门接口A”。然后如图2-4-15所示，在界面左侧的“接口”栏中找到“开关门接口AA”，用鼠标右键选择“实现事件”会出现节点“事件开关门接口AA”。“事件开关门接口AA”与普通搜索“自定义事件”有所不同，“事件开关门接口AA”这个节点右上角显示的蓝色设置Icon可以连接多个节点。

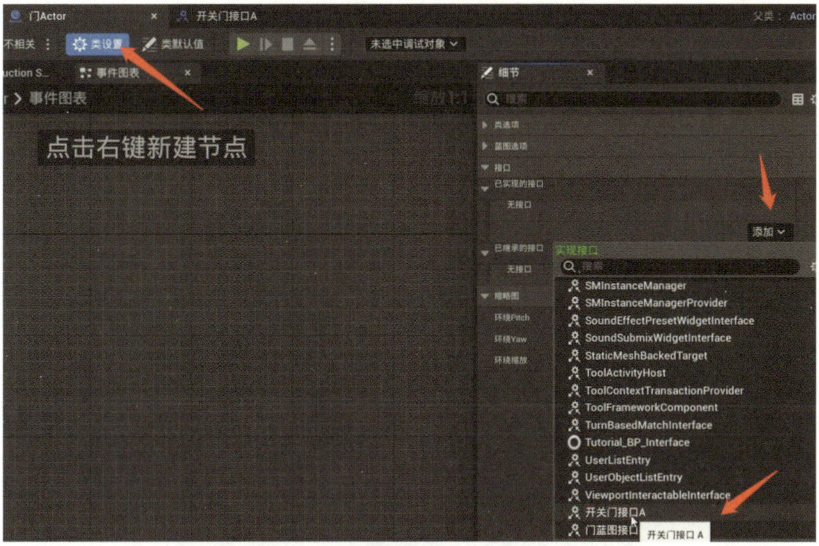

图2-4-14

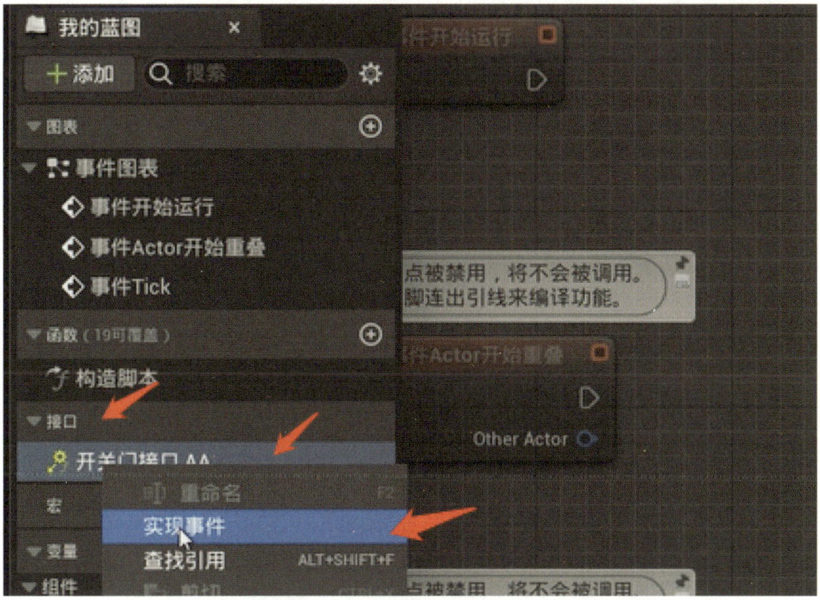

图2-4-15

接下来制作游戏角色直接开关门的交互功能。如图2-4-16所示，用鼠标拖曳“事件开关门接口AA”生成“可执行操作”，在文字框内输入“flip”后进行选择并生成节点。如图2-4-17所示，拖曳“Flip”节点A，在文字框内输入“时间轴”，点击“添加时间轴”生成节点。

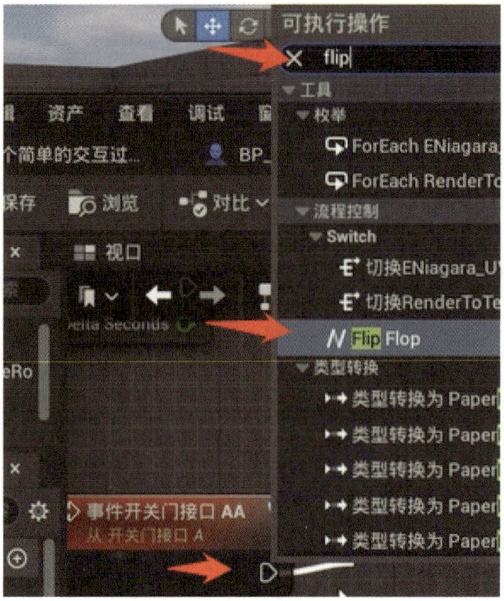

图2-4-16

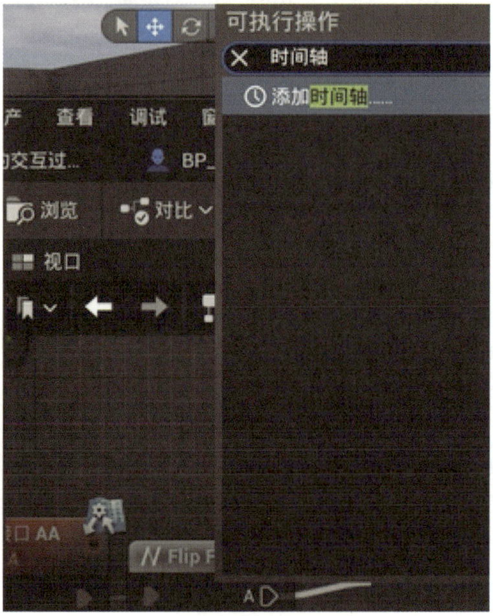

图2-4-17

双击进入“时间轴”节点内部，点击“轨道”中的“添加浮点型轨道”，如图2-4-18所示。如图2-4-19所示，右键点击横线，选择“添加关键帧到Curve Float_0”。随后如图2-4-20所示，修改事件参数为0并点击鼠标右键选择“添加关键帧到CurveFloat_0”，时间修改为“2”，值修改为“90”。完成后按“F”键后显示图2-4-21，长度修改为“2”，以减少开门所需等待时间。完成以上操作后编译并保存。

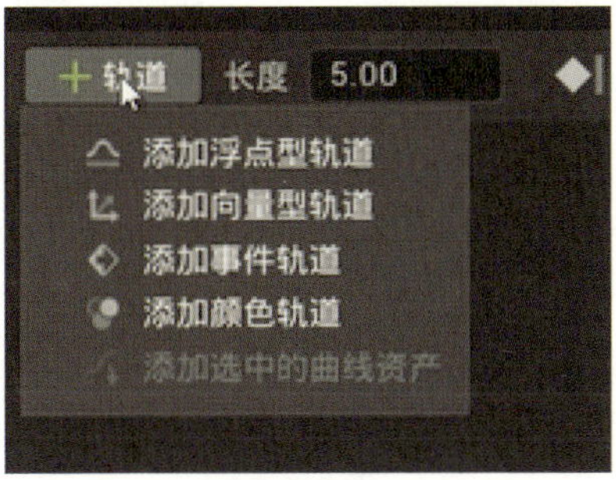

图2-4-18

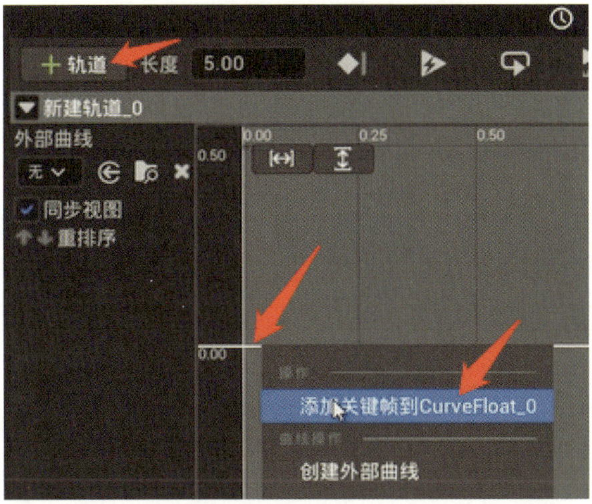

图2-4-19

图2-4-20

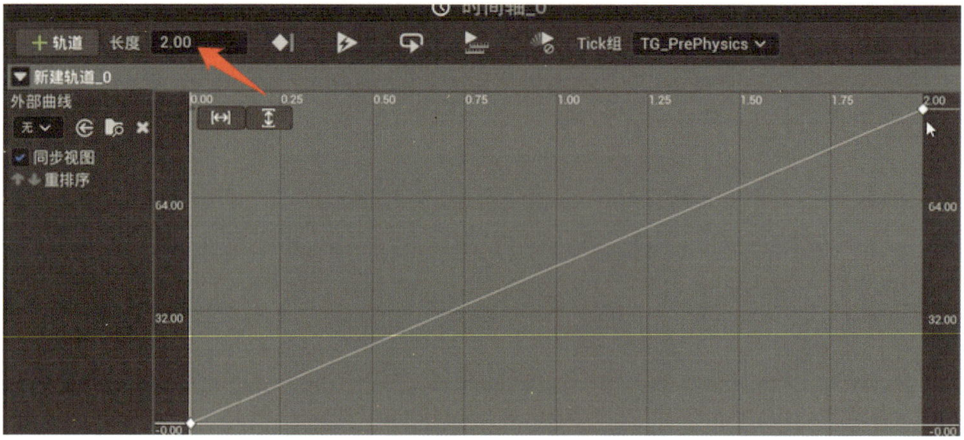

图2-4-21

回到事件图表中，如图2-4-22所示，把门资产拖入游戏关卡中并调整位置。然后如图2-4-23所示，将蓝图中门拖入并生成节点。此时门需要进行旋转，如图2-4-24所示，在“时间轴”拖动节点后搜索“设置相对旋转（门）”，点击生成节点。

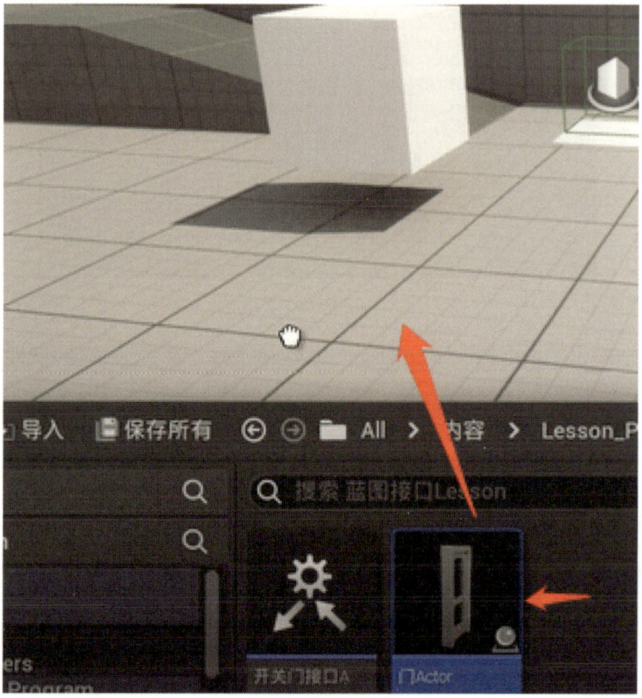

图2-4-22

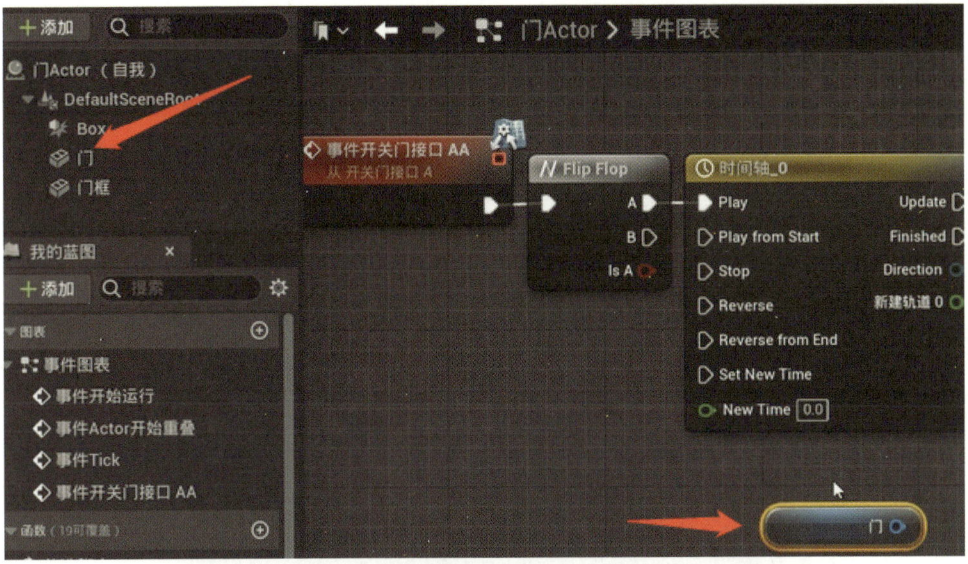

图2-4-23

图2-4-24

如图2-4-25所示，右键点击“New Rotation”后选择“分割结构体引脚”，引脚由一个变为多个。如图2-4-26所示，连接“新建轨道0”和“New Rotation Z（Yaw）”，之后编译并保存。回到游戏关卡中测试开门的功能。

图2-4-25

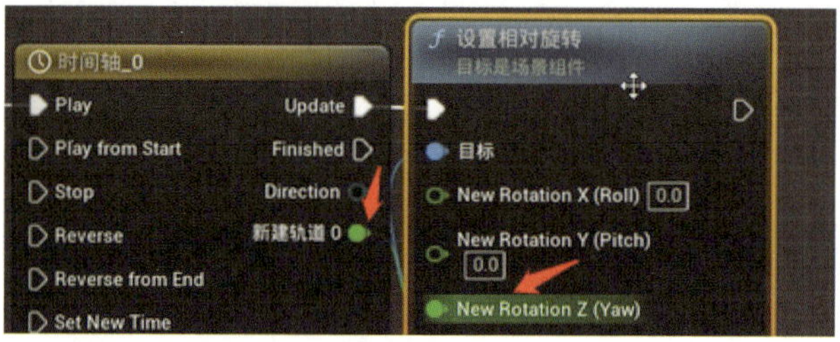

图2-4-26

如图2-4-27所示，连接Flip Flop节点中的“B”与“时间轴_0”中的“Reverse”。

图2-4-27

在“世界场景设置”中寻找第三人称角色。如图2-4-28所示，在“游戏模式”中找到“默认pawn类”，双击文件找到第三人称角色资产位置。找到角色资产后双击左键进入蓝图，如图2-4-29所示。

设置
大纲
项目标签
类型
BP_ThirdPerson_子
编辑BP_ThirdPersc
Cube
StaticMeshActor
Cube2
StaticMeshActor
Cube3
StaticMeshActor
Cube4
StaticMeshActor
PlayerStart
PlayerStart
SM_ChamferCube
StaticMeshActor
SM_ChamferCube2
StaticMeshActor
SM_ChamferCube3
StaticMeshActor
SM_Ramp
StaticMeshActor
50个Actor（已选1个）
细节
世界场景设置
世界分区
预计算可视性
预计算可视性
高级
游戏模式
游戏模式重载
BP_ThirdPersonGai
选中的游戏模式
默认pawn类
BP_ThirdPersonCh

图 2-4-28

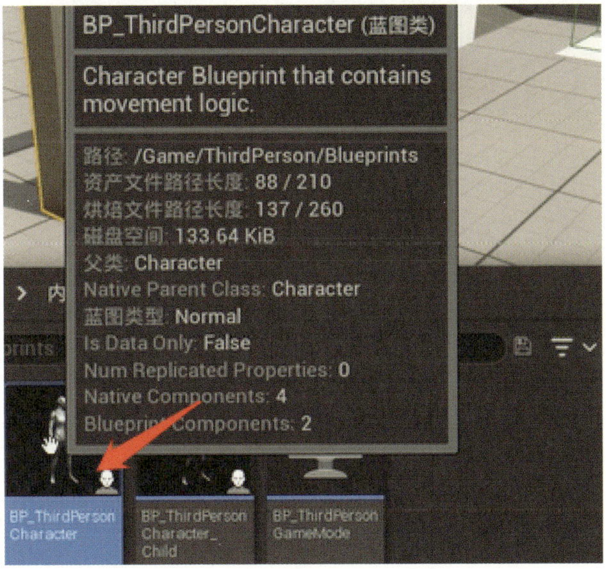
BP_ThirdPersonCharacter (蓝图类)
Character Blueprint that contains movement logic.
路径: /Game/ThirdPerson/Blueprints
资产文件路径长度: 88 / 210
烘焙文件路径长度: 137 / 260
磁盘空间: 133.64 KiB
父类: Character
Native Parent Class: Character
蓝图类型: Normal
Is Data Only: False
Num Replicated Properties: 0
Native Components: 4
Blueprint Components: 2
BP_ThirdPerson Character
BP_ThirdPerson Character_ Child
BP_ThirdPerson GameMode

图 2-4-29

如图2-4-30所示，断掉“7”节点与“Is Valid”的连接线。在场景关卡中选中门的模型资产后，如图2-4-31所示选择“开关门接口AA(消息)”并生成节点，随后编译并保存。

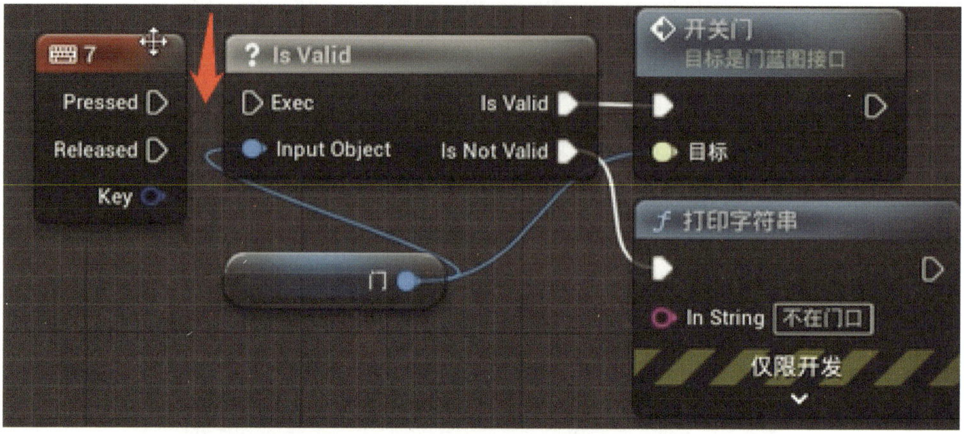

图2-4-30

图2-4-31

如图2-4-32所示，在关卡蓝图中点击右键生成“此蓝图的所有操作”，在文字框内输入“7”并生成节点。随后在蓝图空白处点击右键生成“此蓝图的所有操作”，点击“创建一个对门Actor的引用”并生成节点。如图2-4-33所示，拖曳“门Actor”，在文字框内输入“开关门接口AA”，选择并生成节点，再将“7”节点与“开关门接口AA”节点相连接，编译并保存后回到关卡中，点击播放后按“7”测试开关门功能。

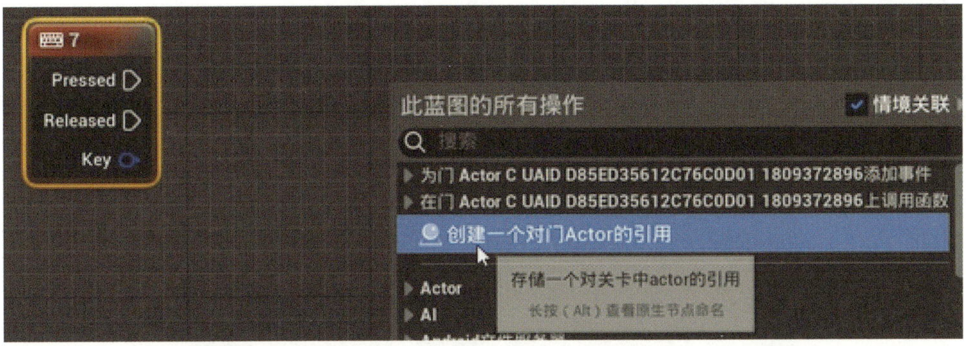

图2-4-32

图2-4-33

制作门自动开启功能。首先删除前两步在关卡蓝图中所制作的节点。如图2-4-34所示，在变量栏中新建一个变量并重命名为“门啦！”，然后在对象类型中输入“门Actor”，然后编译并保存。

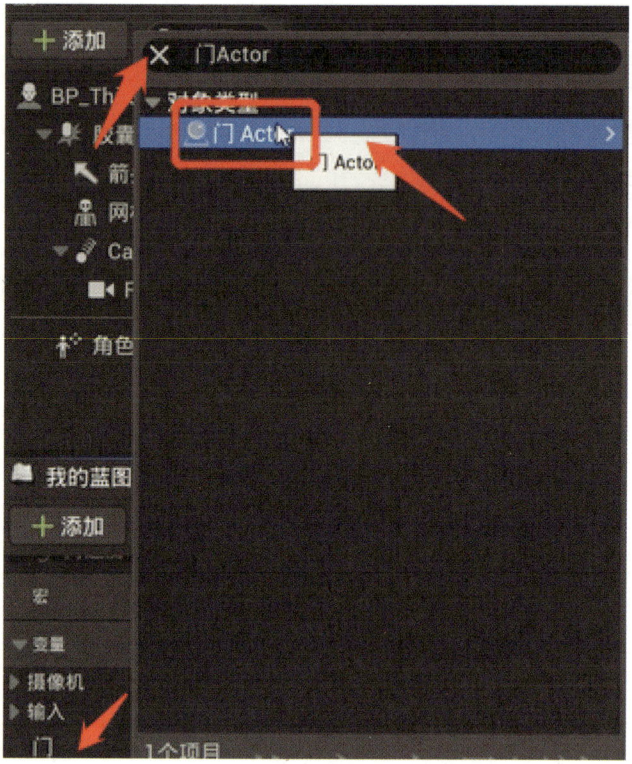

图2-4-34

如图2-4-35所示，用鼠标拖曳“门Actor”变量到蓝图空白处，选择“获取门啦！”并生成节点，连接“门啦！”节点与“开关门接口AA”节点下的“目标”。

图2-4-35

如图2-4-36所示，选中“Box”后在界面事件栏下拉菜单中选择“组件开始重叠时”并拖曳到蓝图空白处生成节点，再选择“组件结束重叠时”并拖曳到蓝图空白处生成节点。如图2-4-37所示，拖曳“组件开始重叠时（Box）”节点下的“Other Actor”并在文字框内输入“BP_Third Person Character”，选择“类型转换为BP_Third Person Character”并生成节点。然后如图2-4-38所示，在“类型转换为BP_Third Person Character”节点中生成一个变量，拖曳后输入文字“门啦！”，选择并生成节点。连接“类型转换为BP_Third Person Character”节点中的“As BP Third Person Character”与“SET”中的“目标”，从“SET”节点中的“门啦！”节点拖曳出节点，并输入“Self”，点击并生成节点。

图2-4-36

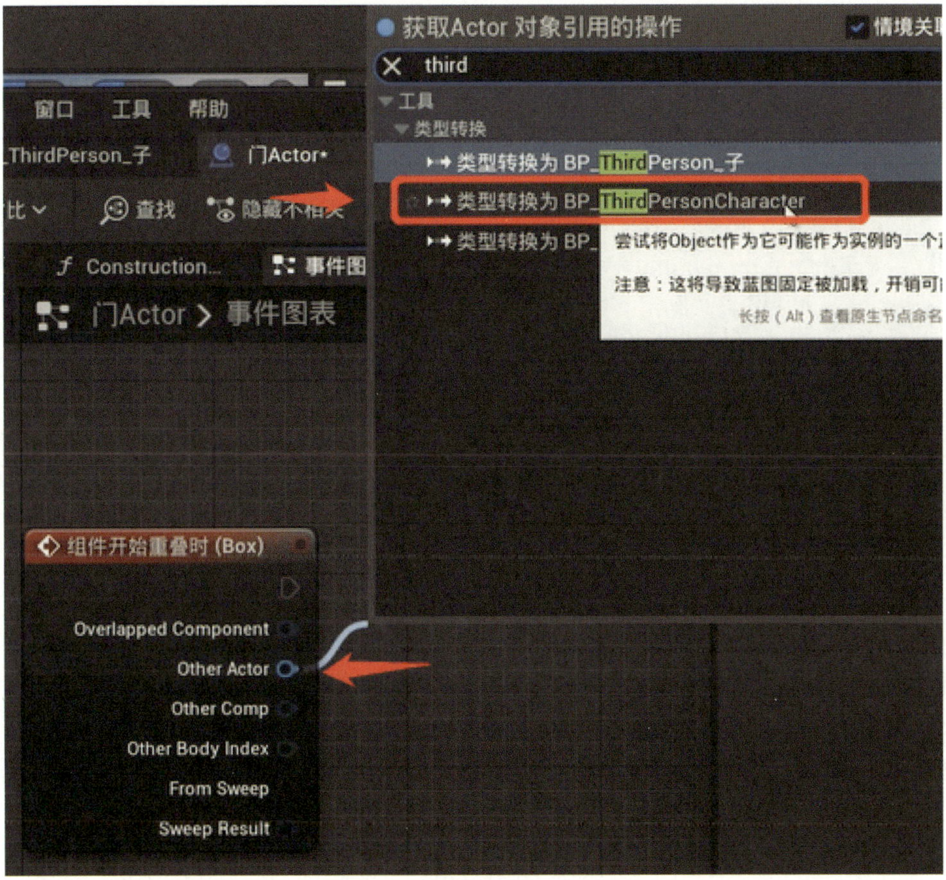

图2-4-37

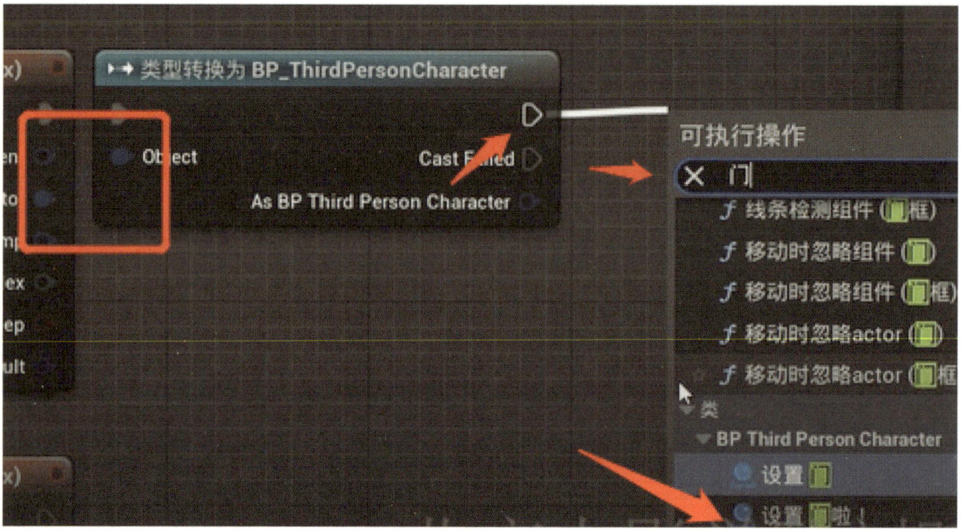

图2-4-38

如图2-4-39所示，按“Ctrl+D”复制图中标记的三个节点，并与“组件结束重叠时（BOX）”节点相连接，点击编译后保存蓝图内所有节点。

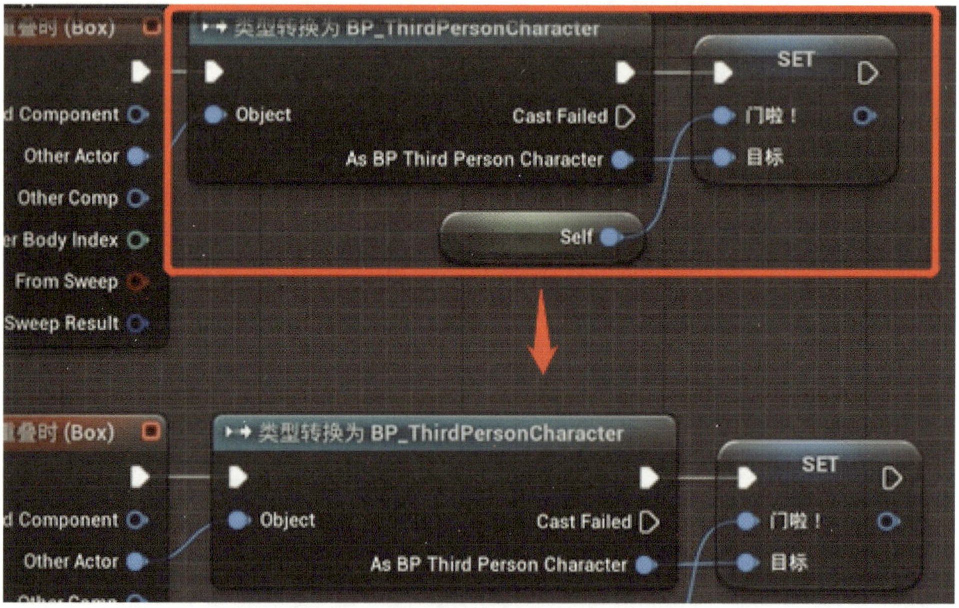

图2-4-39

如图2-4-40所示，回到游戏蓝图中拖曳“7”节点，输入“Is Valid”后点击并生成节点。随后如图2-4-41所示，在“Is Not Valid”功能下拖曳输入“打印字符串”并生成节点。修改该节点内颜色信息和“In String”内自定义文字信息。编译并保存后回到关卡内，点击播放按键后移动角色进行测试。

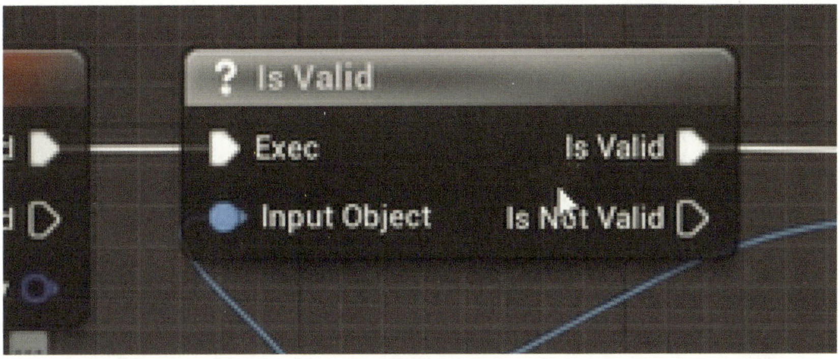

图2-4-40

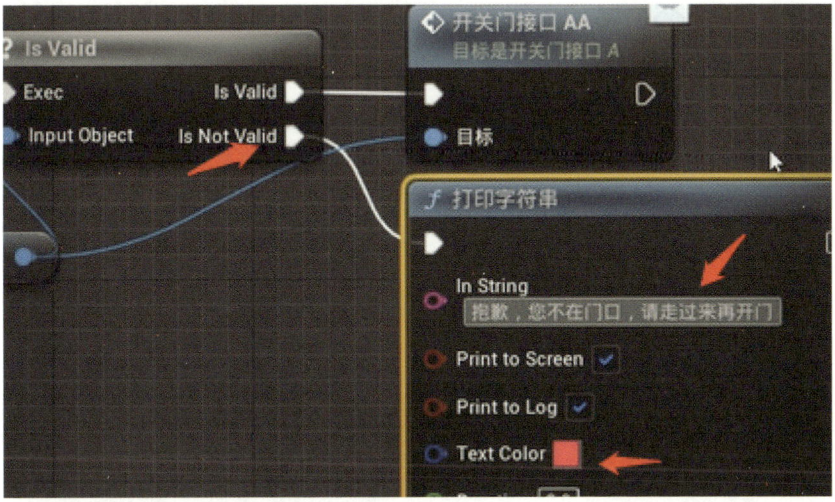

图2-4-41

第三章　玩家基础控制——移动控制

第一节　角色蓝图、动画蓝图及关联

本节主要通过案例介绍角色蓝图及动画蓝图的功能。学习者需要准备一个基础关卡，在关卡中导入从UE5官方免费资源中下载的孙悟空人物模型。首先将默认的第三人称关卡另存在一个可以进行练习的文件夹中，可以命名为“第3章”，然后创建第三人称角色蓝图，更换网格体。接下来进行具体讲解。

新建一个可以运行角色的关卡场景，在场景中新建“蓝图类”，并在“所有类”文字框中输入“BP_Third Person Character”，选择并创建角色蓝图为“WuKong_BPL”，双击蓝图后进入视口调试角色模型，如图3-1-1所示。

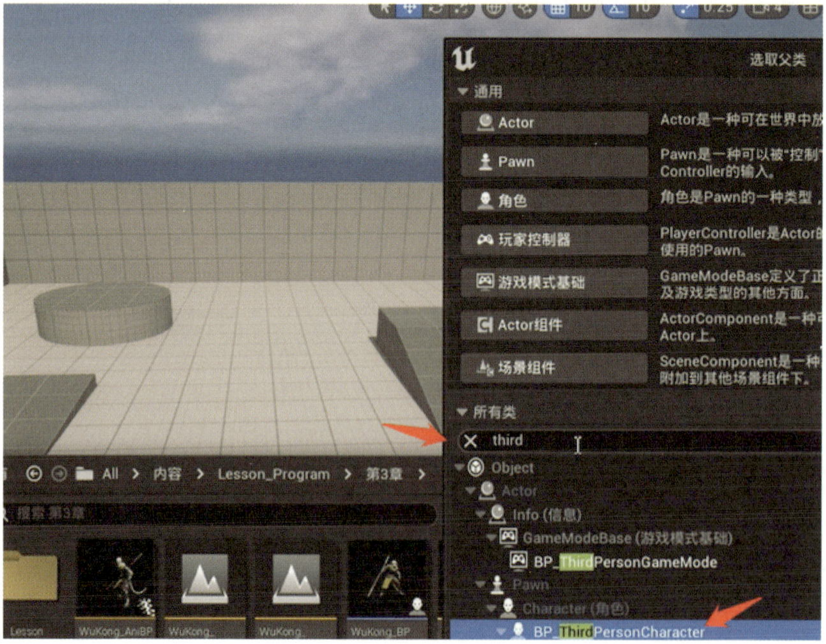

图3-1-1

如图3-1-2所示，选中网格体后在右侧界面网格体中选择从UE5官方网站中下载的孙悟空资产模型并与之替换。编译并保存后将制作好的孙悟空模型拖入游戏关卡中进行摆放。

图3-1-2

控制孙悟空角色在场景关卡中运行。如图3-1-3所示，在界面右侧的“细节”中选择“WuKong_BPL(自我)”，在下拉菜单中修改“自动控制玩家”为“玩家0”。点击播放运行角色，此时玩家可以控制孙悟空角色并进行移动。

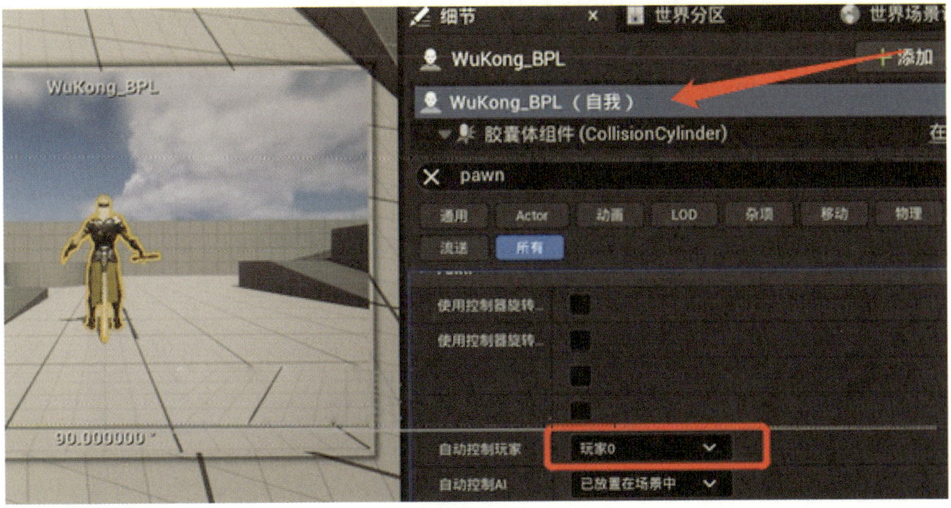

图3-1-3

如图3-1-4所示，创建动画蓝图，以驱动角色跑跳、移动等动作。右键点击角色后在“动画”中选择“动画蓝图”。选择“WuKong_Skeleton”匹配自己模型的角色，并重命名为“WuKong_AniBPL”，最后点击“保存所有”。动画蓝图的作用是驱动游戏角色进行动态展示，动作方面的控制转化都是在动画蓝图中制作的。

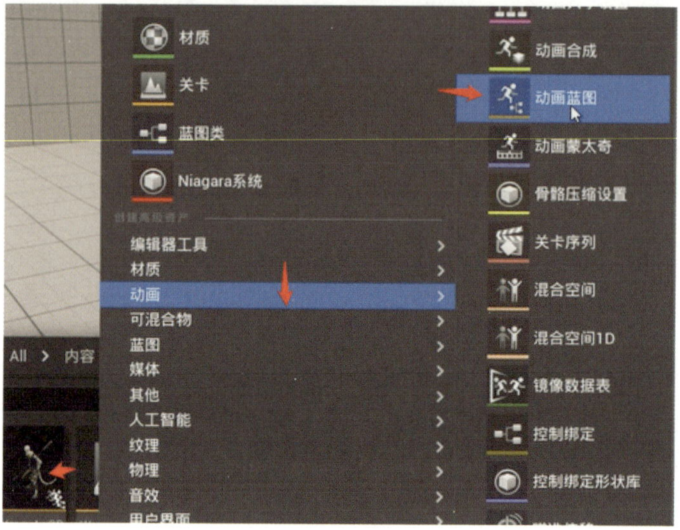

图3-1-4

如图3-1-5所示，选择网格体后在右侧的“动画类”下拉菜单中选择“WuKong_AniBPL”后编译并保存。如图3-1-6所示，选择关卡中的孙悟空模型，在右侧大纲中点击“编辑WuKong_BPL”进入角色蓝图。保存所有后在游戏关卡中点击播放，测试完成本节制作的内容。

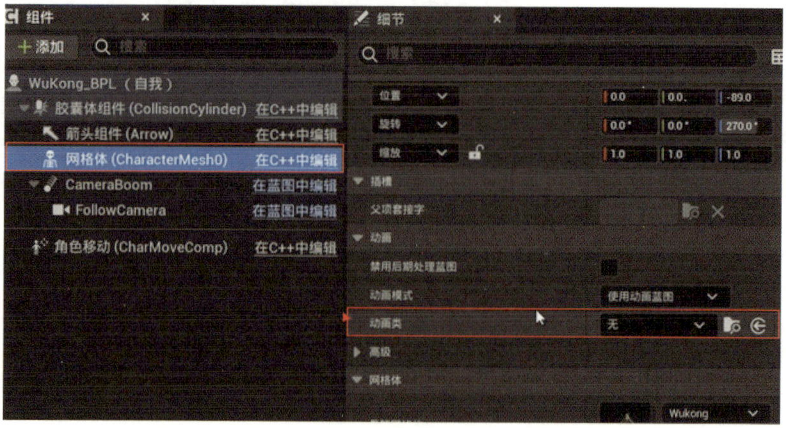

图3-1-5

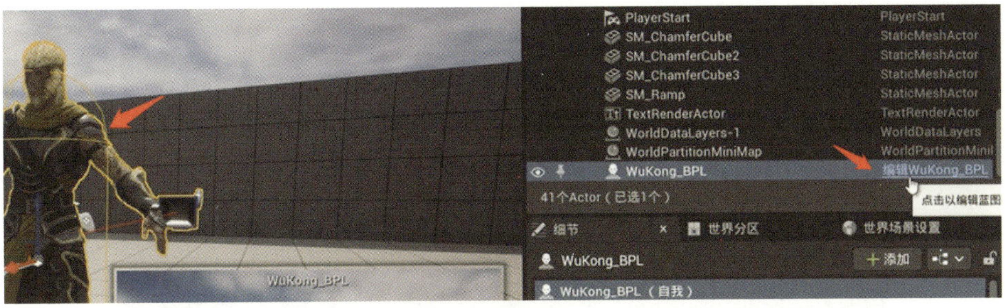

图 3-1-6

第二节　动画蓝图从待机到跑动

在本节中，我们需要了解如何驱动角色运动，重点环节是获取控制角色运动过程中的速度。动画蓝图与其他蓝图不同，具有两个重要的功能，一是事件图表，二是动画图表。制作角色蓝图时，用得最多的是事件图表。接下来通过案例实操进行分步教学。

打开动画蓝图制作游戏角色中的可视化速度值。如图 3-2-1 所示，在“尝试获取 Pawn 拥有者”处拖曳，输入文字“获取速度”，点击并生成节点。如图 3-2-2 所示，给“获取速度”添加一个“向量长度”。为了显示数值，给“事件蓝图更新动画”添加“打印字符串”，如图 3-2-3 所示。最后将“向量长度”与“打印字符串”中的“In String”进行连接，编译并保存。

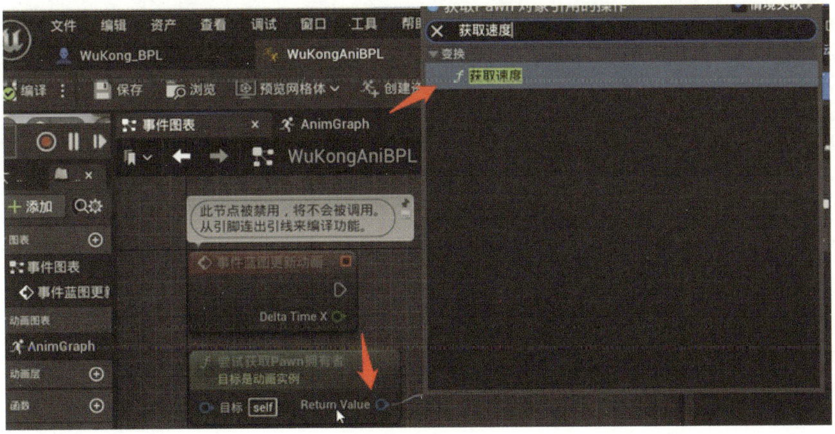

图 3-2-1

图3-2-2

图3-2-3

把速度作为一个可以和动画蓝图中“动画”对话的功能，将速度存储后通过“SET”设置变量数值。“计时”功能在获得了玩家所操作角色的数值后，才能推动“动画”进一步执行后续的操作。所以可以将“打印字符串”替换为“SET”。首先如图3-2-4所示，新建一个变量类型“浮点”，重命名为“Speed”，然后拖到蓝图中点击“获取Speed”并生成节点。如图3-2-5所示连接相应节点，点击编译然后保存。这一操作主要是为了获得速度并且给速度设置具体数值。

图3-2-4

图3-2-5

在动画图表中创建从Idle到Run的状态机。进入动画蓝图中的动画图表状态机AnimGraph中创建状态并进行连接，进入状态机拖出新的状态节点后分别命名为“Idle待机状态”和“Run跑步状态”并将两者连接起来。首先进入动画图表，如图3-2-6所示，右键点击蓝图在文字框内输入“添加新状态机”，点击并生成节点。然后如图3-2-7所示，连接相应节点，点击编译并保存。接下来如图3-2-8所示，双击“添加新状态机”进入蓝图中，拖曳输入“添加状态”并命名为“Idle”，再在“Idle”节点中用鼠标左键拉出搜索框，输入“添加状态”并重命名为“Run”。

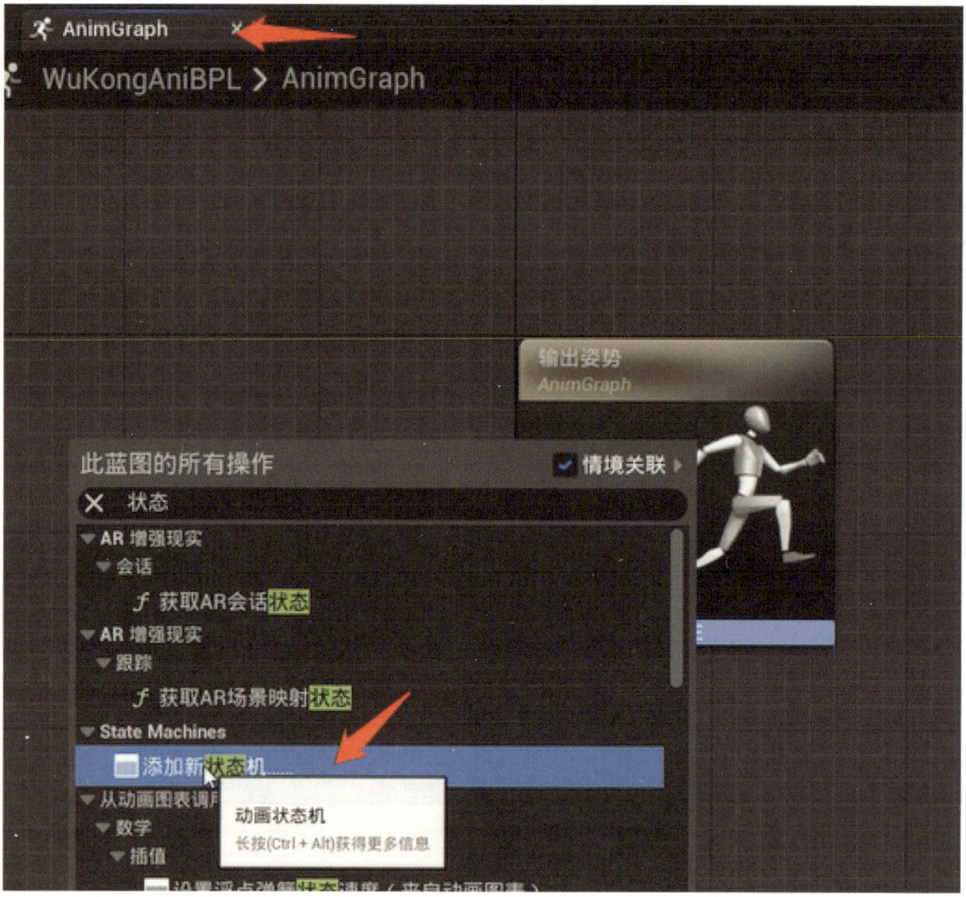
AnimGraph
WuKongAniBPL > AnimGraph
输出姿势
AnimGraph
此蓝图的所有操作
情境关联
状态
AR 增强现实
会话
获取AR会话状态
AR 增强现实
跟踪
获取AR场景映射状态
State Machines
添加新状态机......
动画状态机
长按(Ctrl + Alt)获得更多信息
数学
插值

图3-2-6

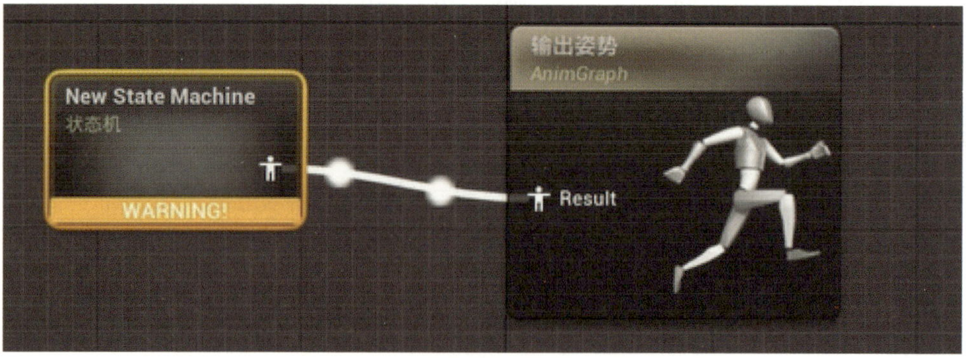
输出姿势
AnimGraph
New State Machine
状态机
WARNING!
Result

图3-2-7

图3-2-8

添加Idle待机状态动画，为Idle添加动画。双击“Idle”节点进入“Idle（状态）”蓝图中，然后如图3-2-9所示，将右侧“Idle”拖至蓝图中并与“输出动画姿势”进行连接，点击编译并保存。双击“Run”节点进入“Run（状态）”蓝图中，如图3-2-10所示，将右侧“Jod_Fwd”拖至蓝图中并与“输出动画姿势”进行连接，点击编译并保存。编辑后可以从动画蓝图左侧视口中观看角色动态，也可以回到游戏关卡中点击播放测试内容。

图3-2-9

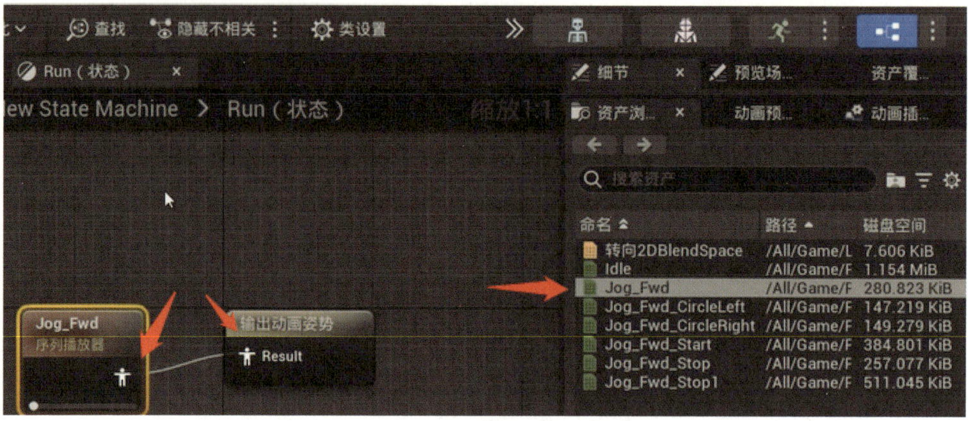

图3-2-10

制作从Idle转化到Run的规则。首先如图3-2-11所示，双击进入规则。在规则蓝图内左侧变量中拉出变量“Speed”，将其拖到蓝图中点击“获取Speed”并建立节点。然后如图3-2-12所示，在文字框内输入“大于等于”并建立节点，随后更改数值为“1”并与“结果”节点相连接。最后如图3-2-13所示，点击鼠标左键将“Run”向“Idle”拖曳，点击编译并保存。

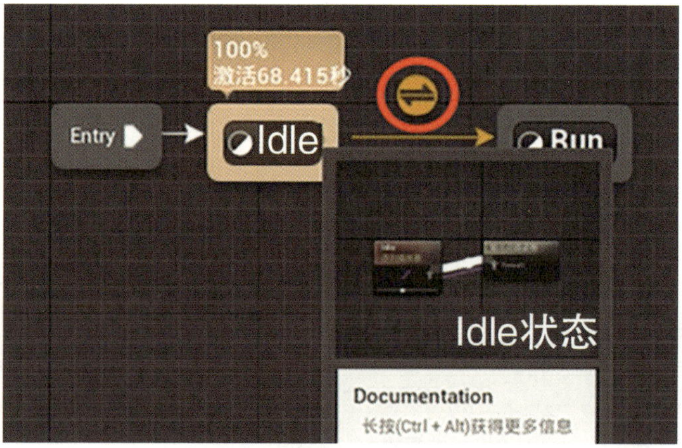

图3-2-11

图3-2-12

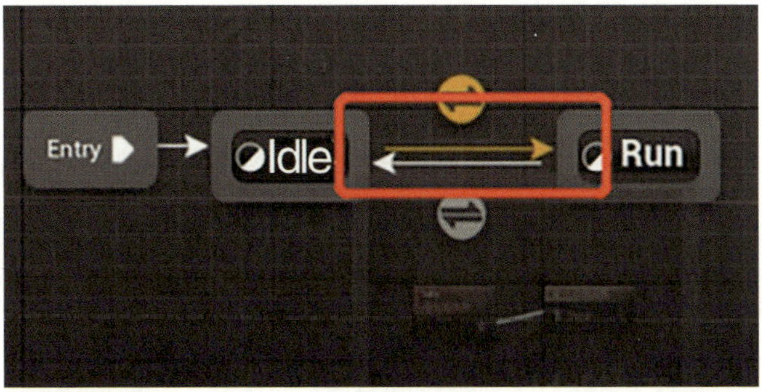

图3-2-13

设置从Run到Idle的过渡规则是，当Speed小于等于1时，角色从Run状态进入Idle状态。首先，从规则蓝图左侧变量中拉出变量“Speed”，将其拖到蓝图中点击“获取Speed”并建立节点，在文字框内输入“小于等于”并建立节点，如图3-2-14所示，连接相应节点，点击编译并保存，然后回到游戏关卡中点击播放测试角色运动。

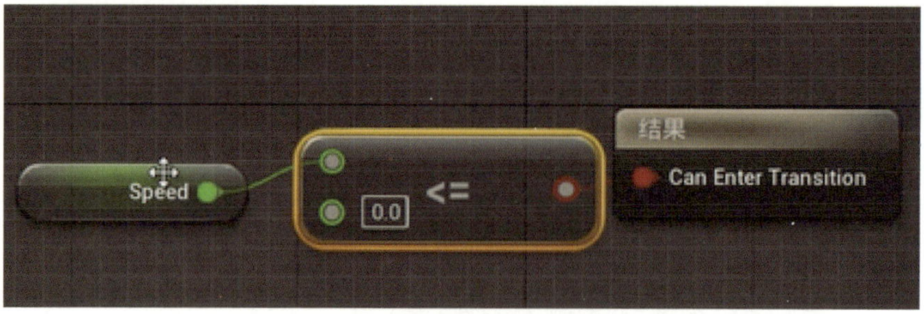

图3-2-14

以上为简单的角色动画蓝图基本制作流程。

第三节　玩家在跑动中转弯倾斜

本节将在具体案例实践中讲解玩家在跑动中转弯倾斜。首先创建一个动画混合空间。在UE中，混合空间包含两种不同维度的空间，一种是1D的，另一种是2D的。我们要用的是2D混合空间，在创建混合空间后要进行设置，其中两个关键的名称是Speed（速度）和Angle（角度）。接下来分步骤介绍具体的操作流程。

如图3-3-1所示，点击鼠标右键创建动画中的混合空间，选择图3-3-2中Wukong的骨骼并自定义命名为“转向2D_L”，然后点击“保存所有”。

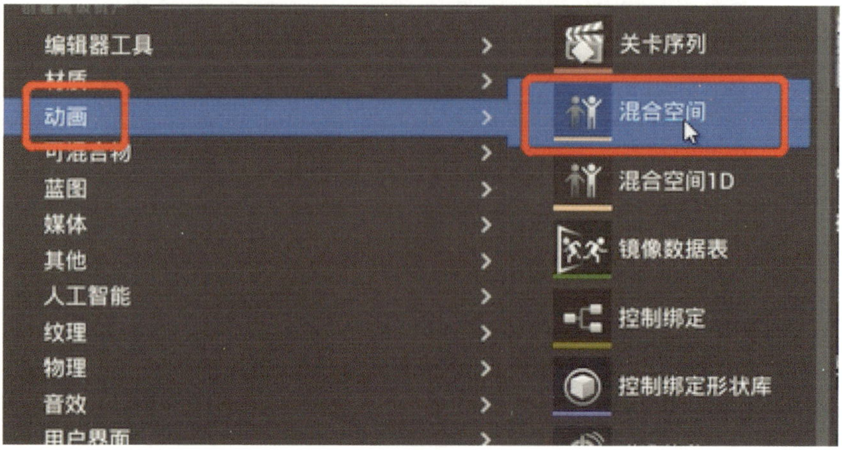

图3-3-1

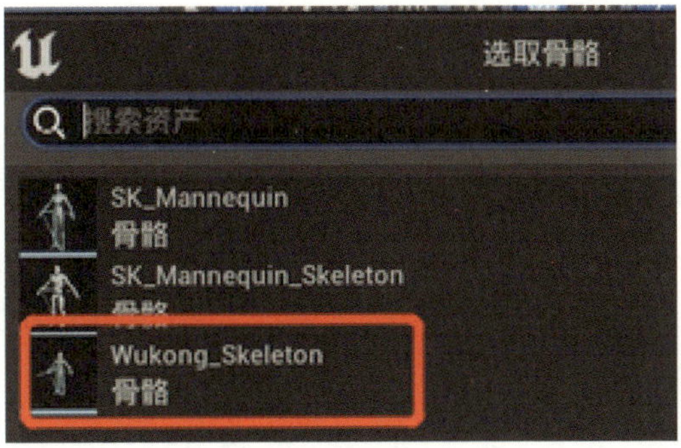

图3-3-2

鼠标双击“转向2D_L”混合空间进入其中。如图3-3-3所示，修改红色框内的参数。

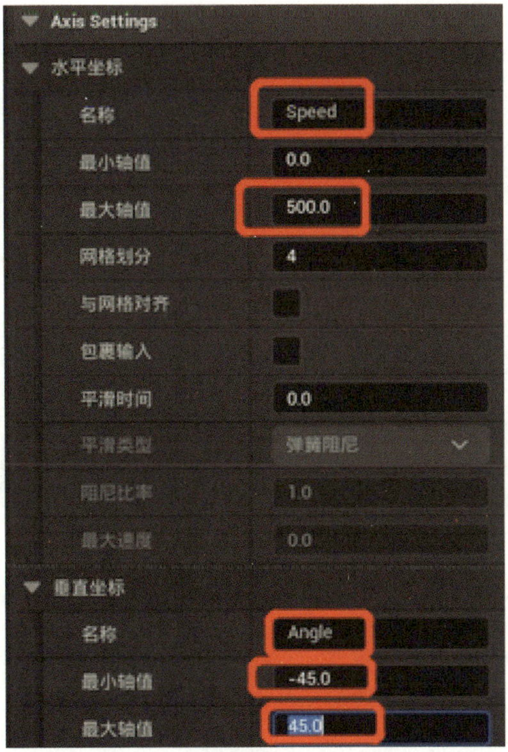

图3-3-3

如图3-3-4所示，将“Jog_Fwd_CircleLeft”用鼠标左键拖至线框中的左上点，该点速度最大值为500。接下来如图3-3-5所示，点击鼠标左键将“Jog_Fwd”拖至中间。如图3-3-6所示，将“Jog_Fwd_CircleRight”拖至左下角点。如图

3-3-7所示，点击鼠标右键将节点“Angle”属性值修改为“–45”，“Speed”值修改为“500”。同样，点击鼠标右键对其他节点属性值进行修改并保存。

图3-3-4

图3-3-5

图3-3-6

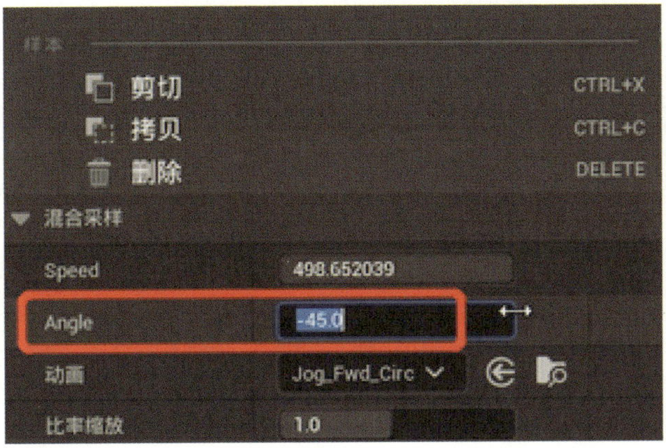

图 3-3-7

如图3-3-8所示，点击“事件Tick”拖出“可执行操作”，在文字框内输入“按通道进行线条追踪”并生成节点。接下来确定一个起点的位置，如图3-3-9所示，用鼠标右键点击蓝图空白处生成“此蓝图的所有操作”，在文字框内输入“获取Actor位置”并建立节点，再将“获取Actor位置”节点与“按通道进行线条追踪”节点中的“Start”相连接。需要注意的是，“事件开始运行”节点是一个初始化的过程，当它载入关卡或者角色时，基本属性就开始运行，而“事件Tick”节点具有及时更新的特点，一般应用于动态变化的事件中。

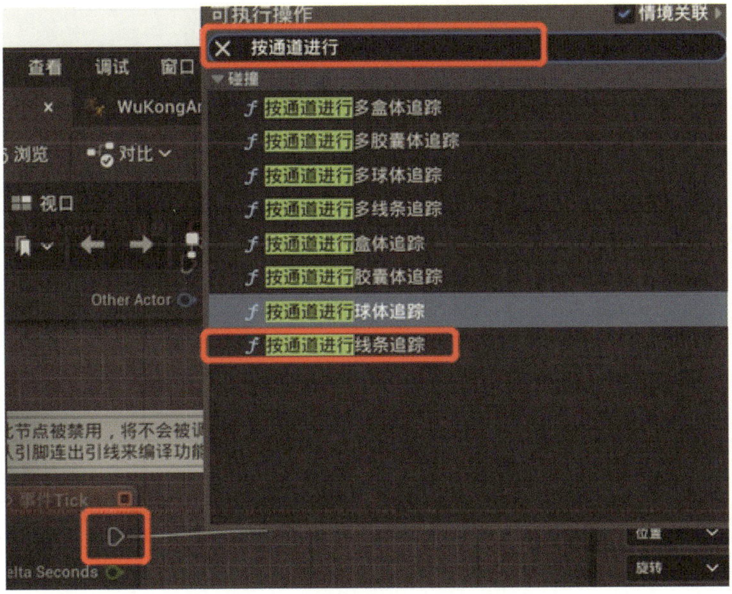

图 3-3-8

图3-3-9

如图3-3-10所示，用鼠标右键点击蓝图空白处生成“此蓝图的所有操作”，在文字框内输入“获取速度”并建立节点。接下来如图3-3-11所示，在“获取速度”节点中拖曳“Return Value”，在文字框内输入“*”(“*”可以通过键盘“Shift+8”打出)，生成节点后与其相连接。随后如图3-3-12所示，修改参数值为“1000”。然后如图3-3-13所示，在“获取速度”节点中拖曳“Return Value”，在文字框内输入“+”并建立节点。之后如图3-3-14所示连接好相应节点，编译并保存蓝图内的节点内容。

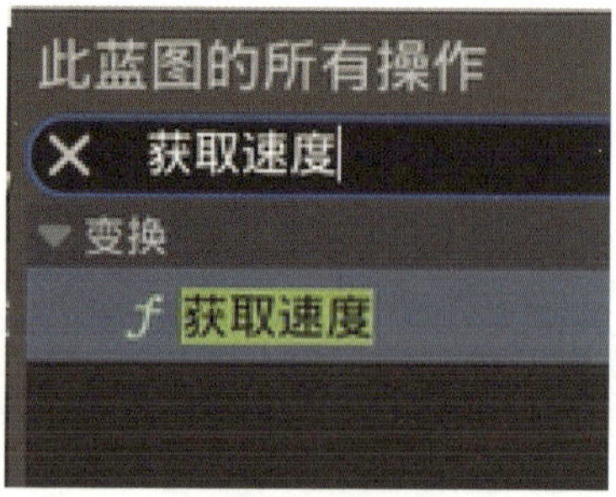

图3-3-10

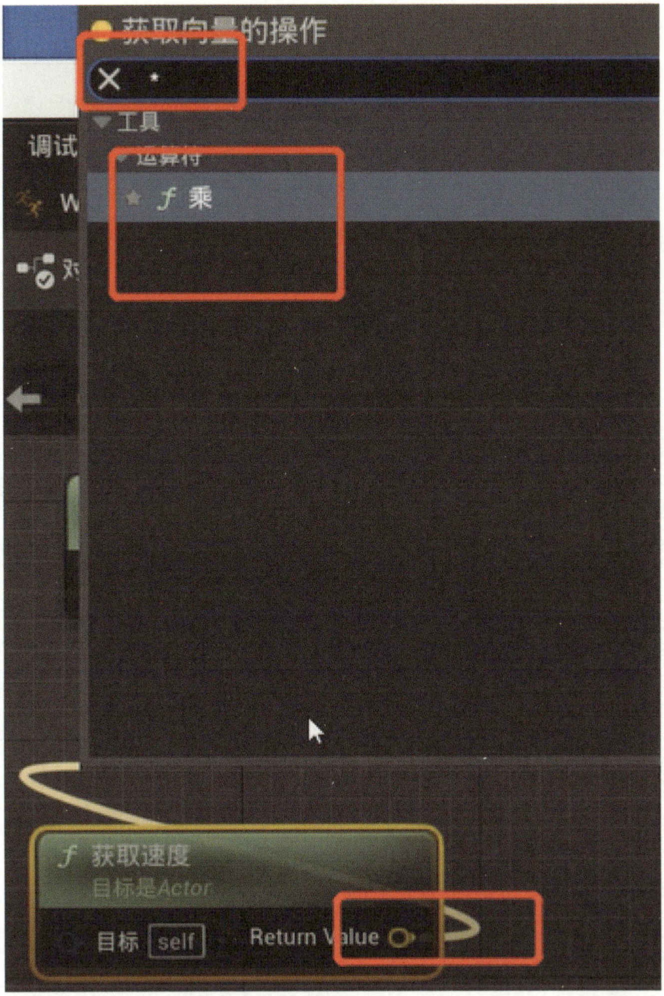
获取向量的操作
工具
运算符
乘
调试
获取速度
目标是Actor
目标
self
Return Value

图3-3-11

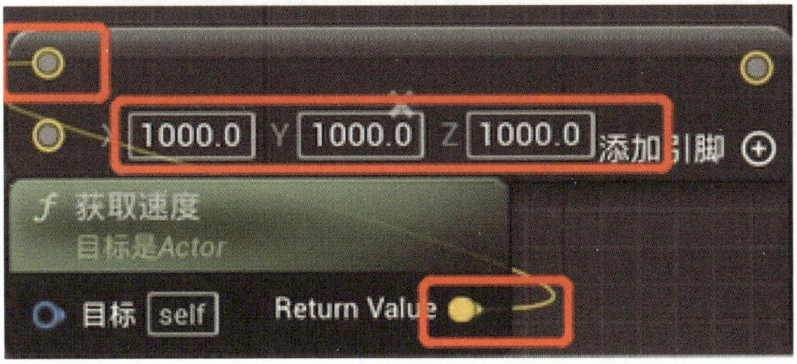
1000.0
Y
1000.0
Z
1000.0
添加引脚
获取速度
目标是Actor
目标
self
Return Value

图3-3-12

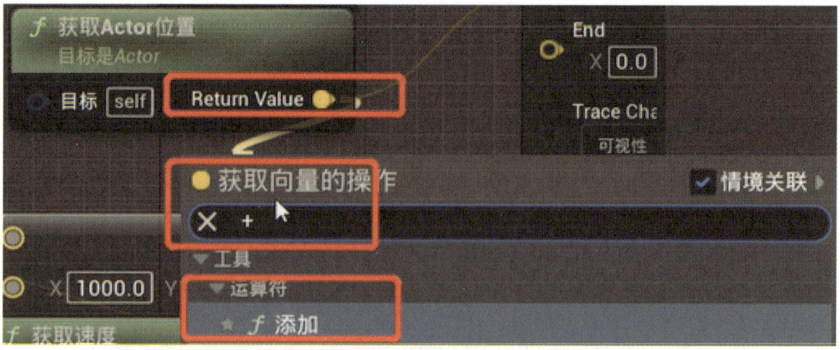

图 3-3-13

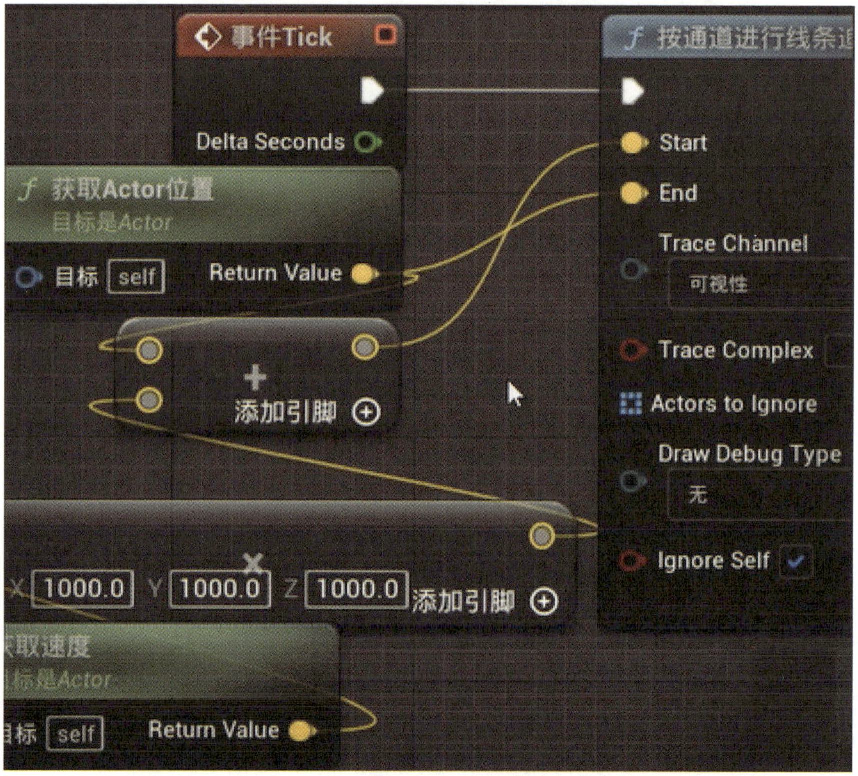

图 3-3-14

如图 3-3-15 所示，修改参数内容和颜色后编译并保存，回到关卡中点击播放测试游戏角色。

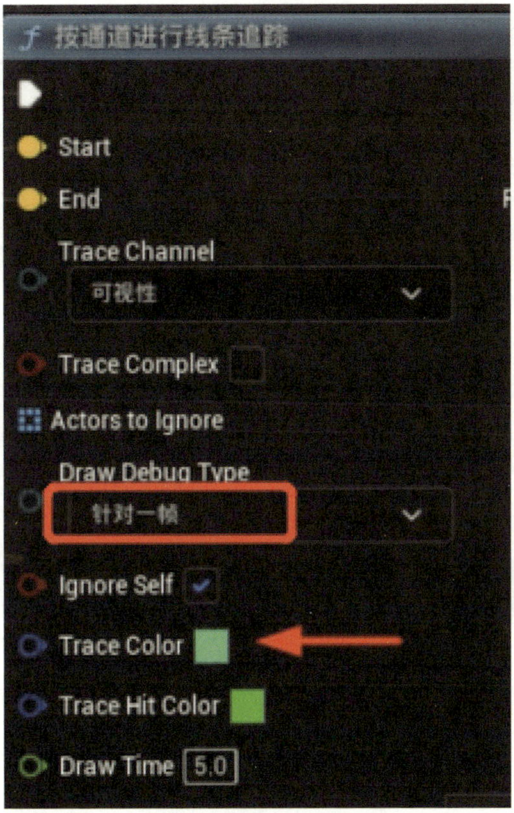

图3-3-15

测试后回到蓝图内点击“Ctrl+D”复制一个“按通道进行线条追踪”节点，并将两个“按通道进行线条追踪”节点相连接。用鼠标右键点击空白处，在“此蓝图的所有操作”文字框中输入“获取Actor位置”并建立相应节点，随后如图3-3-16所示连接相应节点。接下来用鼠标右键点击空白处，在“此蓝图的所有操作”文字框中输入“获取Actor向前向量”并建立相应节点，随后如图3-3-17所示用鼠标左键拖曳“获取Actor向前向量”节点中的“Return Value”，在文字框内输入“*”并建立节点，连接好节点后修改红色框内参数值为“1000”。最后如图3-3-18所示，在“获取Actor位置”节点拖曳“Return Value”，在文字框内输入“+”并建立节点。成功设置全部的节点后点击编译并保存，回到关卡中点击播放测试游戏角色。

图3-3-16

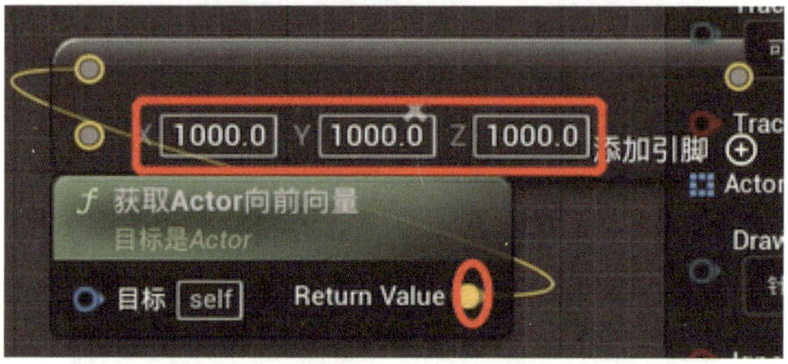

图3-3-17

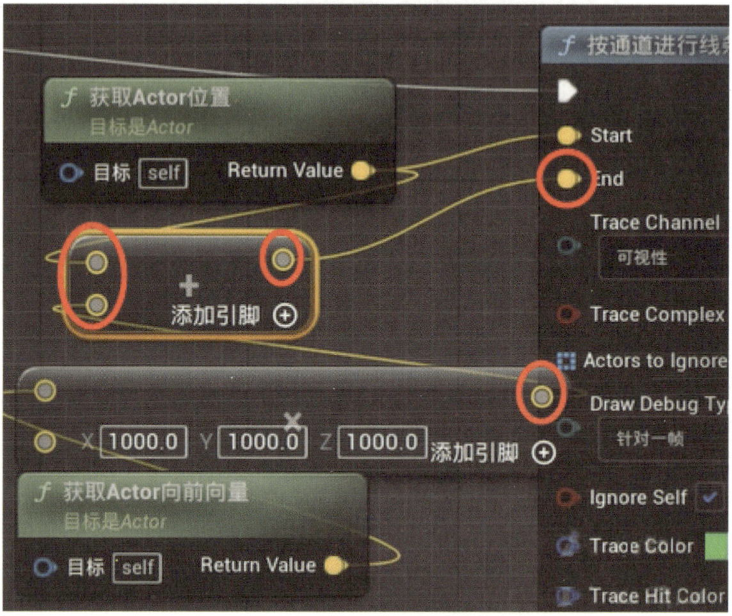

图3-3-18

如图3-3-19所示，整理蓝图，用鼠标右键点击节点，在“节点注释”文字框内可以修改节点注释名称。如图3-3-20所示，调整以上全部节点。

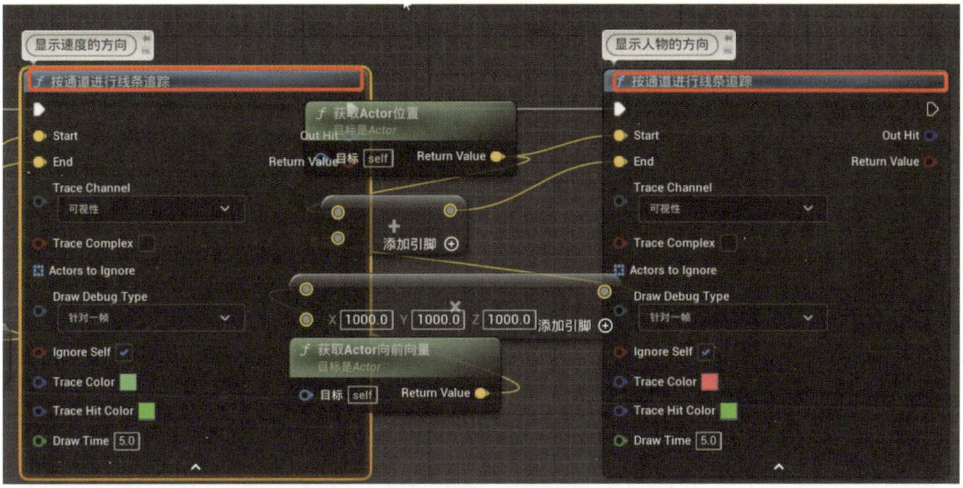

图3-3-19

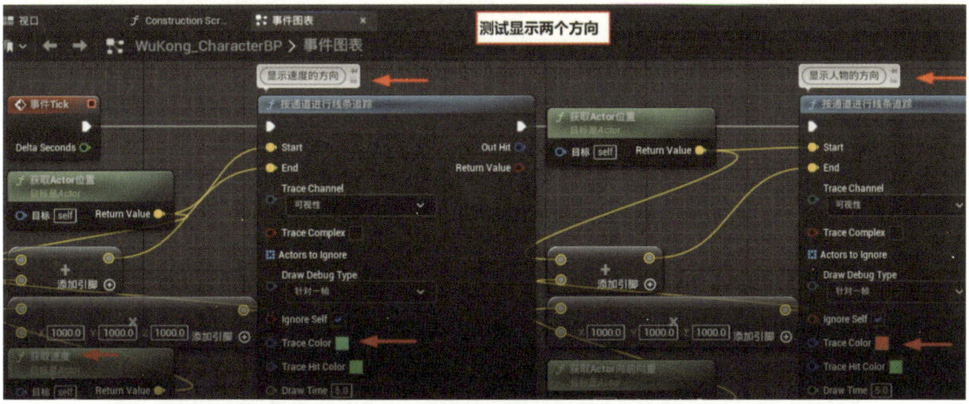

图3-3-20

获得游戏角色行进时的夹角并设置为变量值。进入“WuKongAniBPL”动画蓝图中的事件图表，在之前制作的速度蓝图基础之上制作向前的蓝图。如图3-3-21所示，在“尝试获取Pawn拥有者”节点拖出的文字框内输入“获取Actor向前向量”，选择并生成节点。接下来如图3-3-22所示，在“获取Actor向前向量”中拖曳节点并在文字框内输入“从X向量旋转”，选择并生成节点。然后如图3-3-23所示，复制一个“从X向量旋转”节点并进行相应连接。最后如图3-3-24所示，在“从X向量旋转”节点拖曳输入“差量”，生成“差量（旋转体）”节点后进行相应连接。

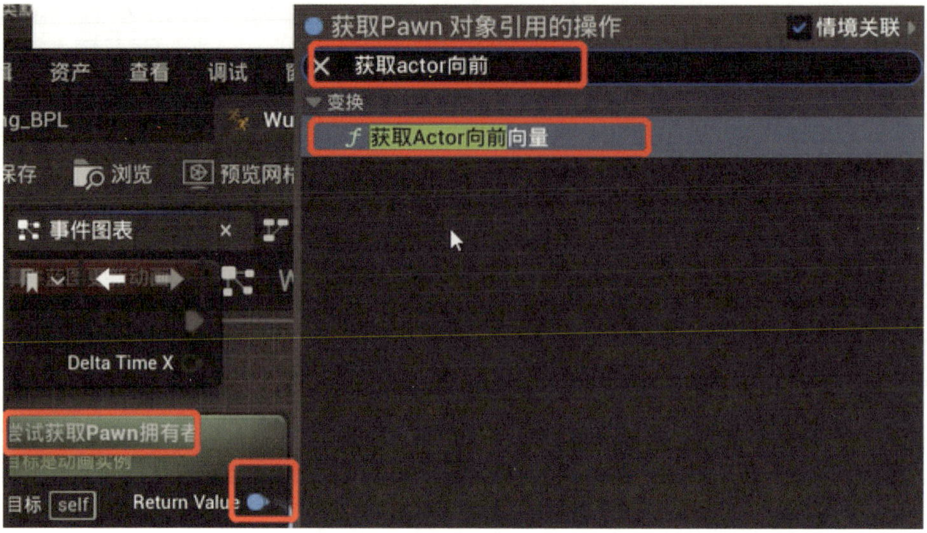
获取Pawn 对象引用的操作
情境关联
获取actor向前
变换
获取Actor向前向量
资产
查看
调试
保存
浏览
预览网格
事件图表
Delta Time X
尝试获取Pawn拥有者
目标
self
Return Value

图 3-3-21

查看
调试
窗口
工具
获取向量的操作
从x
数学
转换
从X向量旋转
WuKongAniBPL*
浏览
预览网格体
New State Mac
获取速度
目标是Actor
目标
Return Value
获取Actor向前向量
目标是Actor
目标
Return Value

图 3-3-22

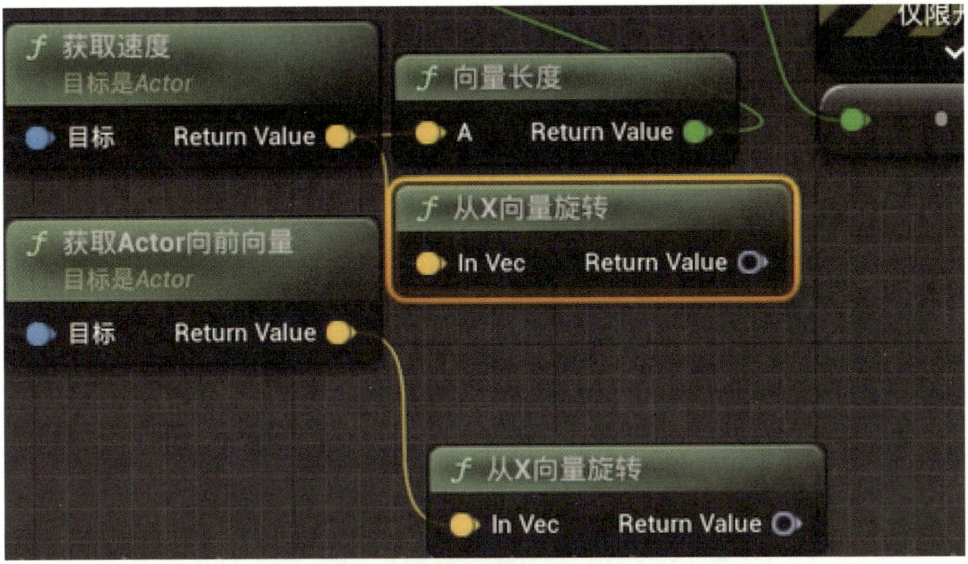

图3-3-23

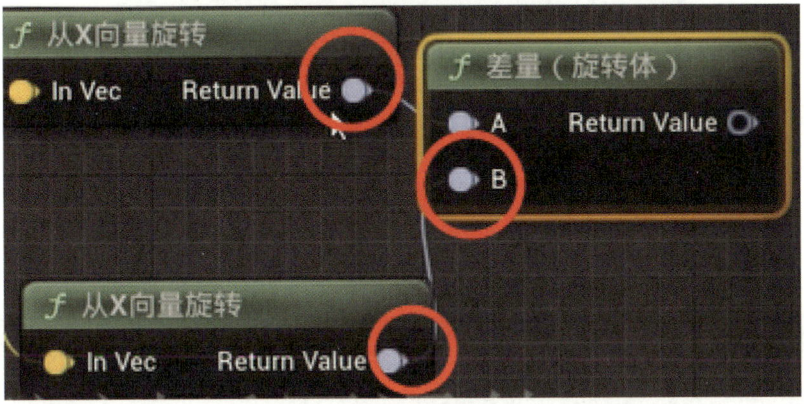

图3-3-24

如图3-3-25所示，点击“差量（旋转体）”节点后选择“分割结构体引脚”。然后如图3-3-26所示，增加一个“Angle”的变量，类型为“浮点”。接下来如图3-3-27所示，用鼠标拖曳“Angle”变量到蓝图空白处，点击“设置Angle”变量并生成节点。最后如图3-3-28所示，创建“打印字符串”节点后对Z轴进行连接设置，编译并保存后回到游戏关卡中点击播放进行测试。

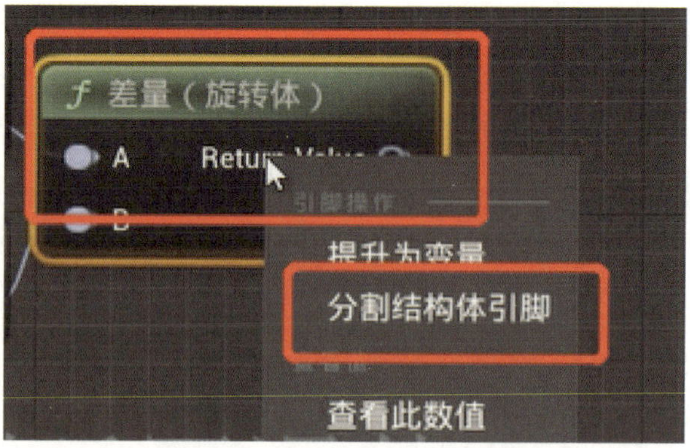

图 3-3-25

图 3-3-26

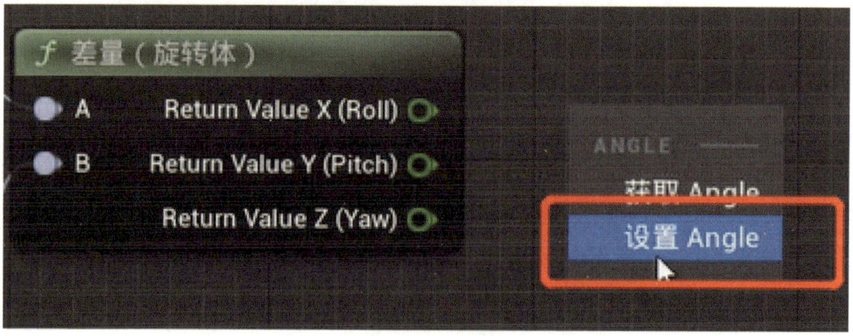

图 3-3-27

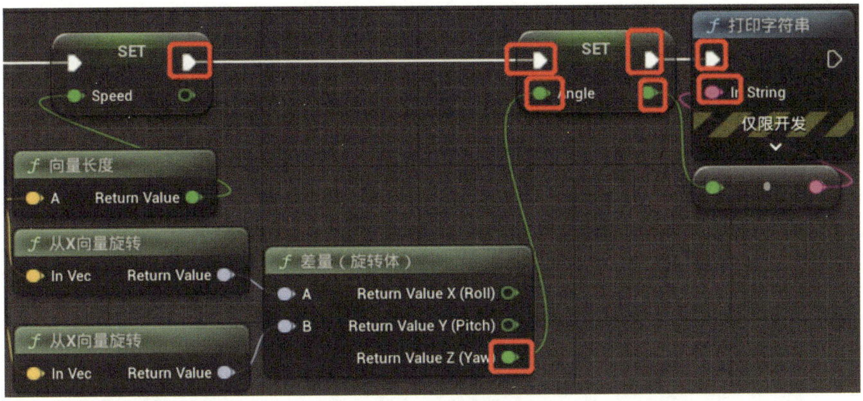

图3-3-28

在蓝图内增加转换规则。如图3-3-29所示，双击“AnimGraph”进入动画图表，进入后双击图3-3-30中的节点，随后双击进入图3-3-31“RUN”节点中。接下来如图3-3-32所示，用鼠标点击两个节点间的线后，按“Alt+鼠标左键”断开连接。之后如图3-3-33所示，将右侧“转向2D_L”拖至蓝图空白处并生成节点。

图3-3-29

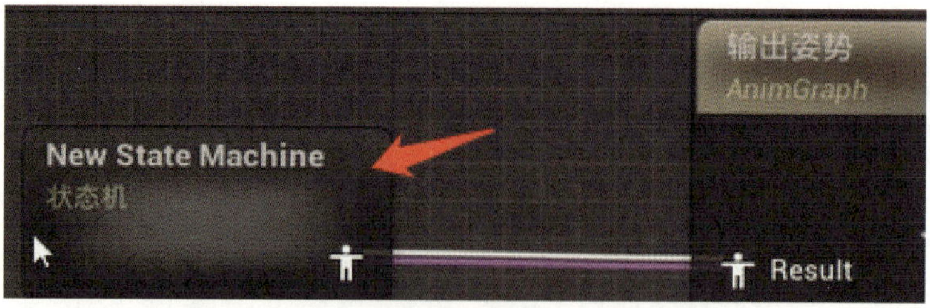

图 3-3-30

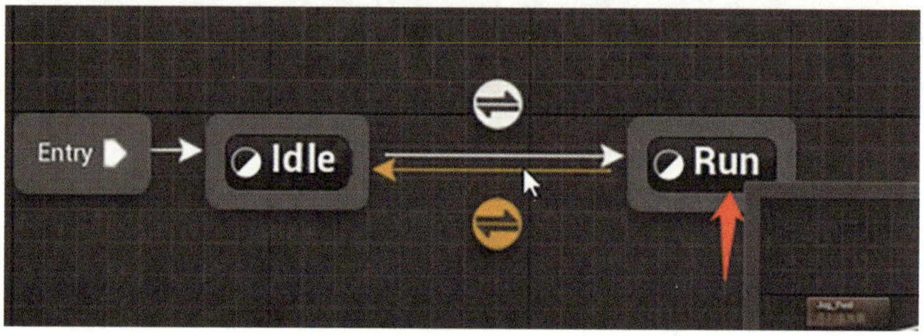

图 3-3-31

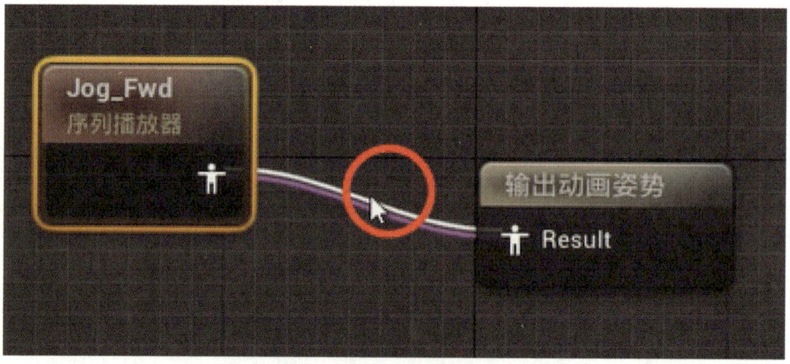

图 3-3-32

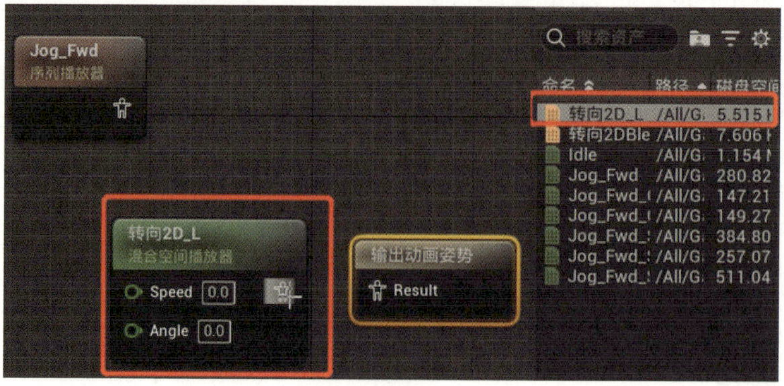

图 3-3-33

如图3-3-34和图3-3-35所示，双击“RUN(状态)”后将“Speed”和“Angle”变量拖至蓝图内，点击“获取Speed”和“获取Angle”并连接相应节点，之后编译并保存。

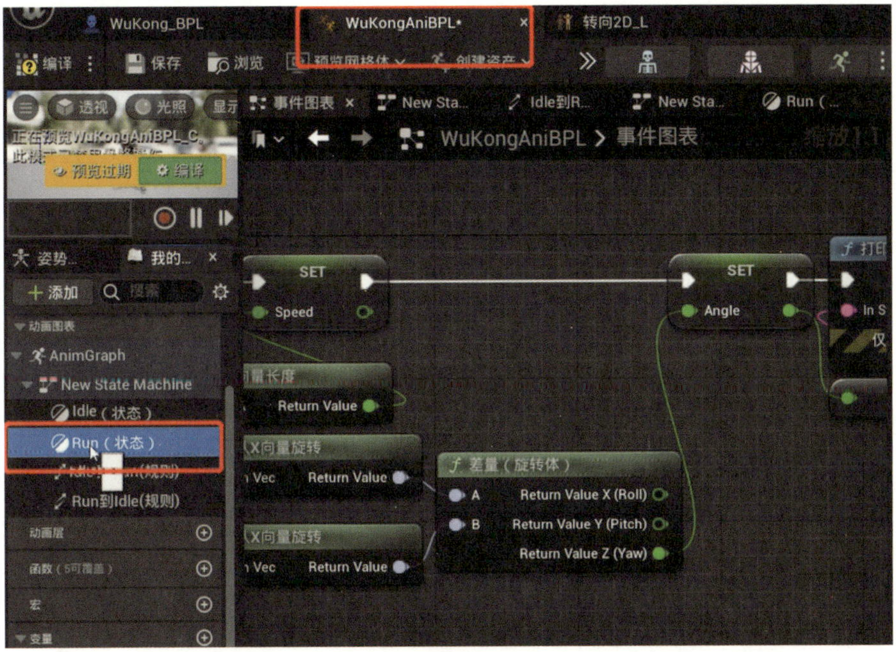

图3-3-34

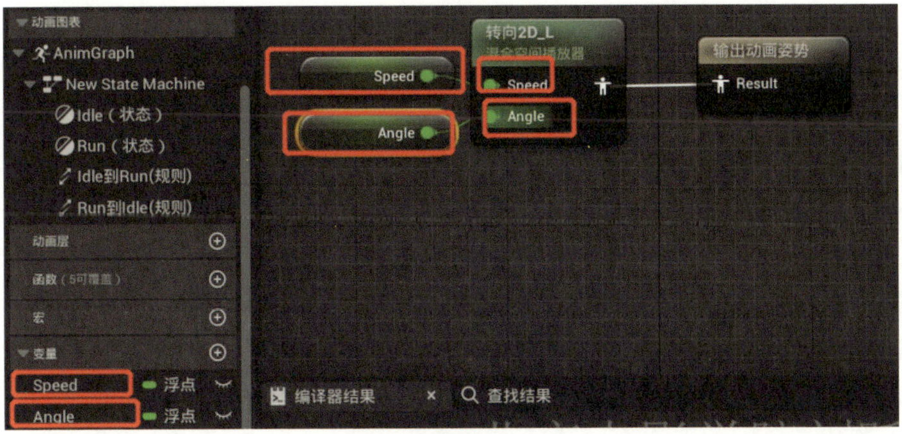

图3-3-35

完成以上具体步骤后，回到游戏关卡中点击播放测试游戏人物在跑动时转弯倾斜情况，测试后保存所有存档。

第四节　移动控制过程中动画故障与修改

在上一节内容制作完成后，点击播放测试游戏角色时发现游戏角色在移动过程中有明显“跳帧”现象。在Debug（解决问题）模式下，问题更明显。应用控制台使用Debug工具可以找出产生问题的原因。如图3-4-1所示，在游戏关卡播放模式下按键盘上的句号键，然后如图3-4-2所示，启动Unreal控制台后再输入“ShowDebugAnimation”，会显示动画Debug信息。接下来分步骤解析移动控制过程中动画中出现的问题及进行修改的操作方式。

图3-4-1

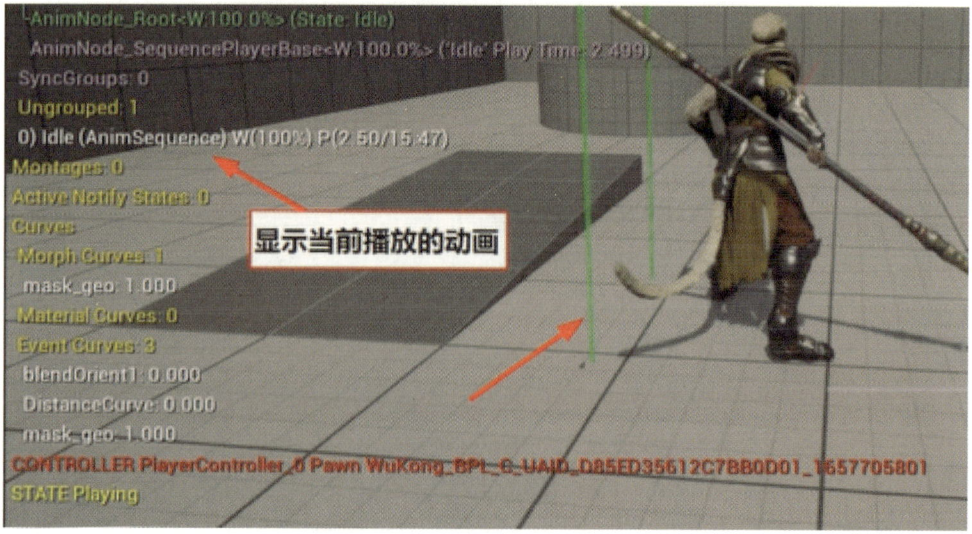

图3-4-2

如图3-4-3所示，打开蓝图后新增一个判断节点。在“SET”节点中拖出“可执行操作”并在文字框内输入“b”，进行下拉后寻找“分支”，选择并建立“分支”节点。“分支”中包含“真”和“False”。“真”的作用是当其符合某一个条件时才会有对应的执行功能，如果不符合条件则会执行“False”功能。

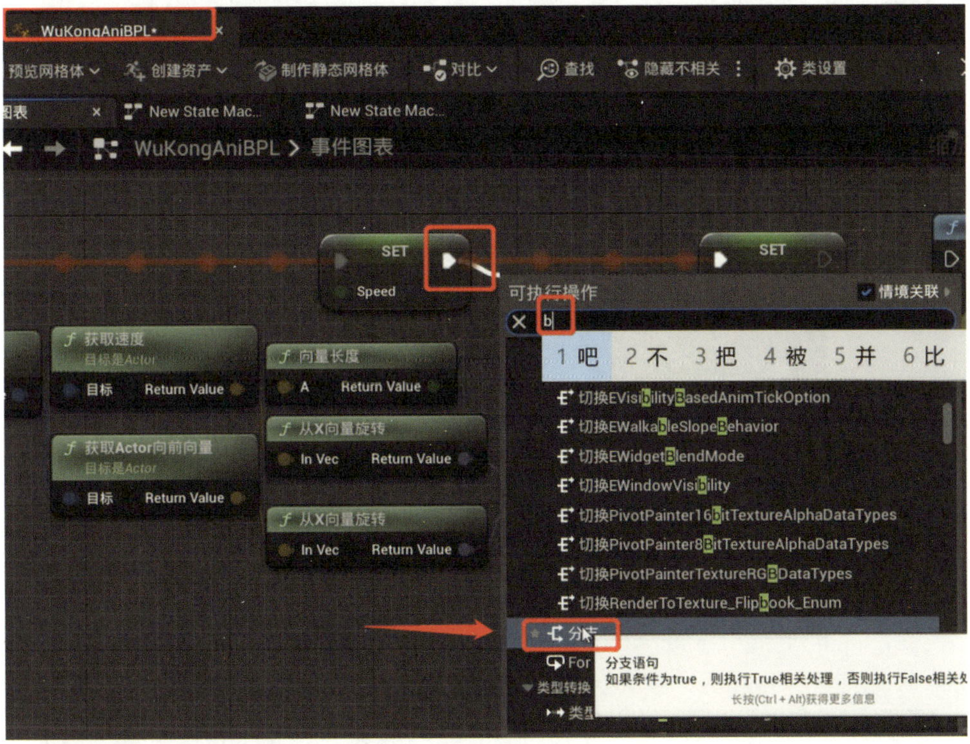

图3-4-3

如图3-4-4所示，设置条件，“Speed”值不能为“0”，人物的Speed（速度）的值不能为负值，所以在“获取浮点（双精度）的操作”中输入“大于”，选择“大于”并建立节点。接下来如图3-4-5所示，连接好相应节点，数值可以更改为“1”。然后如图3-4-6所示，将“真”和“SET”进行连接，这样小于“1”以下的数值就不会产生效果，编译并保存后回到游戏关卡内点击播放进行测试。

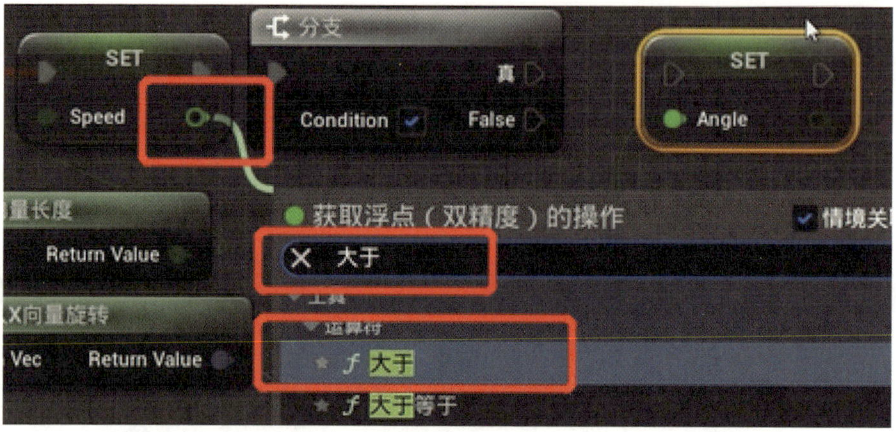

图3-4-4

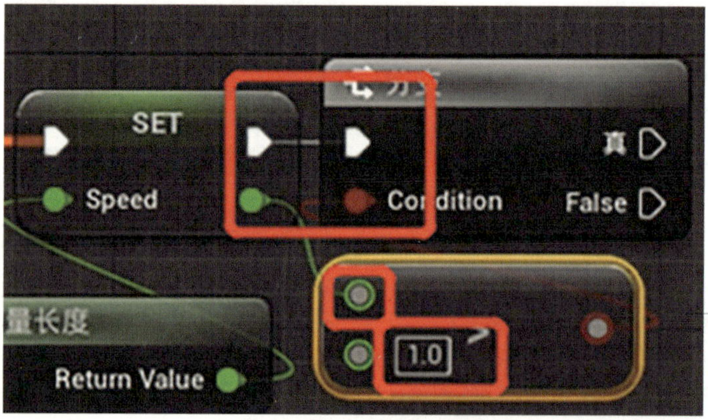

图3-4-5

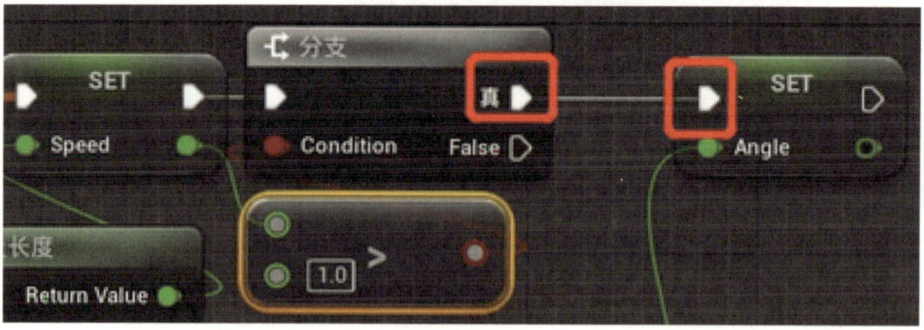

图3-4-6

总结移动控制过程中动画中出现的问题并进行修改的办法。首先在Debug模式下启动控制台，在游戏关卡播放模式下按键盘上的句号键，随后启动Unreal控制台。接下来输入“ShowDebugAnimation”，显示动画Debug信息，再输入Slomo0.1，慢速测试后将动态速度调整到0.1，在慢速度下寻找问题，对比分析关键信息。经过分析发现，当游戏角色排布停下时，速度会变为0，这是因为速度旋转和向前旋转的差量出现了计算偏差，所以旋转还应进一步加大数值。这个问题的具体修改方案是，当速度为0时，不进行旋转差量的计算输出且不给Angle赋值。另外，在Speed和Angle之间增加一个判断条件，这一步操作后的速度大于0，并会进行角度计算。

第五节　移动过程细化与丰富

本节通过分步教学完善游戏角色在场景关卡动态过程中动作的细化与丰富，从待机到开始跑再到跑、从跑到停止再到待机这一过程。 进入动画的状态机后可以增加一些节点，增加从待机到跑、从跑到待机的过渡过程。如图3-5-1所示，角色从待机状态开始跑动，角色跑动是一种循环状态，在这两个动态之间形成过渡运动规律。当游戏角色停止奔跑时，会产生跑步停止后的人物动态缓冲，这样的效果可以使游戏角色在游戏关卡中的运动更加贴近人的运动规律，游戏角色的运动更加真实和丰富。接下来分步骤进行教学。

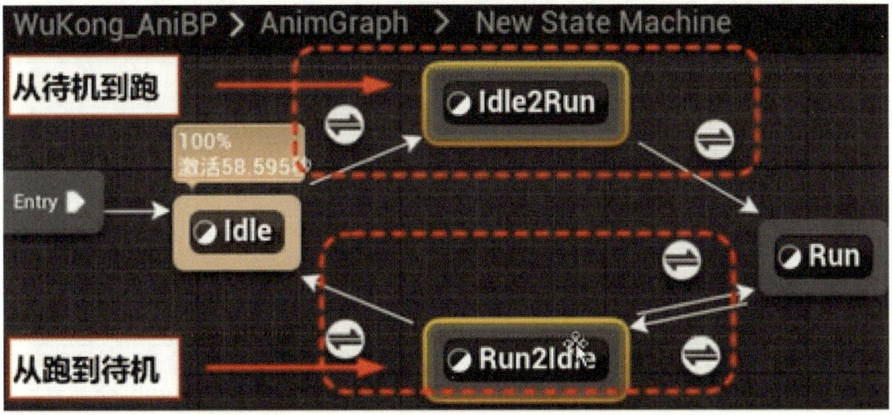

图3-5-1

如图3-5-2所示，在动画蓝图中的动画图表内打开“New State Machine”后选择节点，用鼠标左键拖曳“Run”并在文字框内输入“添加状态”，选择后生成节点并自定义命名为“跑步停下来”。接下来如图3-5-3所示，将“跑步停下来”节点与“Idle”节点相连接。增加状态节点后用鼠标双击进入“跑步停下来”节点。随后如图3-5-4所示，将右侧栏内“Jog_Fwd_Stop”用鼠标左键拖至蓝图中，生成节点后与“输出动画姿势”节点相连接，编译并保存。

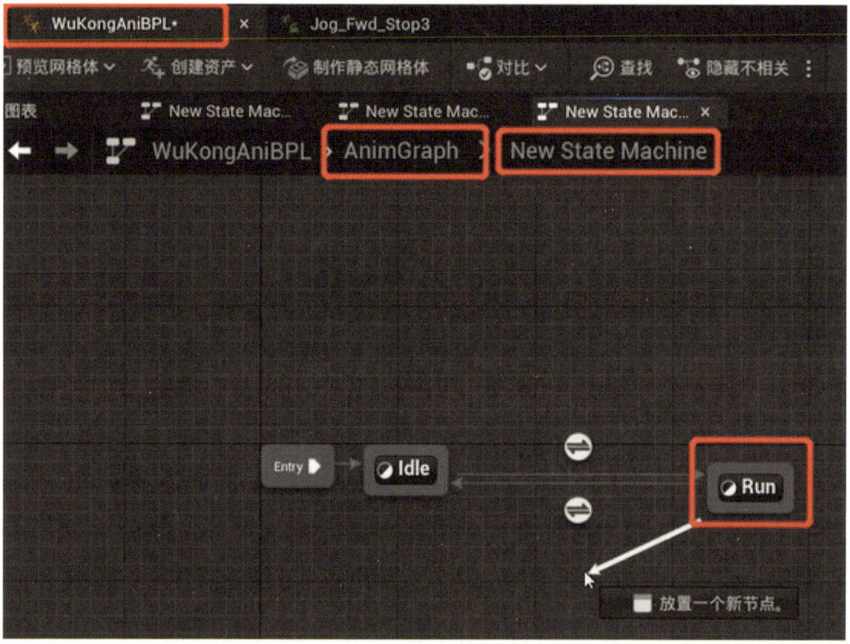

图3-5-2

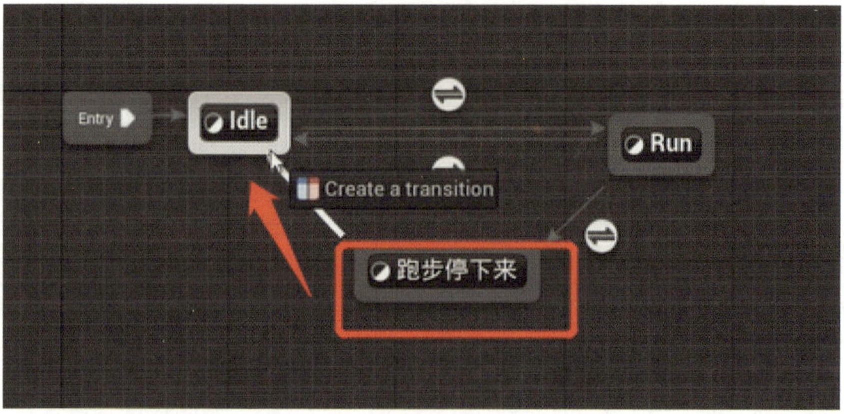

图3-5-3

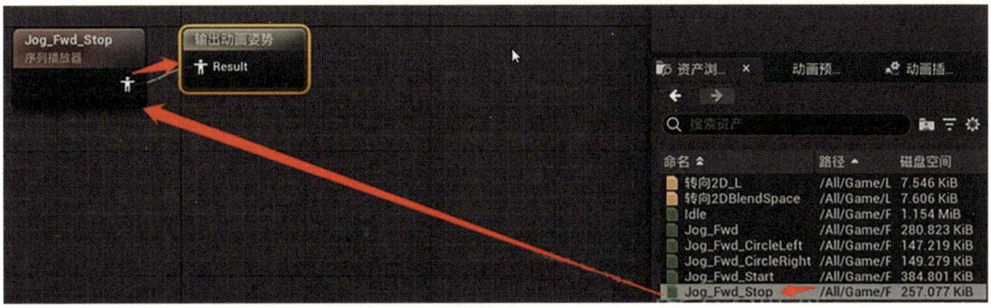

图3-5-4

如图3-5-5所示，双击图中红色框标记节点并进入节点中。接下来如图3-5-6所示，在左侧变量栏中用鼠标左键拖曳“Speed”变量到空白蓝图中，选择“获取Speed”并生成节点，然后拖曳“Speed”节点右侧点，在文字框内输入“小于等于”后选择“小于等于”并生成节点。更改“小于等于”节点内的数值为“1.0”，连接相应节点，最后点击编译并保存。这一步是为了使人物在奔跑过程中速度从50到0有一个变化过程。

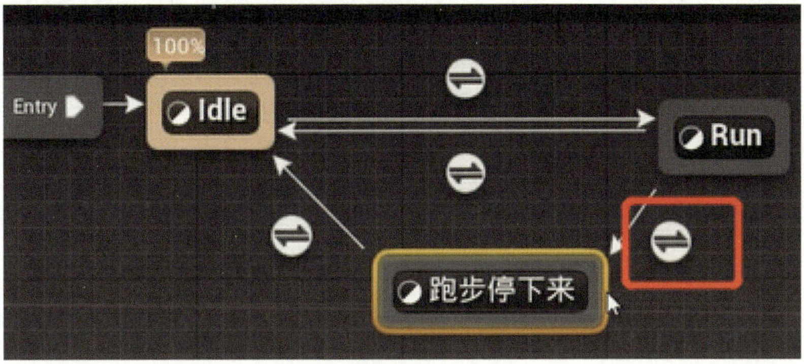

图3-5-5

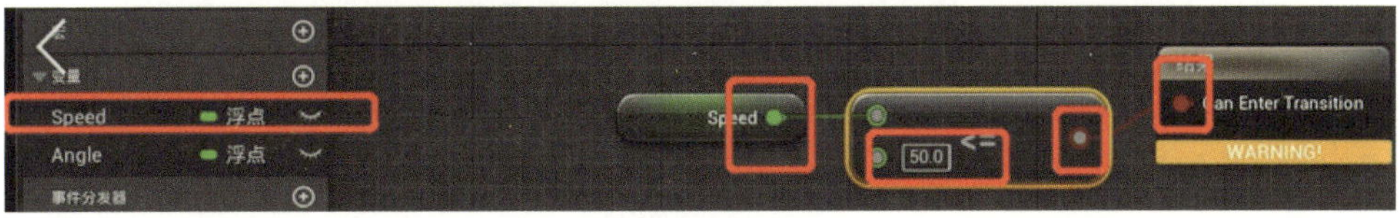

图3-5-6

如图3-5-7所示，回到状态机中点击图中红色框标记节点进入节点内，在蓝图空白处点击鼠标右键生成“此蓝图的所有操作”对话框，在对话框内输入“剩余时间（Jog_Fwd_Stop）”并生成节点。随后如图3-5-8所示，拖曳“剩余时间（Jog_Fwd_Stop）”节点右侧的点，并在文字框内输入“小于等于”，在生成的“小于等于”节点内将数值修改为“2.2”，连接图中相应节点后点击编译并保存。回到游戏关卡中点击播放进行测试，测试后点击“保存所有”。

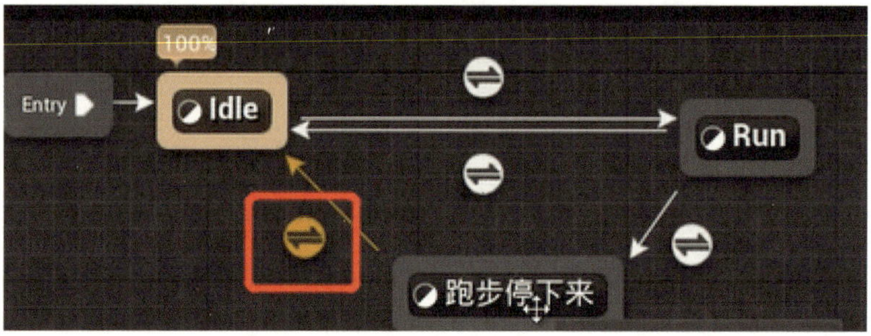

图3-5-7

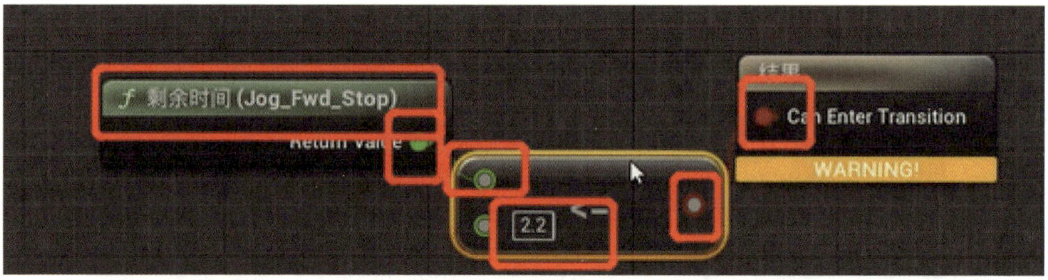

图3-5-8

如图3-5-9所示，完善角色停下来的动作细节。点击“Jog_Fwd_Stop”，按“Ctrl+B”在内容浏览器中找到“Jog_Fwd_Stop”。如图3-5-10所示，按“Ctrl+D”复制出一个动画“Jog_Fwd_Stop4”后保存所有。接下来如图3-5-11所示，在30帧处点击鼠标右键后选择“移除帧0到帧30之间的帧”，这步操作会删除前面的帧，只保留30帧后的部分，随后编译并保存。然后如图3-5-12所示，将调整好的动画“Jog_Fwd_Stop4”拖至蓝图中并进行连接。最后如图3-5-13所示，将图中红色框标记的内容与节点删除，随后编译并保存。

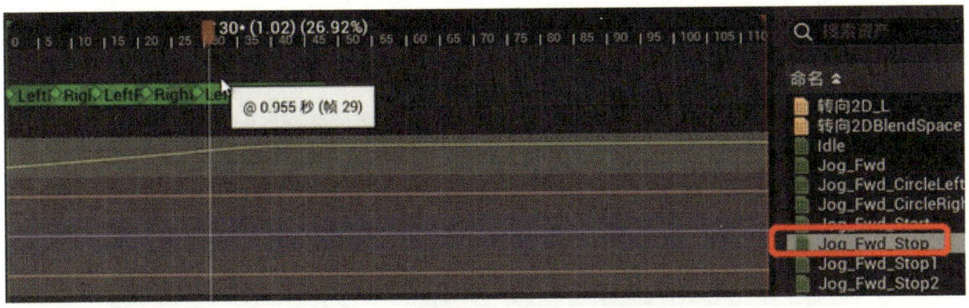

图 3-5-9

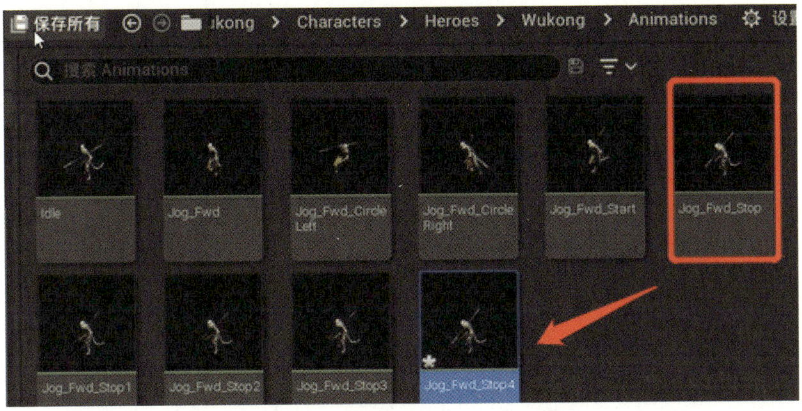

图 3-5-10

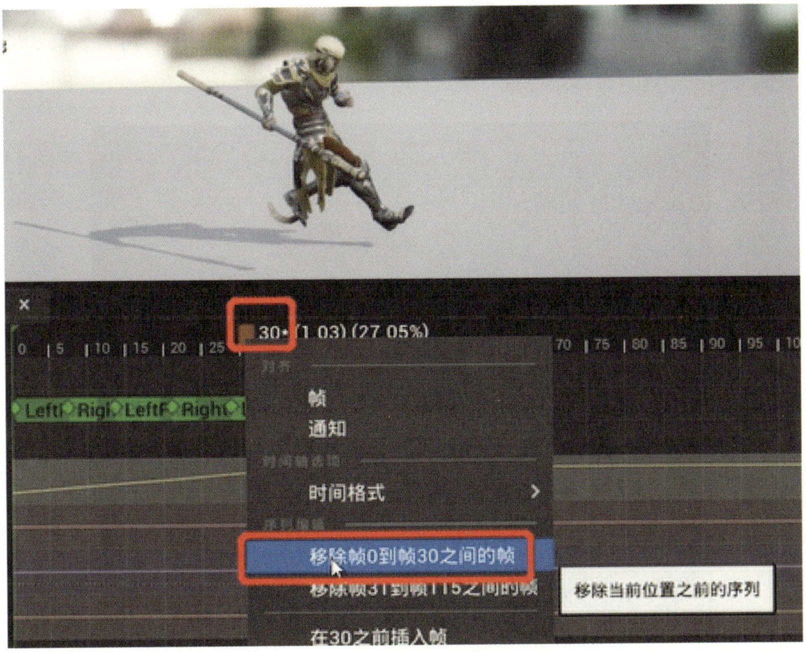

图 3-5-11

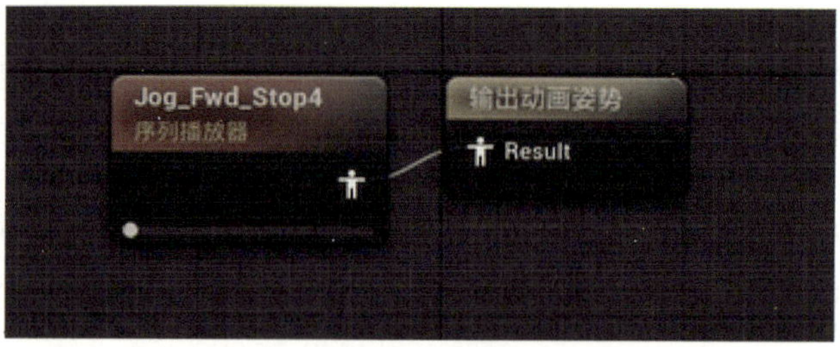

图3-5-12

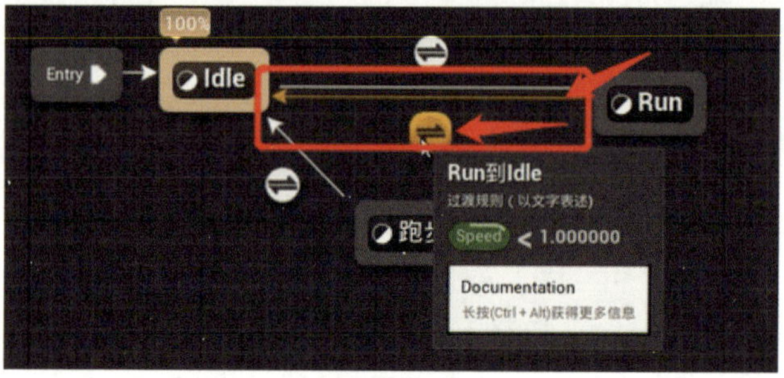

图3-5-13

如图3-5-14所示，双击红色标记节点，用新调整好的动画“Jog_Fwd_Stop4”替换原来的动画“Jog_Fwd_Stop”，如图3-5-15所示进行动画替换并连接相应节点。然后选中动画“Jog_Fwd_Stop4”，在右侧栏中将“播放速率”值修改为“0.7”，如图3-5-16所示。

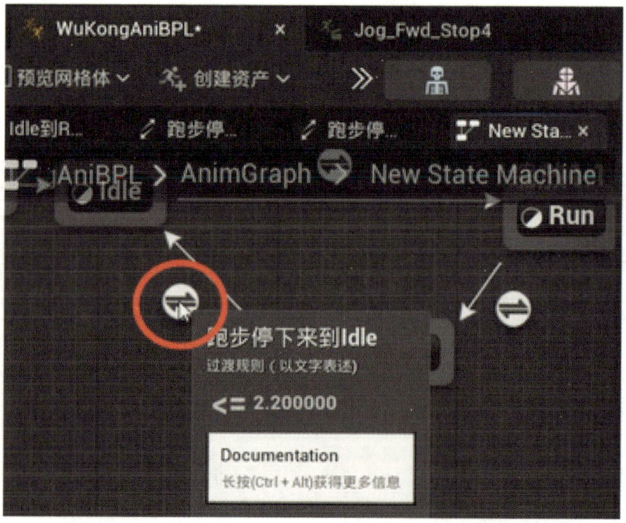

图3-5-14

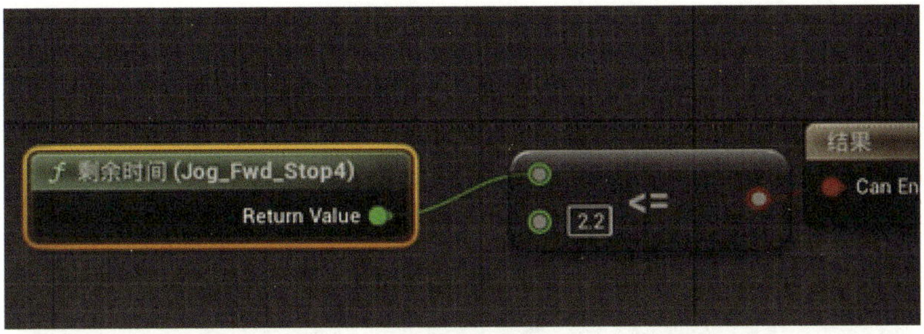

图3-5-15

图3-5-16

如图3-5-17所示，增加游戏角色在奔跑过程中从待机到起跑阶段。选中“Idle”后用鼠标左键拖曳，选择“添加状态”并生成节点，随后自定义命名为“起跑”。接下来删除图3-5-18中绿色标记节点，并连接好相应节点。然后如图3-5-19所示，双击“起跑”后进入节点。如图3-5-20所示，将“Jog_Fwd_Start”拖至蓝图内生成节点，并与“输出动画姿势”连接，随后编译并保存。

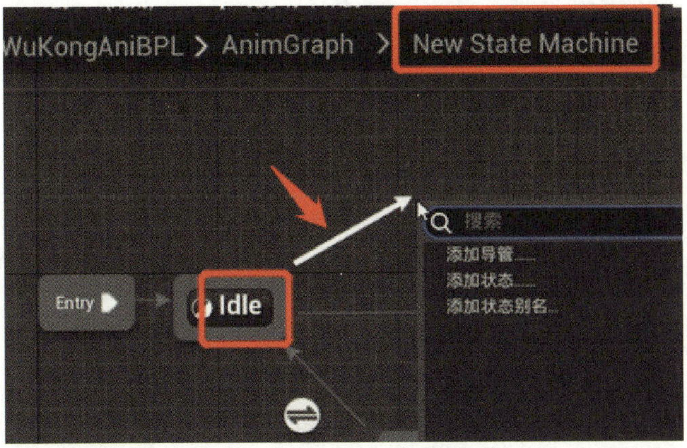

图3-5-17

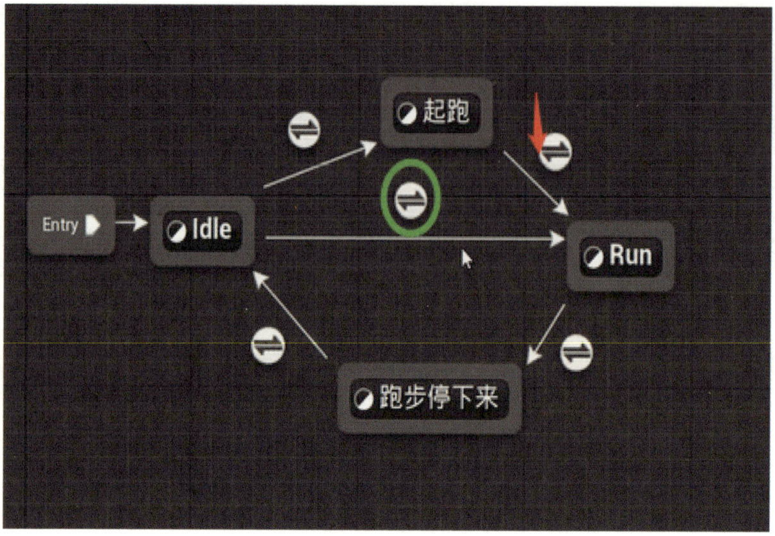

图 3-5-18

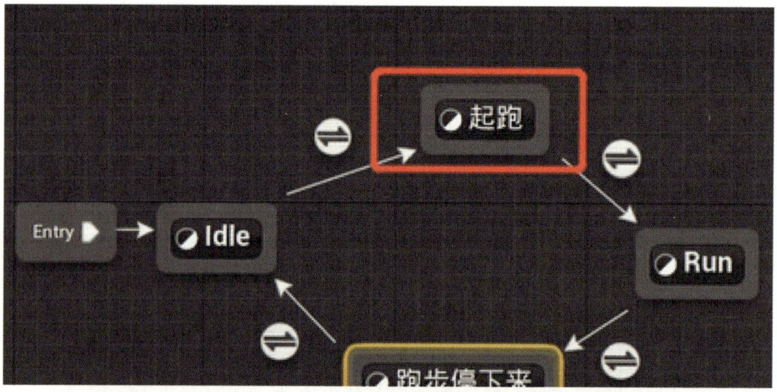

图 3-5-19

图 3-5-20

如图3-5-21所示，在状态机中双击进入红色框内节点，随后如图3-5-22所示，用鼠标右键点击蓝图空白处，在对话框内输入“剩余时间（Jog_Fwd_Start）”，选择并生成节点，在节点右侧拖曳出文字框。如图3-5-23所示，在框内输入小于等于，随后生成节点，修改小于等于节点参数为“1.3”，再连接图中相关节点，最后编译并保存。

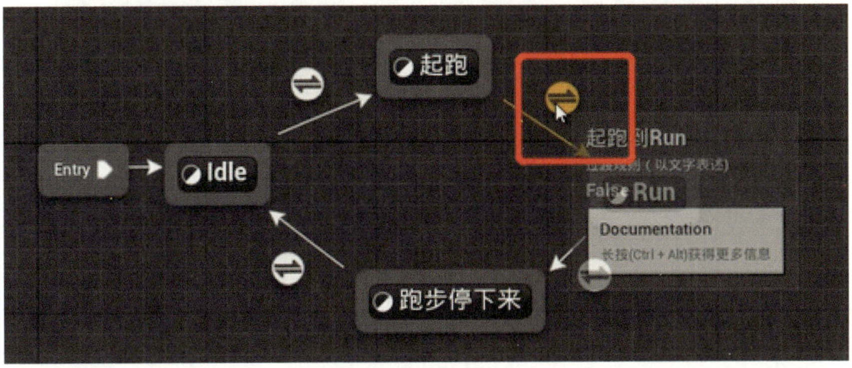

图3-5-21

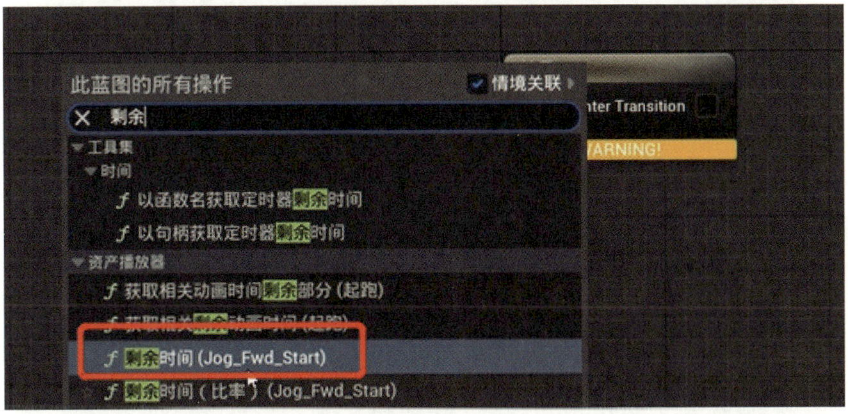

图3-5-22

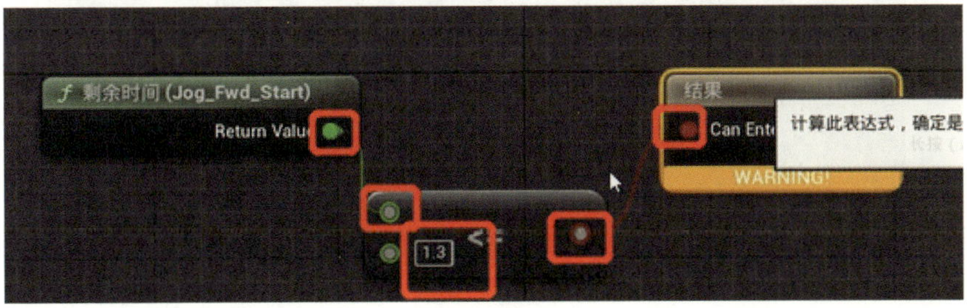

图3-5-23

如图3-5-24所示，双击进入图中标记的红色节点。如图3-5-25所示，在左侧变量栏中用鼠标左键拖曳“Speed”变量到空白蓝图中，选择“获取Speed”并生成节点，然后拖曳“Speed”节点右侧点，并在文字框内输入大于等于，选择大于等于并生成节点。接着更改大于等于节点内的数值为“2.0”。

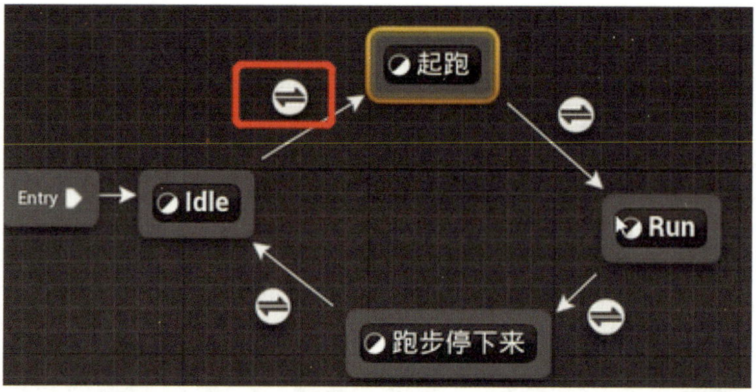

图3-5-24

图3-5-25

如图3-5-26所示，选择“未选中调试对象”中的悟空动画蓝图，随后在状态机中查看游戏角色播放状态下运动的数值，从待机到起跑再到停下来整个蓝图流程数据，可以参照角色运动和状态机中的数值进行动画调整。

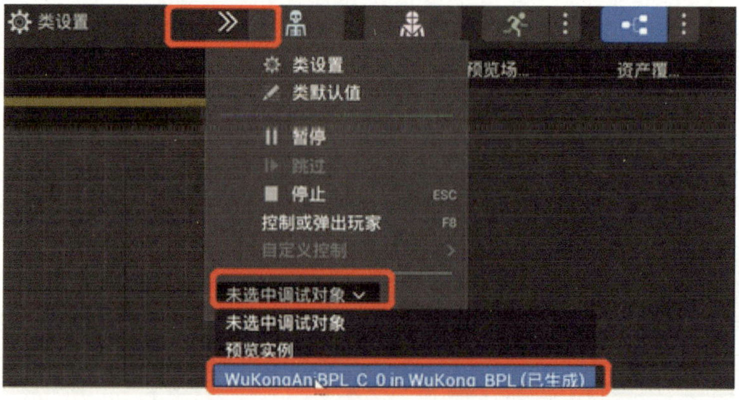

图3-5-26

第四章　玩家普通攻击动作

第一节　普通攻击动作及触发

本章将通过具体案例分步骤讲解游戏关卡人物攻击制作，分别从普通攻击、被击、触发与击打分步骤进行讲解。在第一节中主要讲解普通攻击动作及触发，设置攻击输入和动画插槽。接下来分步讲解具体制作流程。

如图4-1-1所示，可以将第三章中制作好的游戏关卡另存为一个文件夹，在新建的文件夹中制作第四章的内容，以养成良好的文件管理习惯并便于后期修改。新建文件夹后自定义为“WuKong_第4章”，点击右键选择查找“捕获缩略图”后保存所有，以方便寻找游戏场景。

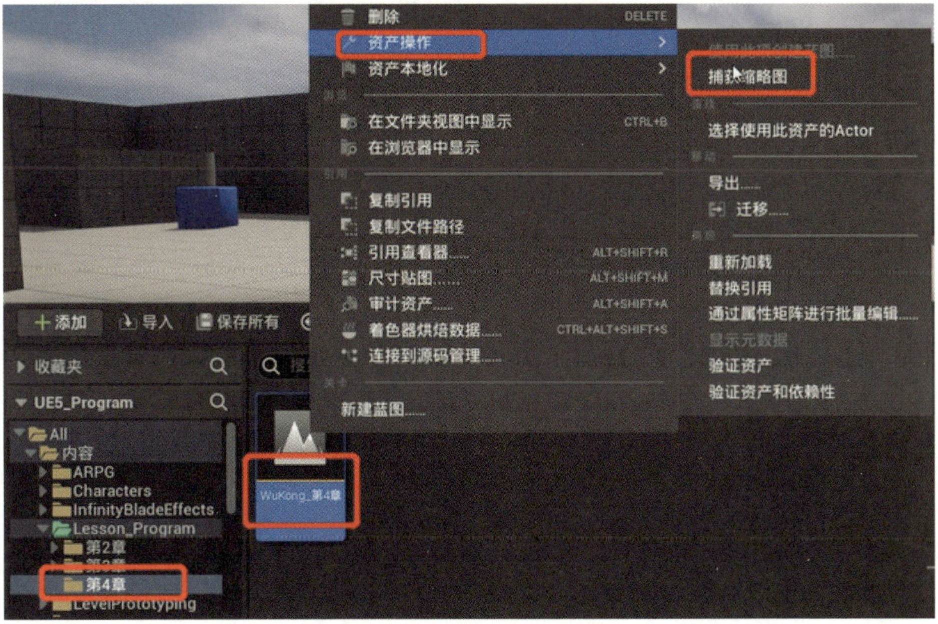

图4-1-1

如图4-1-2所示，在菜单“编辑”中找到“项目设置”。如图4-1-3所示，在“输入”中找到“操作映射”，创建一个映射并自定义为“Attack攻击”，点击“选择键值”，点击左键生成攻击键，此时游戏角色攻击指令为点击鼠标左键。需要注意的是，图片中标识的黄色方框内“选择键值”，用鼠标左键点击一次变色，再随意按动鼠标或键盘上任意键便可生成指令。例如，如果想制作按动“X”键时游戏角色进行普通攻击，那么用鼠标左键点击“选择键值”，随后按键盘“X”，即可将“X”键生成为攻击键。设置好后直接退出界面即可。

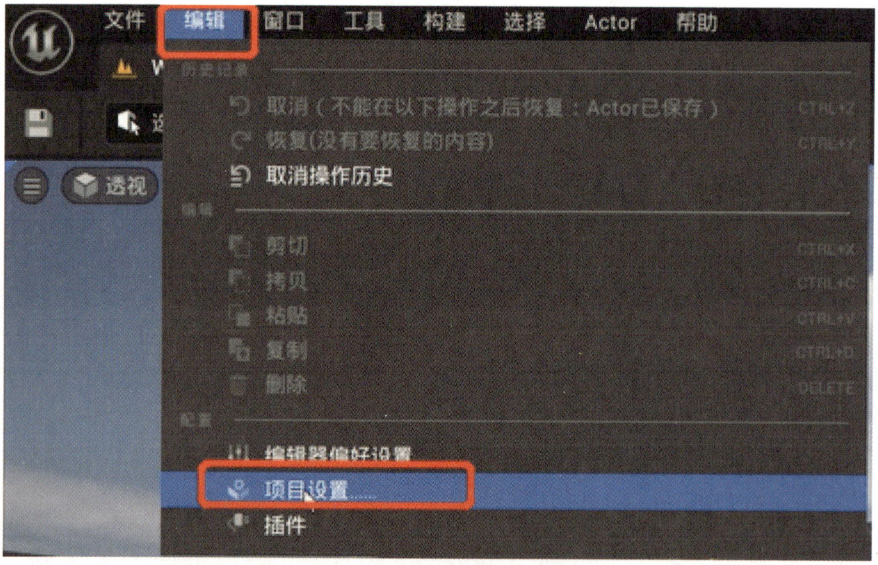

图4-1-2

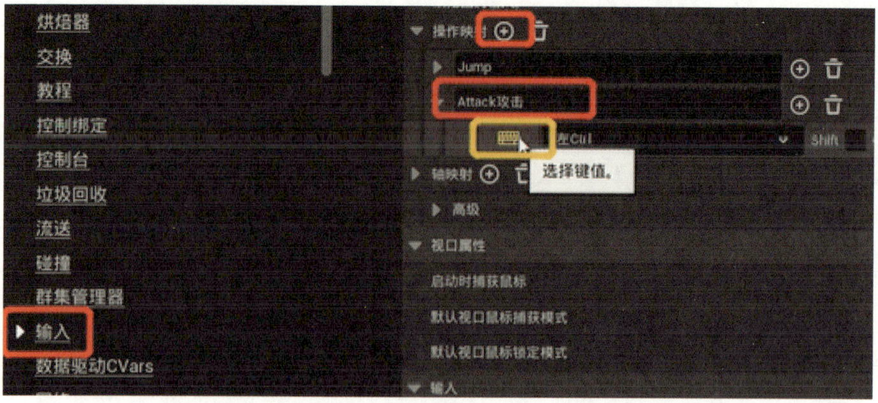

图4-1-3

如图4-1-4所示，在网格体中右侧动画类文件中找到角色的动画蓝图，双击进入动画蓝图。随后如图4-1-5所示，在角色蓝图中的事件图表蓝图空白处点击鼠标右键生成“此蓝图的所有操作”。将“网格体”拖至蓝图空白处（如果不能拖曳，需要更改角色蓝图名称，文件名称不能重复），然后在“网格体”节点右侧拖曳出文字框并输入“获取动画实例”，生成“获取动画实例”节点，如图4-1-6所示。接下来如图4-1-7所示，在“获取动画实例”节点右侧拖曳出文字框，输入“将槽动画作为动态蒙太奇播放”并生成节点，然后连接“Attack攻击”，在“将槽动画作为动态蒙太奇播放”节点下修改参数。“Asset”参数修改为“Primary_Melee_A_Slow”。接下来如图4-1-8所示，双击左侧栏中的“AnimGraph”，拖曳“New State Machine”右侧的点，在文字框内输入“插槽DefaultSlot”并建立节点，编译并保存。最后回到事件图表中，在“将槽动画作为动态蒙太奇播放”节点下修改图4-1-7中的参数，“Slot Node Name”修改为“DefaultSlot”。修改融合平滑过渡参数，“Blend in Time”参数修改为“0.1”，“Blend Out Time”参数修改为“0.1”，“In Play Rate”参数修改为“0.7”。攻击动作制作基本完成，编译并保存后回到游戏关卡中点击播放进行测试，根据角色设定和角色攻击适当调节具体参数后保存所有。

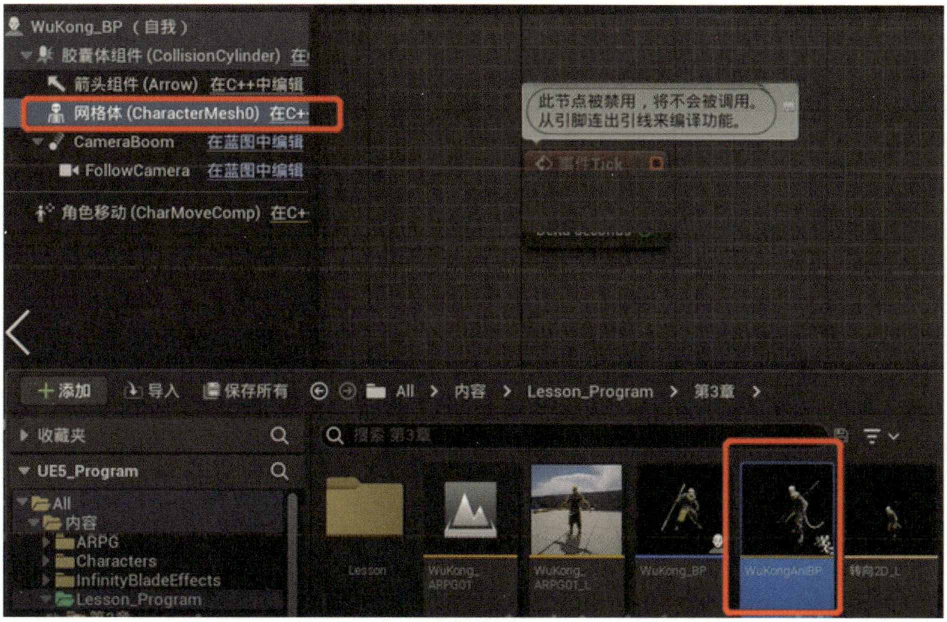

图4-1-4

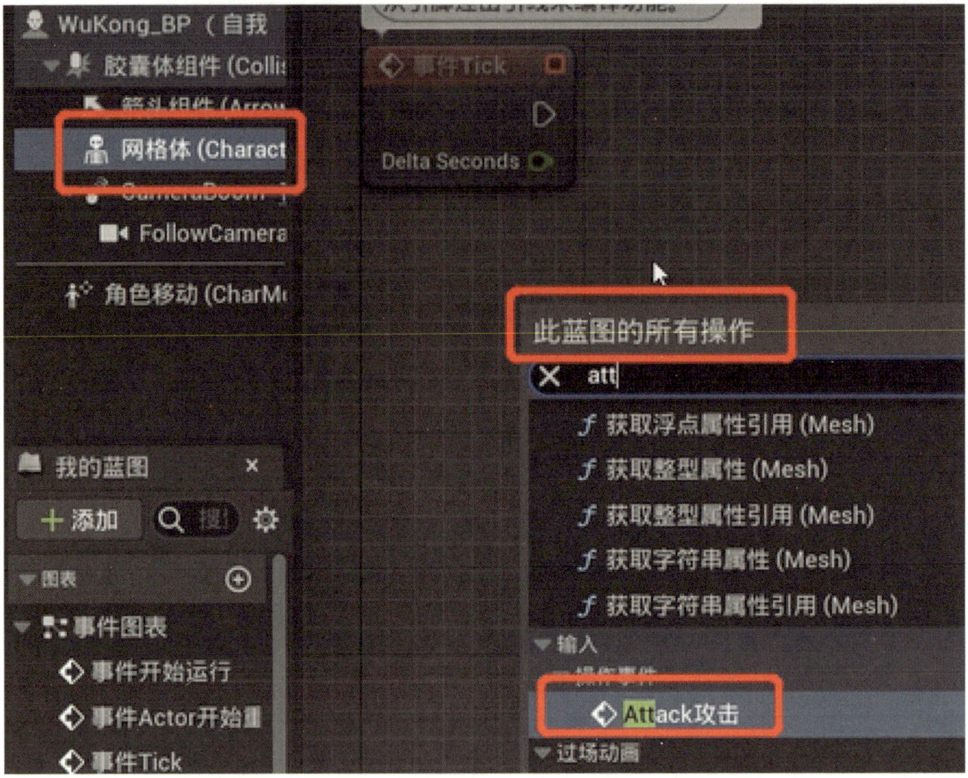
WuKong_BP（自我
胶囊体组件 (Collis
网格体 (Charact
FollowCamera
角色移动 (CharM
Delta Seconds
此蓝图的所有操作
att
获取浮点属性引用 (Mesh)
获取整型属性 (Mesh)
获取整型属性引用 (Mesh)
获取字符串属性 (Mesh)
获取字符串属性引用 (Mesh)
输入
Attack攻击
过场动画
我的蓝图
添加
图表
事件图表
事件开始运行
事件Tick

图 4-1-5

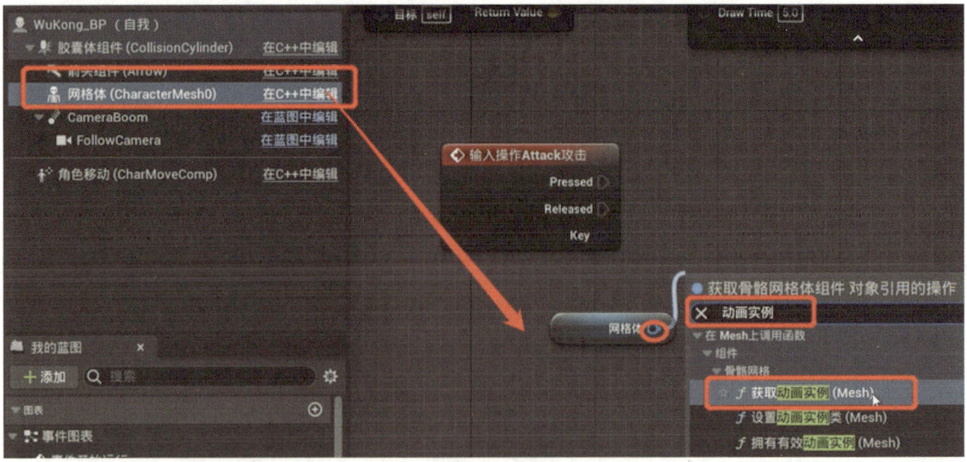
WuKong_BP（自我）
胶囊体组件 (CollisionCylinder)
在C++中编辑
网格体 (CharacterMesh0)
在C++中编辑
CameraBoom
在蓝图中编辑
FollowCamera
在蓝图中编辑
角色移动 (CharMoveComp)
在C++中编辑
Return Value
Draw Time
输入操作Attack攻击
Pressed
Released
Key
获取骨骼网格体组件 对象引用的操作
动画实例
在 Mesh上调用函数
组件
获取动画实例 (Mesh)
设置动画实例类 (Mesh)
拥有有效动画实例 (Mesh)
我的蓝图
添加
图表
事件图表

图 4-1-6

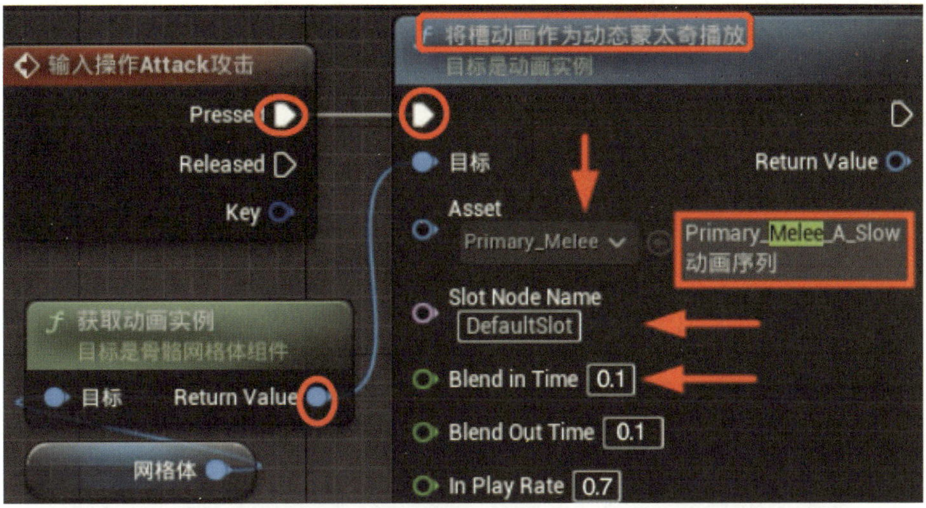

图4-1-7

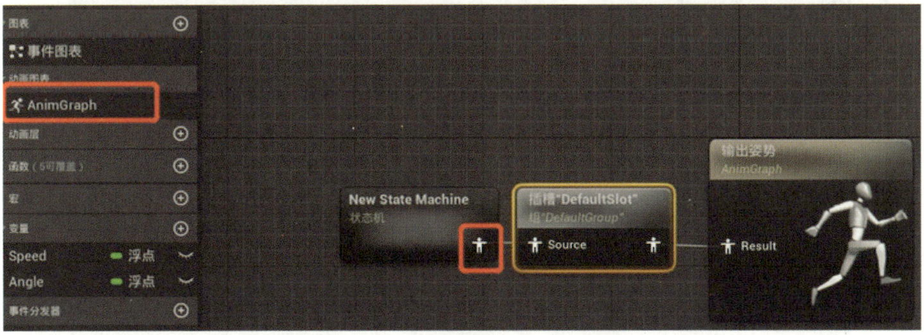

图4-1-8

第二节　编写游戏角色攻击通知状态蓝图

本节通过分步骤案例教学编写游戏角色攻击通知状态蓝图，实现游戏角色攻击时收到反馈等相关效果。首先创建攻击通知状态蓝图，然后对其进行基础设置，如攻击范围、攻击时间等。接下来把“通知事件”加入攻击动画，编写好范围和动作后获取插槽的两个位置，这两个位置决定了游戏角色攻击的范围。最后，在攻击识别中针对物体进行多盒体追踪。接下来，通过具体步骤讲解攻击通知状态蓝图。

如图4-2-1所示，用鼠标右键点击菜单空白处，在导航栏中点击“蓝图类”。然后如图4-2-2所示，在“所有类”文字框下输入“animnotifysta”后选择动画通知状态，生成后自定义为“AttackNotifyState”，然后点击“保存所有”存档。

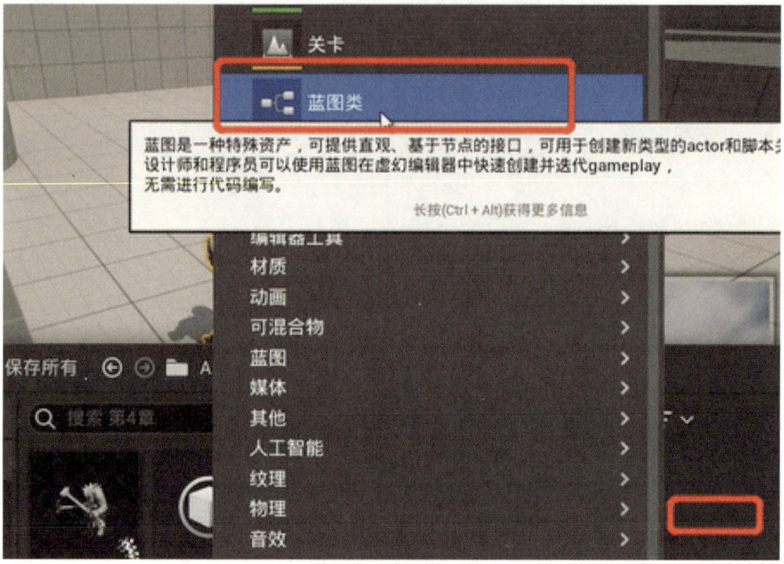

图4-2-1

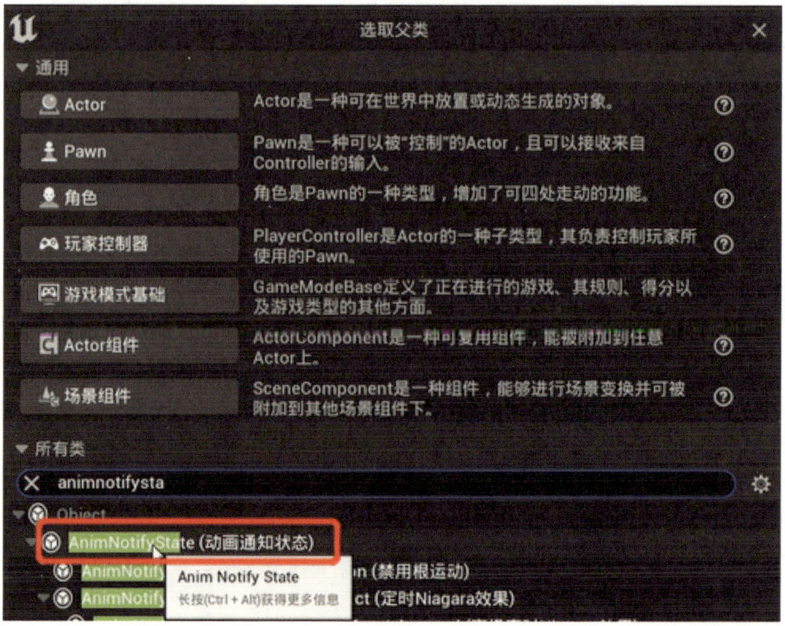

图4-2-2

如图4-2-3所示，双击“AttackNotifyState”蓝图类节点进入蓝图，创建“已接收通知Tick”状态，随后编译并保存。

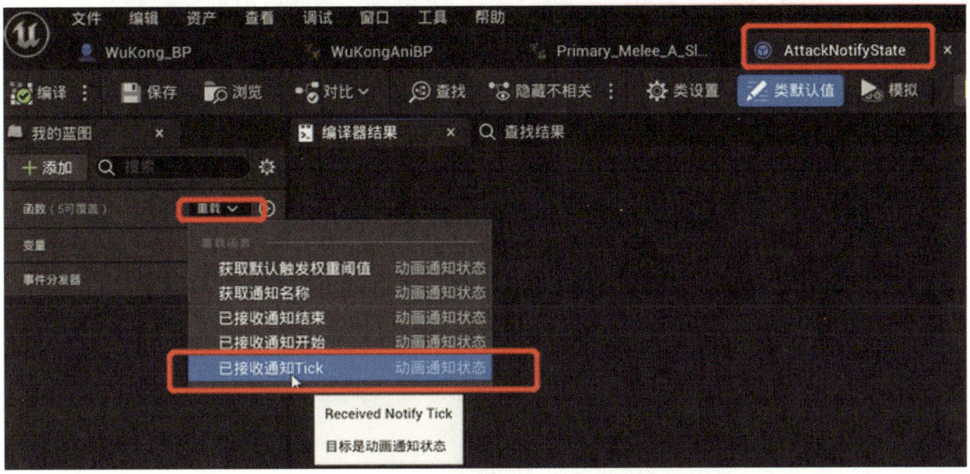

图4-2-3

如图4-2-4所示，在动画蓝图中点击图中右上角红框标记进入角色骨骼，随后如图4-2-5所示，点击“角色”中的“骨骼”，在列表中点击“所有层级”可以根据需求显示角色骨骼。接下来如图4-2-6所示，在左侧列表中找到“weapon_r”，点击鼠标右键生成列表后，点击“添加插槽”并重命名为“weapon_插槽_F”。然后再次点击“weapon_r”，点击鼠标右键生成列表后，点击“添加插槽”并重命名为“weapon_插槽_B”，此时列表中有两个插槽。然后如图4-2-7所示，选择图中红色箭头指向的“weapon_插槽_F”，按键盘上的“W”移动坐标到武器左端（红框位置），选择图中绿色箭头指向的“weapon_r插槽”，按键盘上的“W”移动坐标到武器右端（绿框位置）。在攻击过程中，“weapon_插槽_F”到“weapon_插槽_B”之间的距离都在攻击范围内。

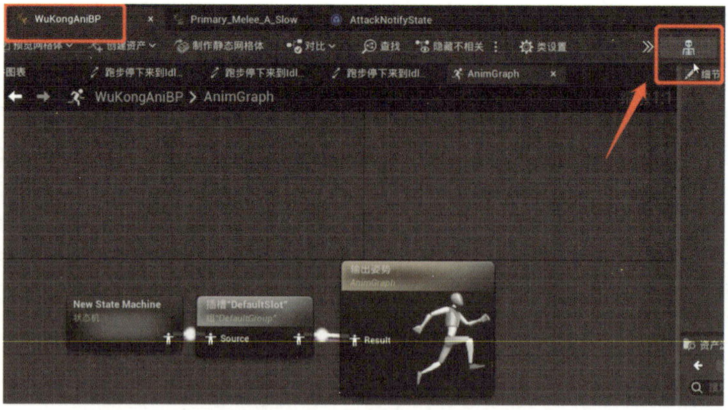
WuKongAniBP
Primary_Melee_A_Slow
AttackNotifyState
WuKongAniBP > AnimGraph
AnimGraph
New State Machine
Source
Result

图 4-2-4

光照
显示
角色
LOD自动
x1.0
网格体
动画
骨骼
音频
高级
插槽
属性
骨骼命名
所有层级
仅显示选定
选定和父项
已选项和子项
已选项及父项和子项
无

图 4-2-5

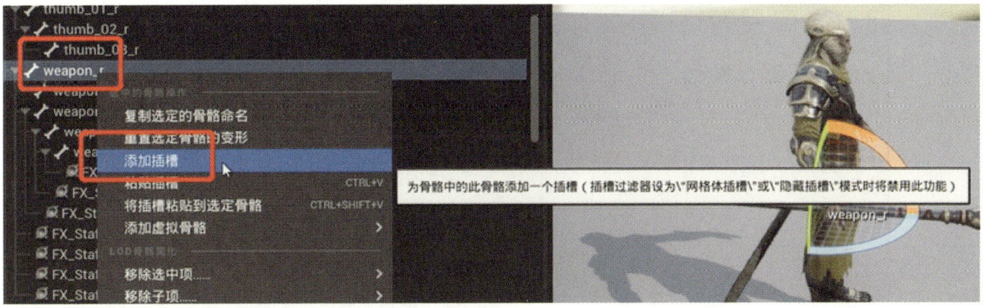

图4-2-6

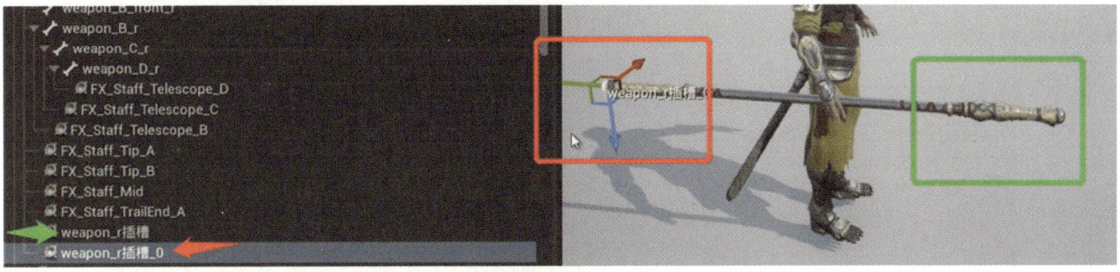

图4-2-7

找到角色攻击动作并增加状态。如图4-2-8所示，在动画蓝图中双击“Primary_Melee_A_Slow”进入。随后如图4-2-9所示，用鼠标右键点击“添加通知轨道”。接下来如图4-2-10所示，点击“添加通知状态……”并选择攻击通知状态，随后保存该操作。

图4-2-8

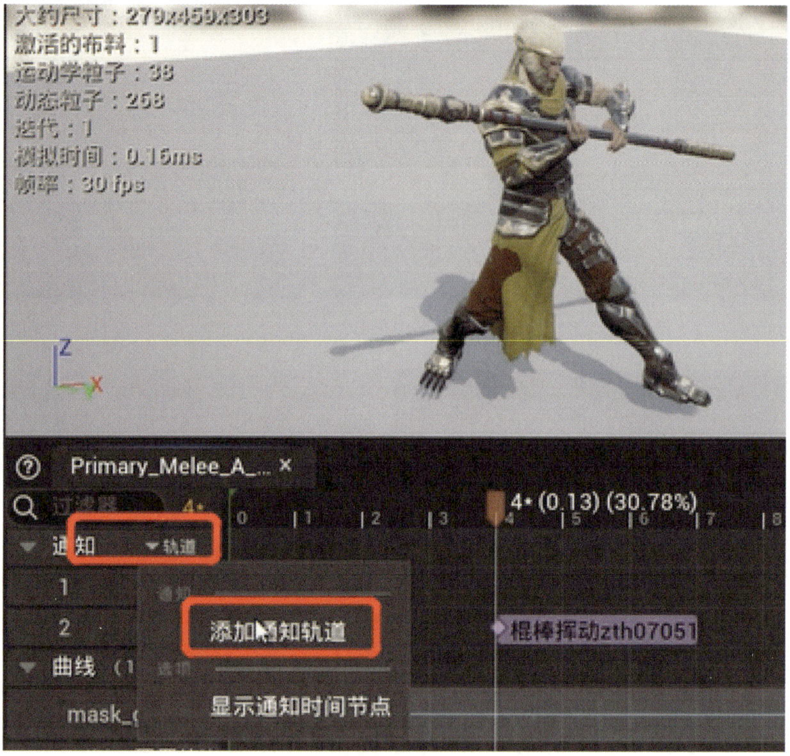

图 4-2-9

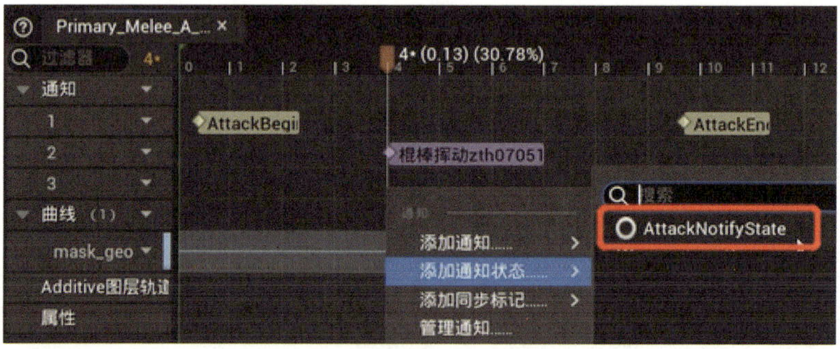

图 4-2-10

在蓝图中增加两个插槽的位置。如图4-2-11所示，拖曳“Mesh Comp”节点，在文字框内输入“插槽”，点击“获取插槽位置”并生成节点。生成“获取插槽位置”节点后，按“Ctrl+D”再复制一个“获取插槽位置”节点。接下来如图4-2-12所示，连接好相应节点后，名称修改为“weapon_r插槽_B”和“weapon_r插槽_F”。如图4-2-13所示，拖曳出节点，输入“针对Object进行多盒体追踪”并建立节点，然后按照图中参考数值进行调整。最后如图4-2-14所示，拖曳“Object Types”，输入“创建数组”并建立节点，“静态场景”修改为“Pawn”。操作完成后点击编译并保存，回到游戏关卡中点击播放进行测试。

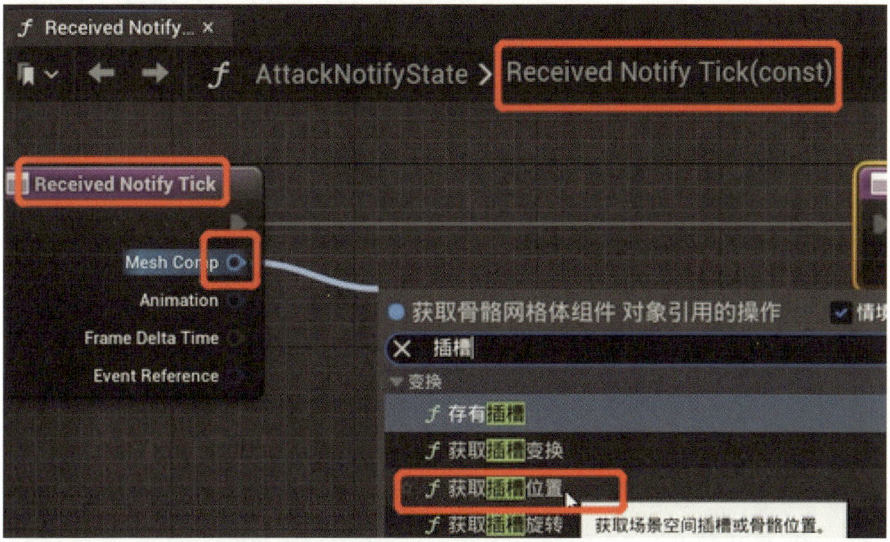

图4-2-11

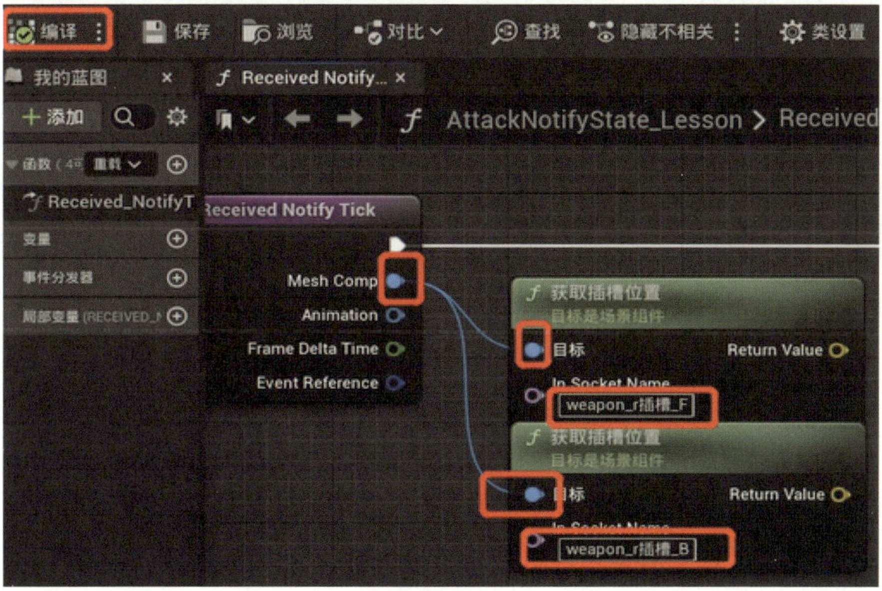

图4-2-12

图4-2-13

图4-2-14

制作被击事件。如图4-2-15所示，在蓝图左侧的网格体中拖曳并生成“网格体”节点，随后在文字框内输入“获取动画实例”，选择并生成节点。接下来如图4-2-16所示，在“获取动画实例”节点中拖曳，在文字框内输入“将槽动画作为动态蒙太奇播放”并建立节点。然后在蓝图空白处新建一个节点，点击鼠标右键在文字框内输入“添加自定义事件”，并将“添加自定义事件”节点重命名为“Be Hit”。最后如图4-2-17所示，连接相应节点，修改“Asset”和其他数值，点击编译并保存，回到游戏关卡中点击播放进行测试。

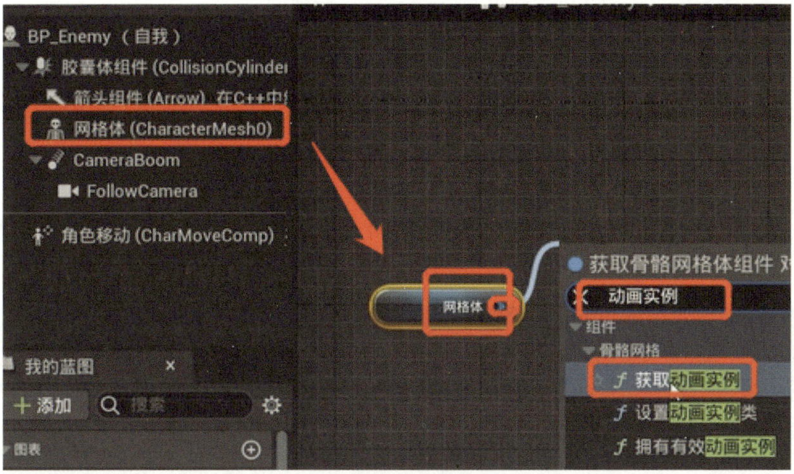

图 4-2-15

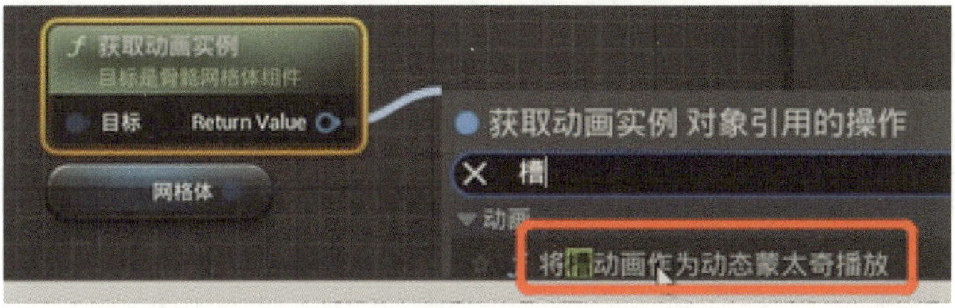

图 4-2-16

图 4-2-17

制作被击事件。如图4-2-18所示，在“Out Hits”中拖曳，在文字框内输入“For Each Loop”并建立节点。这个节点的作用是进行循环寻找，以找到每个被击中的对象，并将被击中的对象提取出来。如图4-2-19所示，创建“中段命中结果”节点并连接好相应节点。最后如图4-2-20所示，建立“类型转换为BP_Enemy”节点，并与“返回节点”相连接，然后在“类型转换为BP_Enemy”节点中拖曳生成“Be Hit”节点，点击编译并保存。

图4-2-18

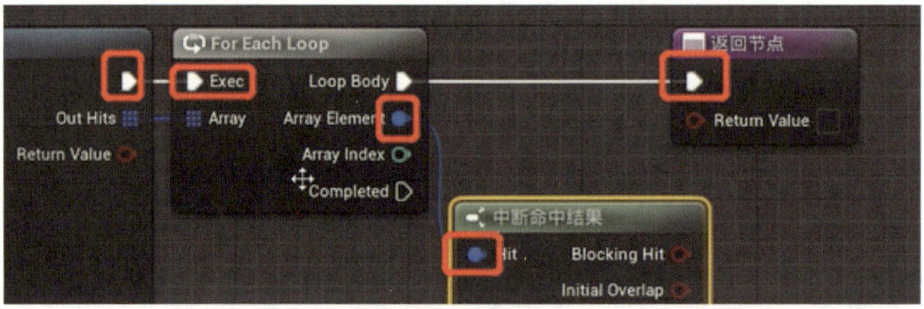

图4-2-19

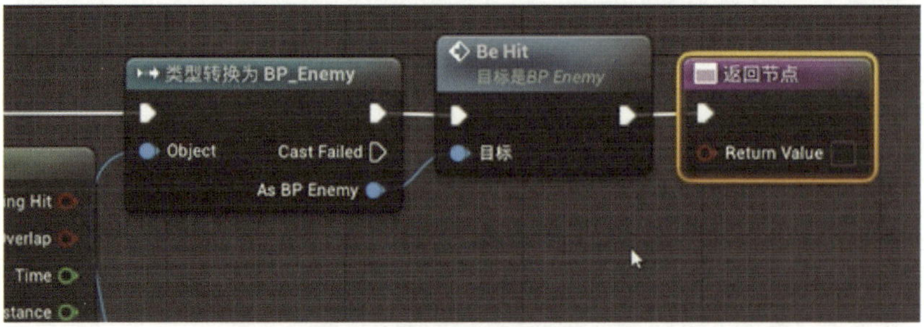

图4-2-20

本节先是对玩家的攻击动作进行追踪，若玩家追踪到敌人，就可以播放被击动画，然后从第三人称角色中复制一个敌人并拖至场景之中，并给敌人增加一个“Be Hit”自定义事件。角色识别到给敌人新增加的节点，当再次受到攻击时会产生相应的动画和被击音效。在游戏关卡中，可根据实际操作随时调整蓝图内的数据和节点。

第三节　玩家控制

本节解决游戏玩家控制中故障修复的问题，以下分步骤进行案例分析教学。

如图4-3-1所示，在动画蓝图空白处点击鼠标右键生成“此蓝图的所有操作”并在文字框内输入“攻击”。选择节点“事件AnimNotify_结束攻击通知”和“事件AnimNotify_开始攻击通知”并生成节点，如图4-3-2所示。随后点击编译并保存蓝图。

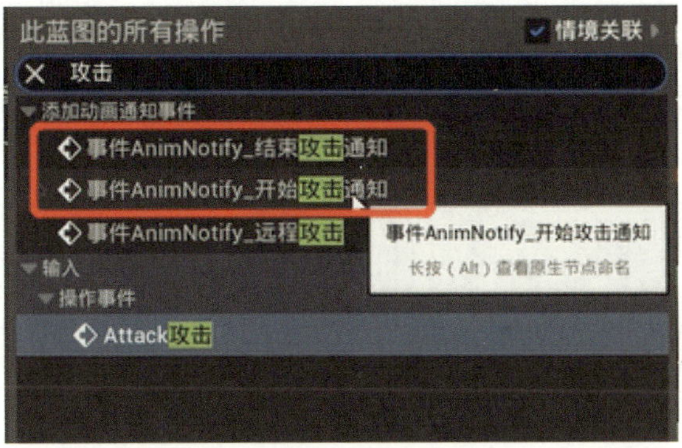

图4-3-1

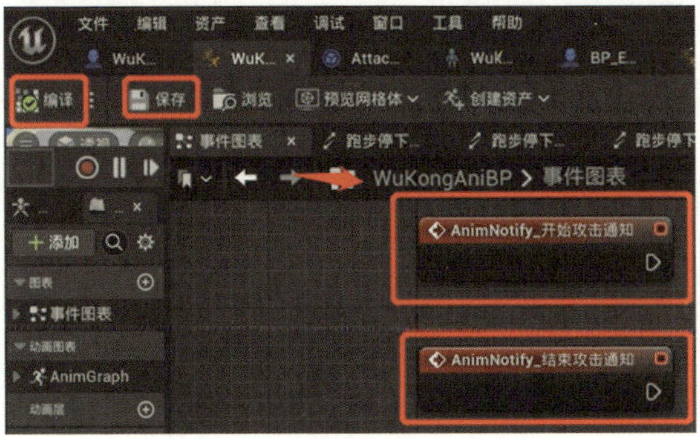

图4-3-2

如图4-3-3所示，找到玩家的父类后添加玩家移动控制节点。接下来如图4-3-4所示，按“Ctrl+C”复制图中红色框内全部节点。随后如图4-3-5所示，将其粘贴到玩家蓝图空白处，添加布尔变量并重命名为“bIsCanMove”，将“bIsCanMove”变量拖至蓝图空白处，选择“获取bIsCanMove”并生成节点。然后如图4-3-6所示，拖曳向前移动节点，在文字框内输入“b”，选择“分支”并建立分支节点。下一步如图4-3-7所示，连接好相应节点，分支运行的基本条件是当“bIsCanMove”条件为“真”时，角色才可以移动。最后如图4-3-8所示，把角色向左右方向移动的节点和“分支”节点连接，复制分支节点后按照图4-3-8进行连接，编译后保存。

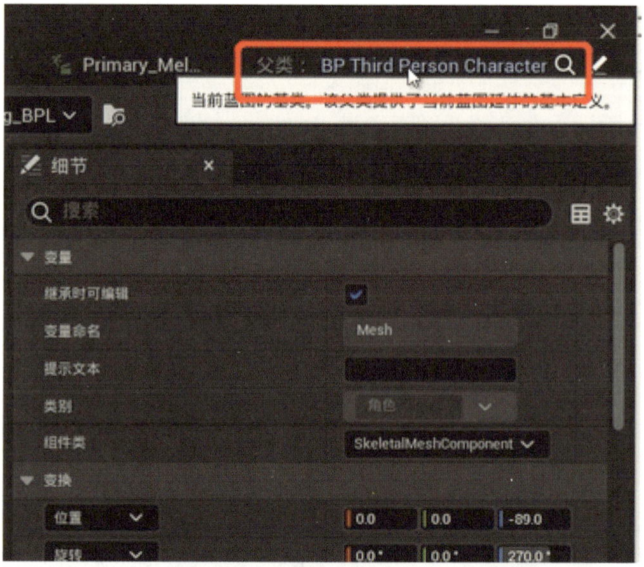

图4-3-3

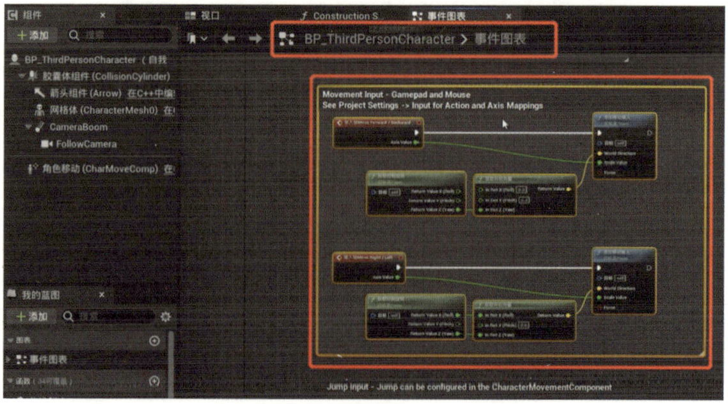

图4-3-4

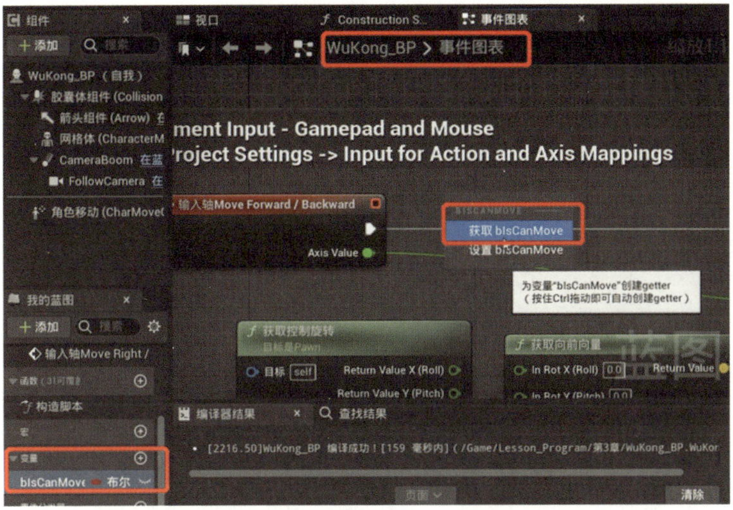

图 4-3-5

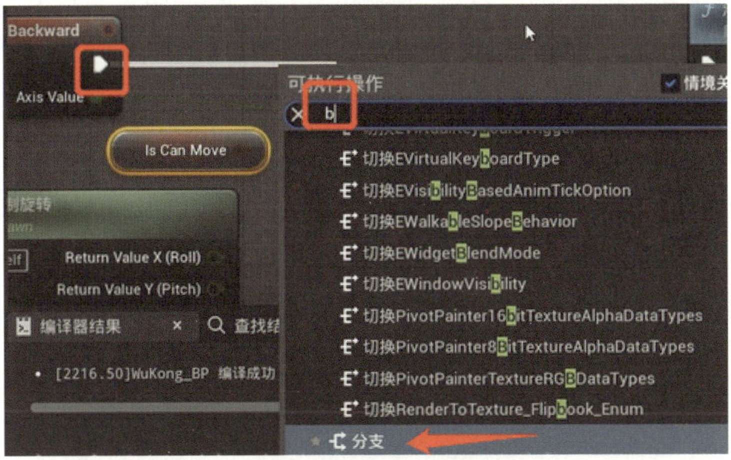

图 4-3-6

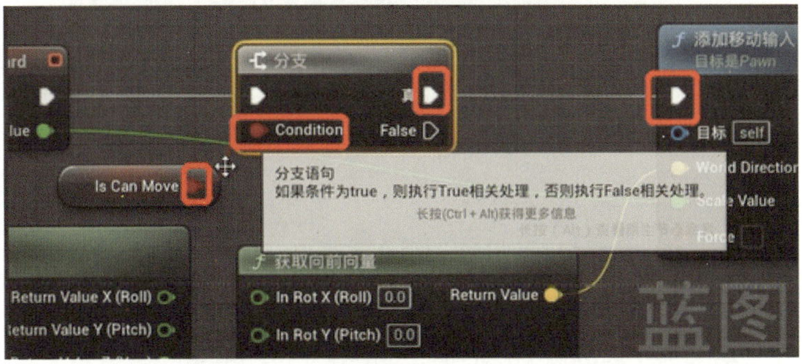

图 4-3-7

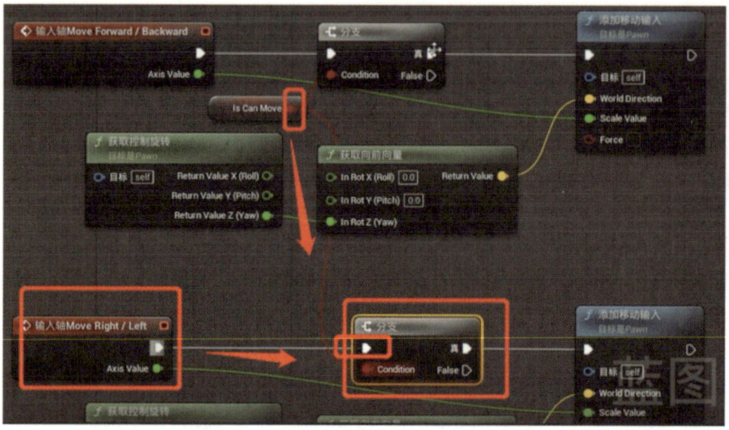

图4-3-8

在动画蓝图中设置开始攻击。如图4-3-9所示在动画蓝图空白处建立或复制“尝试获取Pawn拥有者”节点，拖曳该节点右下角，在文字框内输入“类型转换为WuKong_BP”并建立节点。随后如图4-3-10所示，用鼠标右键点击“类型转换为WuKong_BP”节点并转换为纯类型。接下来如图4-3-11所示，在“类型转换为WuKong_BP”节点右下节点处拖出文字框，在文字框内输入“Is can move”，选择设置“Is Can Move”并生成节点。随后如图4-3-12所示，复制出一个“Is Can Move”节点并按照图片连接好相应节点。之所以进行该步骤操作，是因为当角色接到开始攻击通知时处于不可以移动状态，只有在接到结束攻击通知后才可以移动，所以需要结束攻击通知中的“Is Can Move”节点。

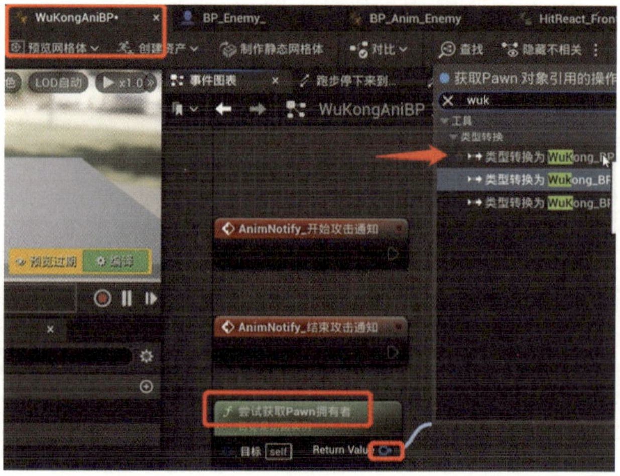

图4-3-9

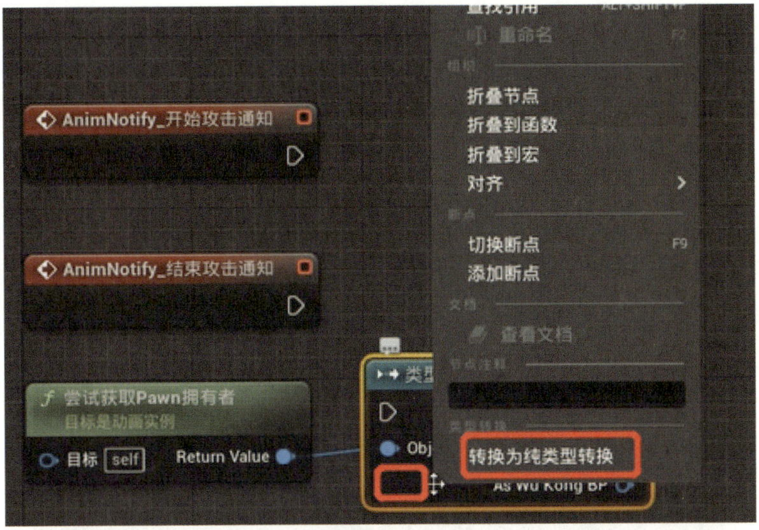

图 4-3-10

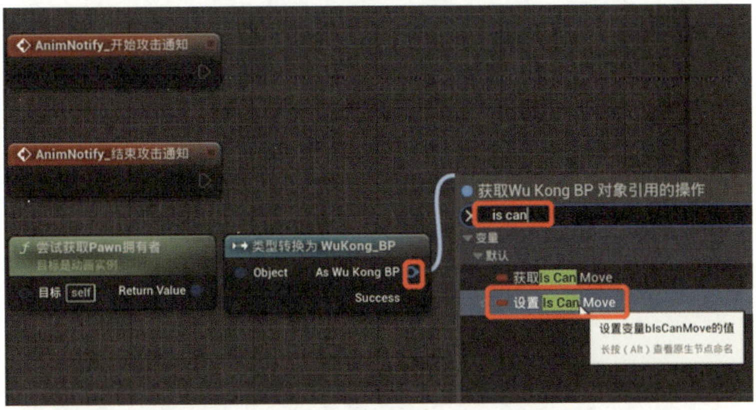

图 4-3-11

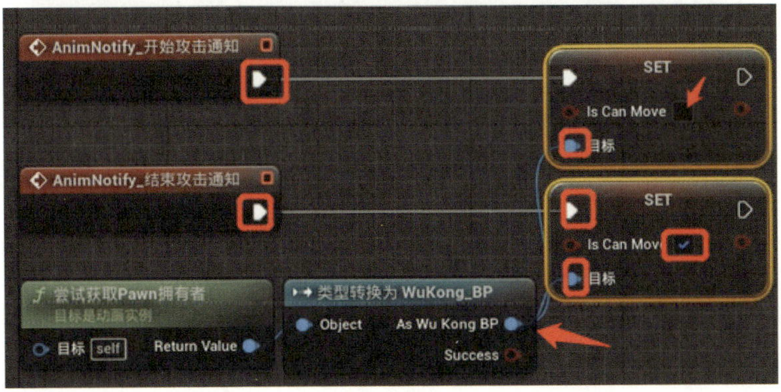

图 4-3-12

修改只有攻击状态才能连续攻击的问题时，可重复使用攻击时间范围变量。如图4-3-13所示，在攻击事件蓝图左侧栏内拖曳变量“bIsCanMove”至蓝图空白处，随后选择“获取bIsCanMove”并创建节点。随后如图4-3-14所示，在节点“输入操作Attack攻击”中拖曳“Pressed”，在文字框内输入“b”，选择“分支”并创建节点。完成以上操作后，蓝图呈现图4-3-15所示状态。如果此时允许游戏角色移动，连接“真”游戏角色才可以移动进行攻击，完成编辑后编译、保存蓝图内操作。

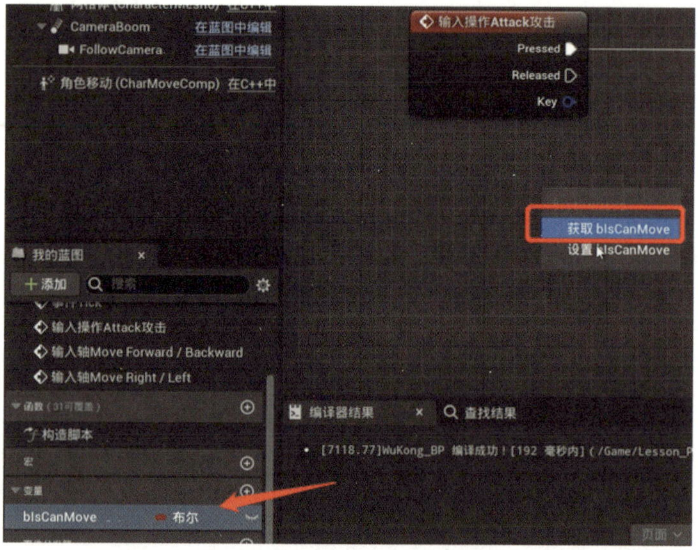

图4-3-13

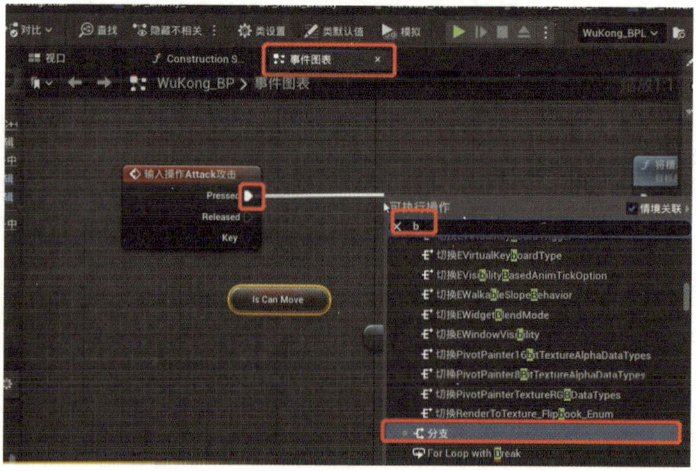

图4-3-14

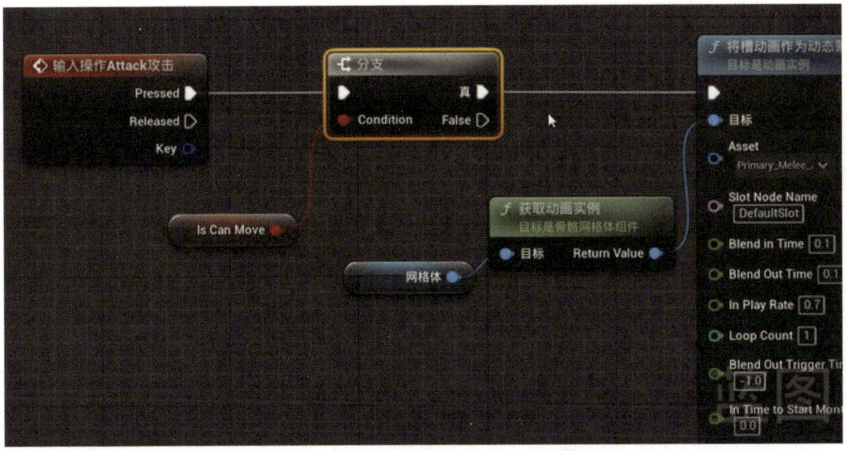

图4-3-15

优化游戏关卡内角色的击打感和控制效果，包括调节数值，以增强击打感，并修改被攻击对象动作前多余的缓冲帧。如图4-3-16所示，修改“Blend in Time”数值为“0.0”。然后如图4-3-17所示，在被击打对象蓝图中修改图内红框标记“Blend in Time”数值为“0.0”。接下来进入敌人角色蓝图，如图4-3-18所示，修改敌人角色蓝图视口右侧栏内的“形状”下的数值，“胶囊体半高”数值为“120.0”，“胶囊体半径”数值为“110.0”。调整好被击打对象后，再回到玩家控制的游戏角色蓝图中进行修改，如图4-3-19所示，修改“胶囊体半径”数值为“60.0”。点击编译并保存后，回到播放模式下测试角色攻击情况，再根据具体情况调整数值。

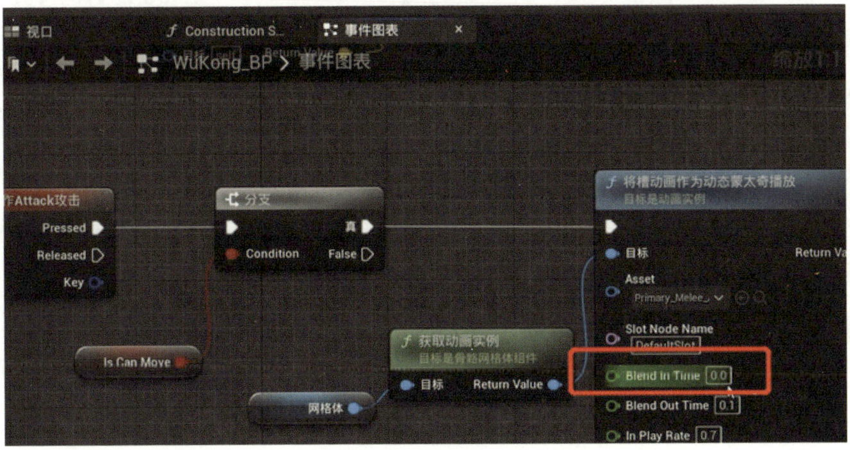

图4-3-16

WuKongAniBP
BP_Enemy_*
BP_Anim_Enemy
对比
查找
隐藏不相关
类设置
类默认值
模拟
视口
Construction S...
事件图表
BP_Enemy_ > 事件图表
在C++中编辑
Be Hit
自定义事件
将槽动画作为动态蒙太奇播放
目标是动画实例
获取动画实例
目标是骨骼网格体组件
目标
Return Value
网格体
Asset
HitReact_Front
Slot Node Name
DefaultSlot
Blend in Time 0.0
Blend Out Time 0.25
In Play Rate 1.0
Loop Count 1
Blend Out Trigger Time
-1.0
In Time to Start Montage At
0.0

图 4-3-17

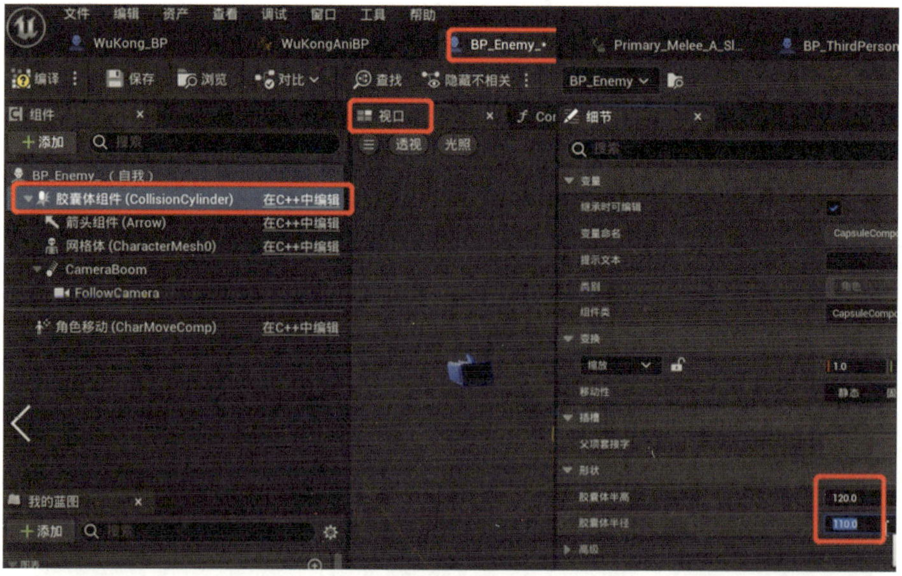
文件
编辑
资产
查看
调试
窗口
工具
帮助
WuKong_BP
WuKongAniBP
BP_Enemy_*
Primary_Melee_A_Sl...
BP_ThirdPerson
编译
保存
浏览
对比
查找
隐藏不相关
BP_Enemy
组件
添加
视口
透视
光照
细节
BP_Enemy_（自我）
胶囊体组件 (CollisionCylinder)
在C++中编辑
箭头组件 (Arrow)
网格体 (CharacterMesh0)
CameraBoom
FollowCamera
角色移动 (CharMoveComp)
我的蓝图
120.0
110.0

图 4-3-18

图4-3-19

以上是关于修改敌方角色被击部分和优化方式。通过把基础模型网格体替换成虚幻商城中提供的怪兽模型创建被击打对象的动画蓝图，随后在动画蓝图内修改状态机和插槽，再在状态机中增加Idle的待机动画，在网格体中将其动画蓝图进行替换，以保证模型和动画蓝图的匹配。在制作被击事件时播放自带的被击动画，使用插槽播放并修改相关的数值。完成基础操作后开始优化游戏角色的击打感，修改攻击移动过程中故障问题，通过创建攻击开始和攻击结束的通知节点后，在动画蓝图中获得通知，然后在父类中拷贝移动部分的节点，并新增可移动的变量和添加判定条件，解决游戏角色在攻击中不能移动的问题。

第五章 玩家远程攻击

第一节 制作远程攻击球

本章将通过具体案例分步骤讲解游戏角色在关卡中远程发射攻击球、被击打效果与触发效果。制作远程攻击球时，先建立一个远程攻击球Actor，随后为攻击球Actor增加三个组件，分别是碰撞球、粒子及Projectile（发射物、弹药），再将具体的攻击动画特效链接到粒子系统中，对远程攻击球的飞行蓝图进行编写。接下来分步讲解制作远程攻击球。

在虚幻引擎（Unreal Engine）中新建此章文件夹，保存之前制作好的资源和关卡，以便后期对游戏进行修改和管理。如图5-1-1和图5-1-2所示，用鼠标右键点击下方空白处，选择“蓝图类”创建远程攻击球Actor，并重命名为“远程攻击球BP”，随后保存所有。

图5-1-1

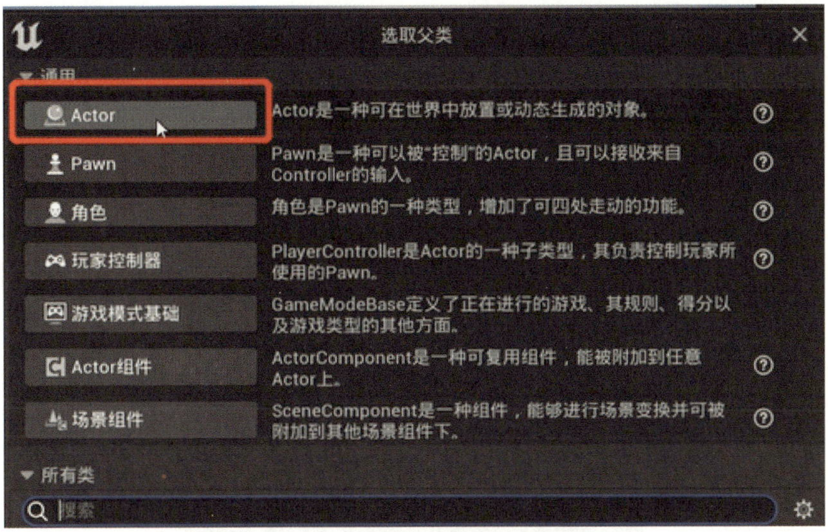

图5-1-2

如图5-1-3、图5-1-4和图5-1-5所示，双击“远程攻击球BP”Actor进入蓝图，因为所有的物件只有通过碰撞才能产生反应，所以在左侧框内添加“Sphere Collision”碰撞体、“粒子系统组件”和“Projectile Movement”。需要注意的是，如果“Projectile Movement”组件在搜索框中无法找到，将Unreal语言版本更改为英文，如图5-1-5所示再进行搜索和添加。

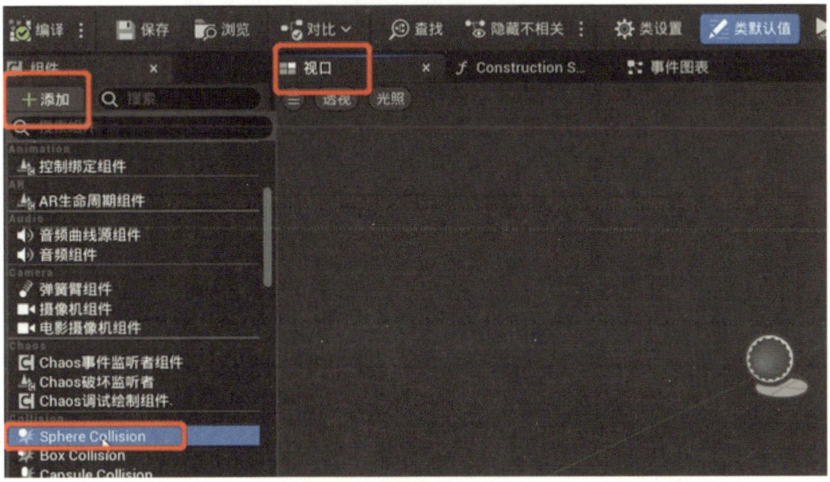

图5-1-3

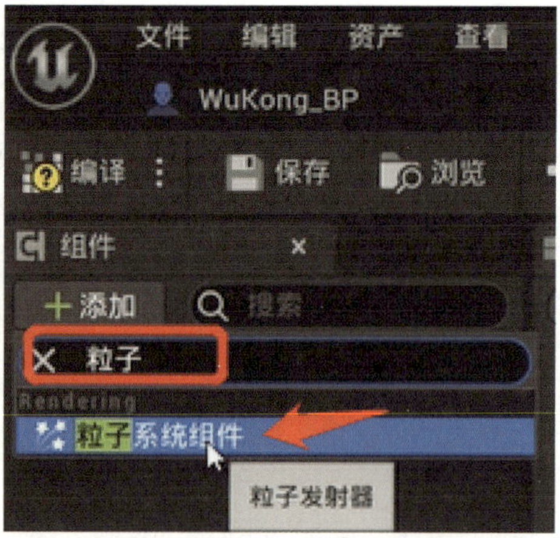

图5-1-4

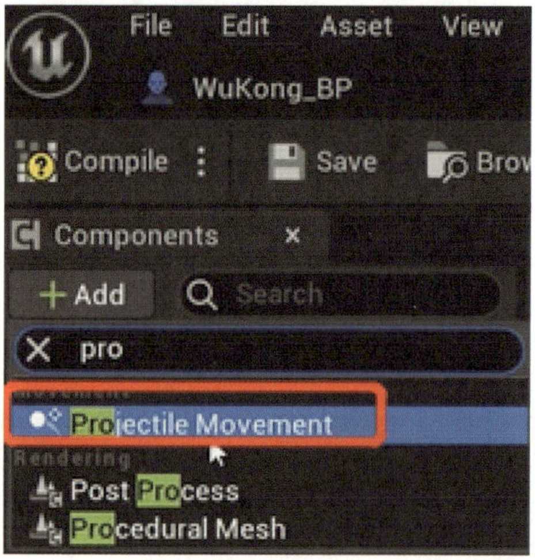

图5-1-5

如图5-1-6所示，在“远程攻击球BP”蓝图中增加粒子特效。选择“粒子系统组件”后在界面右侧特效模板中选择带有“Projectile ”特定拖尾的特效。随后在“Projectile Movement”中将图5-1-7中的“Projectile ”数值修改为“500.0”。

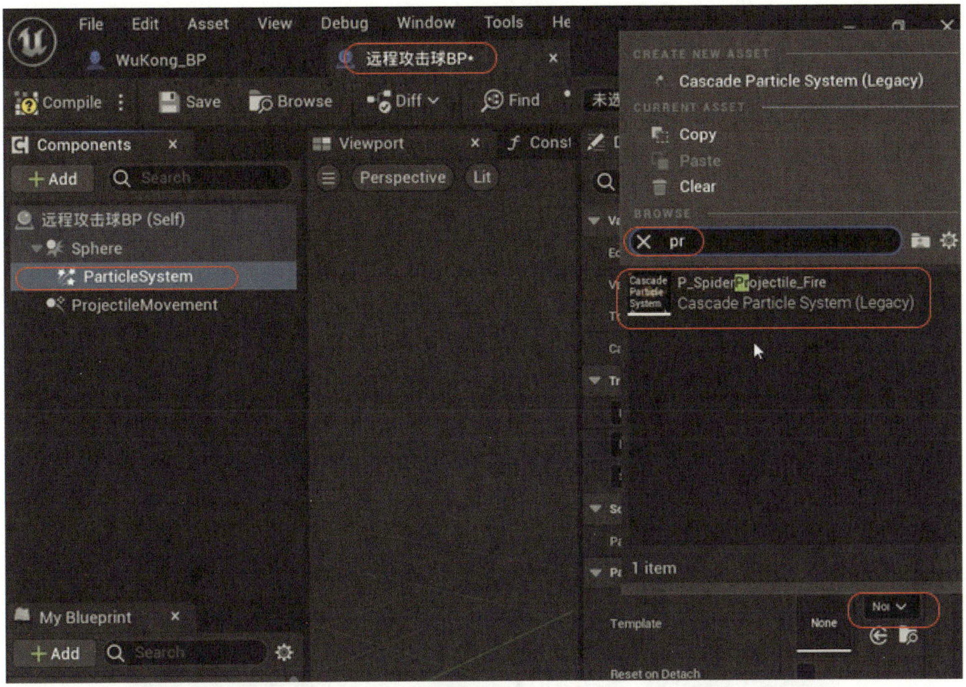

图5-1-6

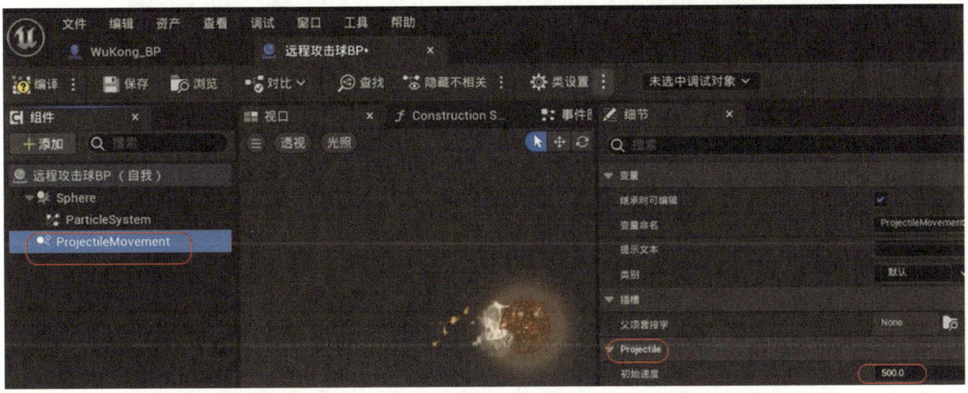

图5-1-7

如图5-1-8所示，在“远程攻击球BP”蓝图中的“事件图表”中制作蓝图。将“Projectile Movement”拖至蓝图空白处，随后在生成的“Projectile Movement”节点右侧拖曳，在文字框内输入“速度”，选择“设置Velocity”并生成节点。然后如图5-1-9所示，在蓝图空白处用鼠标右键点击蓝图生成文字框，在文字框内输入“获取Actor旋转”，选择并生成节点，随后在节点“获取

Actor旋转”右侧拖曳出文字框，在文字框内输入“获取向前向量”，选择“获取向前向量”并生成节点。最后在“获取向前向量”节点右侧拖曳，在文字框内输入“*”并创建节点，随后更改节点内三个数值为“1000.0”，再根据图5-1-10中标记位置连接好相应节点。远程攻击球的基础操作蓝图基本制作完成，点击编译后保存所有节点。完成蓝图编辑后，如图5-1-11所示，将Actor“远程攻击球BP”拖至游戏关卡内，点击“保存所有”后播放测试内容。

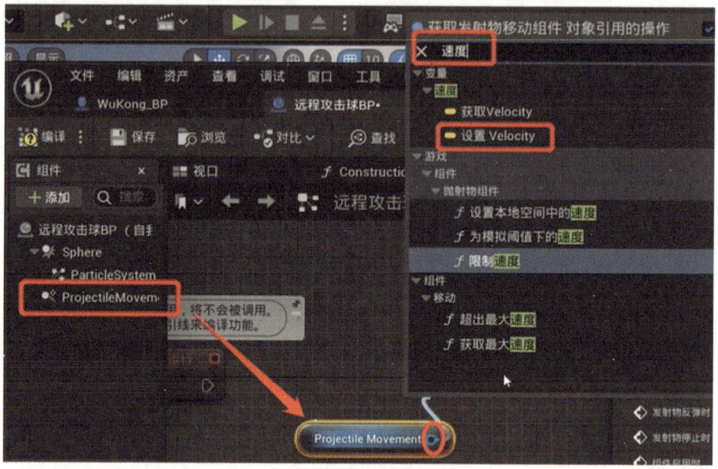

图5-1-8

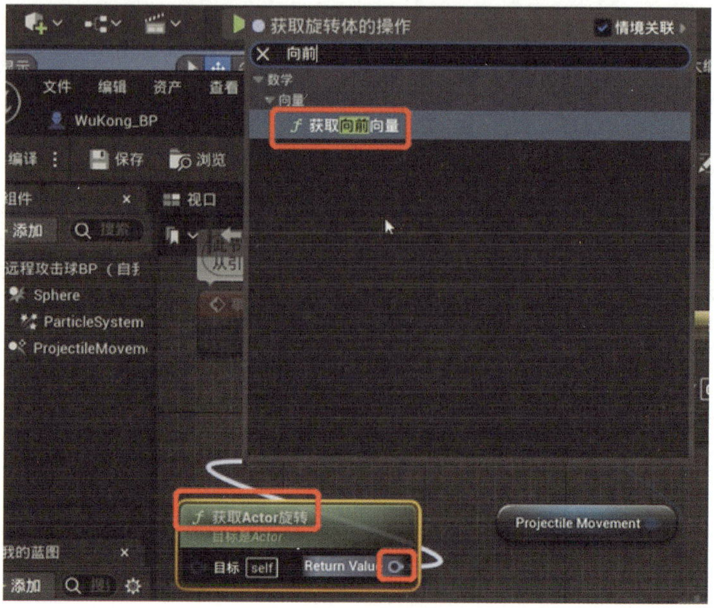

图5-1-9

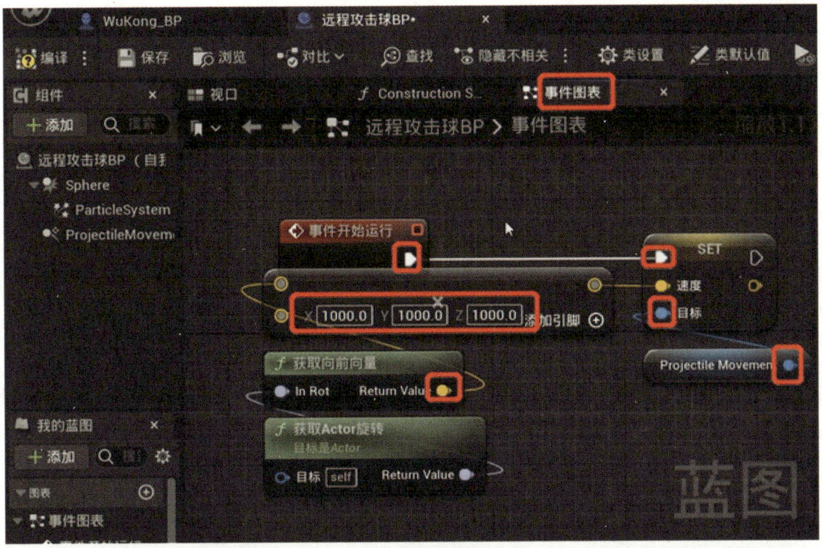

图5-1-10

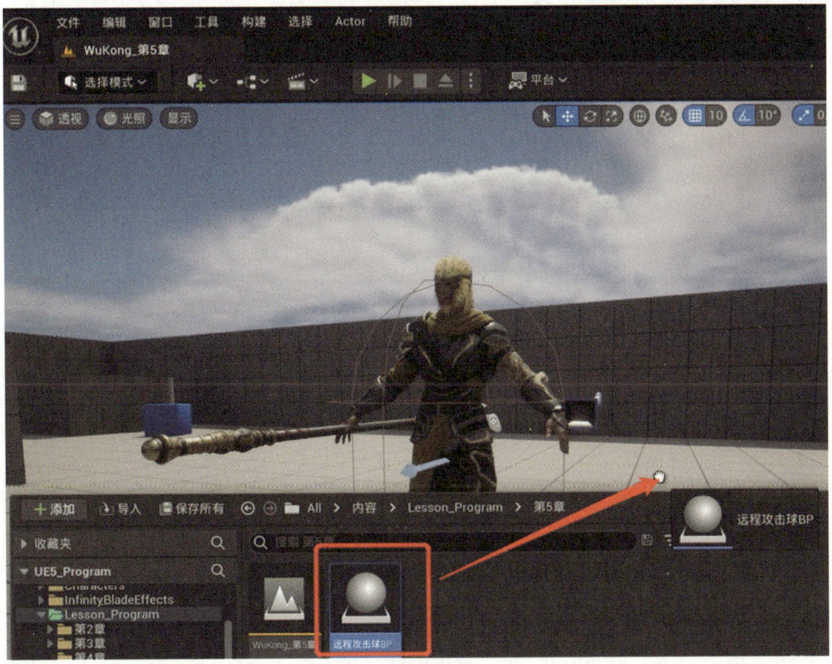

图5-1-11

在蓝图中编写粒子爆炸特效。如图5-1-12所示，选中碰撞球后将其拖至蓝图空白处，随后选择“碰撞”下的“添加On Component Begin Overlap”并生成节点“组件开始重叠时（Sphere）”。随后如图5-1-13所示，在蓝图空白处点击鼠标右键生成文字框，在文字框内输入“在位置处生成发射器”并创建节点。接下来如图5-1-14所示，在蓝图空白处点击鼠标右键生成文字框，在文字框内输入“获取Actor位置”并生成节点，连接图5-1-14中相应节点后选择红色框内的特效，随后点击编译并保存。

图5-1-12

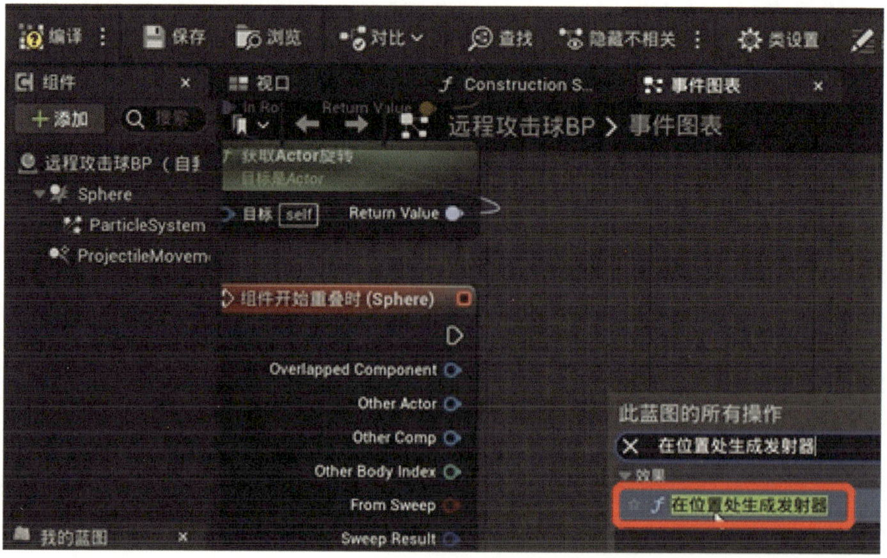

图5-1-13

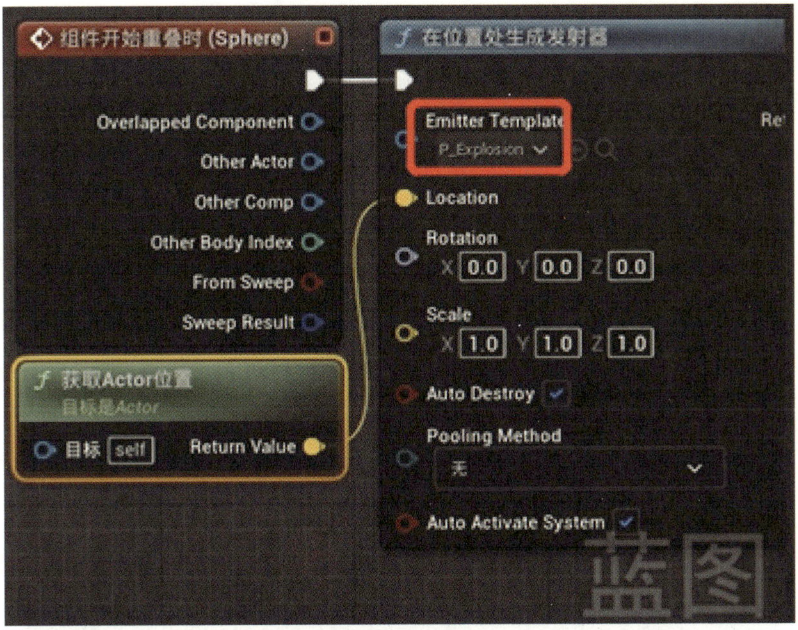

图5-1-14

以上是游戏角色在关卡中远程发射攻击球的制作过程，可根据具体案例进行练习。

第二节　玩家远程攻击控制与蓝图功能实现

本节通过具体案例分步骤讲解对游戏角色远程攻击的控制和蓝图功能的实现。需要注意的是，要制作用鼠标右键攻击输入的操作映射和远程攻击发射蓝图。接下来分步骤讲解具体内容。

如图5-2-1所示，点击菜单栏中“编辑”下的“项目设置”，下滑找到“输入”。随后如图5-2-2所示，添加一个“操作映射”并自定义名为“远程攻击”，然后点击图中红色箭头指向处。当图标变黄颜色时按动鼠标右键，设置鼠标右键为攻击键，也可以通过下拉菜单选择攻击输入的操作映射。设置好后直接关闭“项目设置”，回到主界面后保存所有。

图 5-2-1

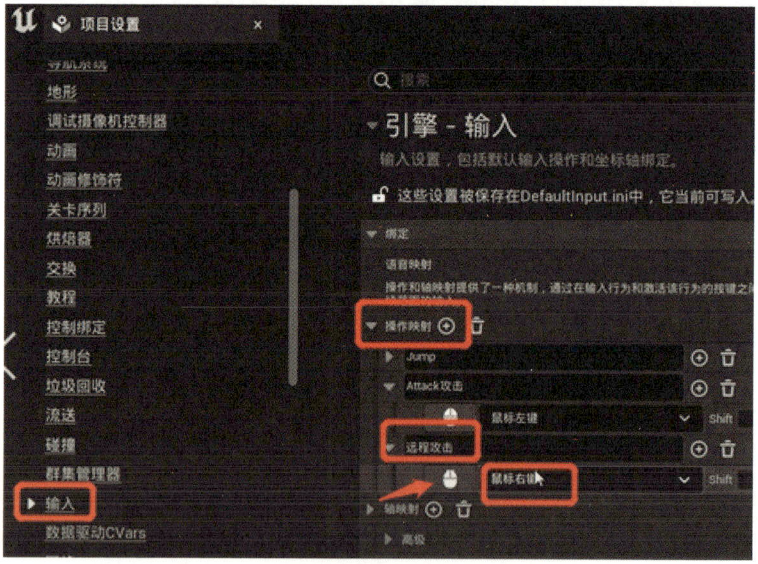

图 5-2-2

如图 5-2-3 所示，进入角色蓝图找到攻击事件后，按“Ctrl+C”复制图中红色框标记的全部节点并将其拖动至蓝图空白处。随后如图 5-2-4 所示，在蓝图空白处用鼠标右键点击出文字框，并在框内输入“远程攻击”，选择“输入”中“操作事件”下的“远程攻击”并创建节点。接下来如图 5-2-5 所示，连接好相应节点并修改“Asset”为“cast”。需要注意的是，在选择动画序列时要选择该角色的动画序列，点击编译并保存后回到游戏关卡中播放测试鼠标右键攻击效果。若修改角色攻击速度，可以将“将槽动画作为动态蒙太奇播放”下“In Play Rate”值修改为“1.2”、“Blend in Time”值修改为“0.1”、“Blend Out Time”值修改为“0.2”。

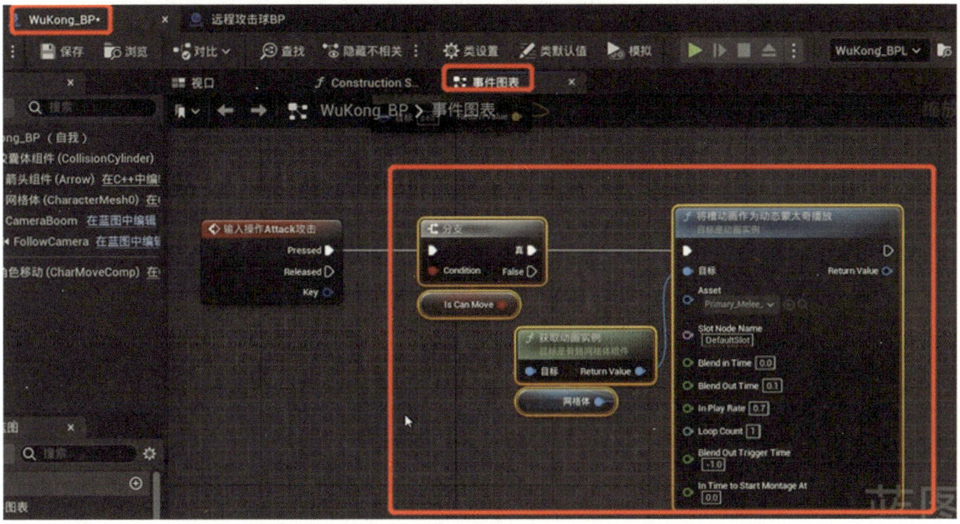

图 5-2-3

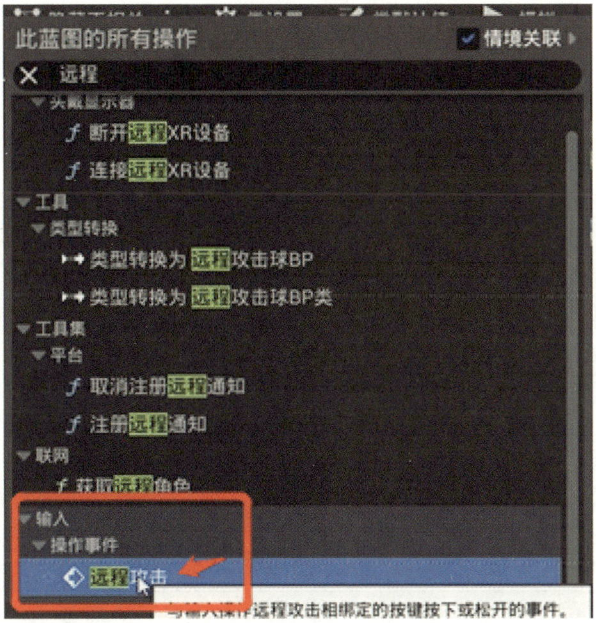

图 5-2-4

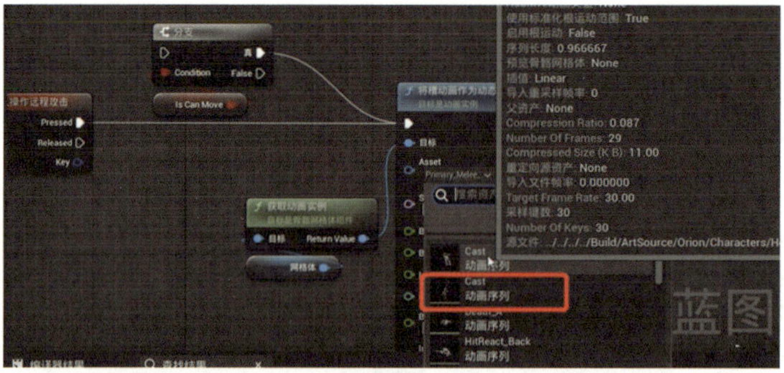

图 5-2-5

关于添加远程攻击蓝图的内容，按照以上步骤操作即可，可根据具体情况调整数值。

第三节　玩家远程攻击球发射

本节通过制作远程攻击通道和远程攻击球发射位置插槽制作攻击球发射。下面通过具体案例分步骤讲解远程攻击时的攻击球发射制作。

如图 5-3-1 和图 5-3-2 所示，进入动画蓝图后，用鼠标双击进入“Cast”。随后如图 5-3-3 所示，新建“远程攻击”。随后如图 5-3-4 所示，在“root”处用鼠标点击右键选择“添加插槽”，命名为“root 插槽 _ 远程发射点”。

图 5-3-1

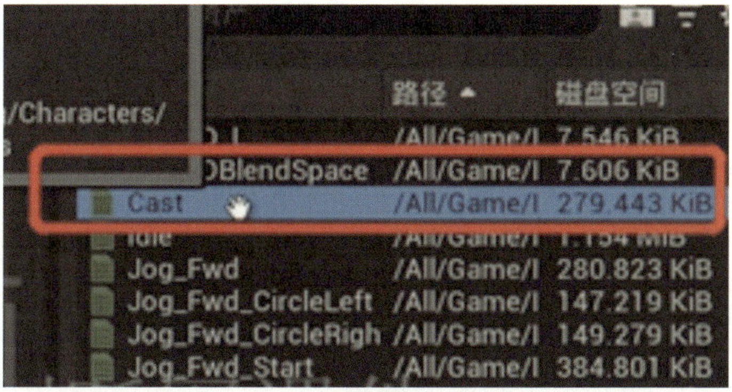

图 5-3-2

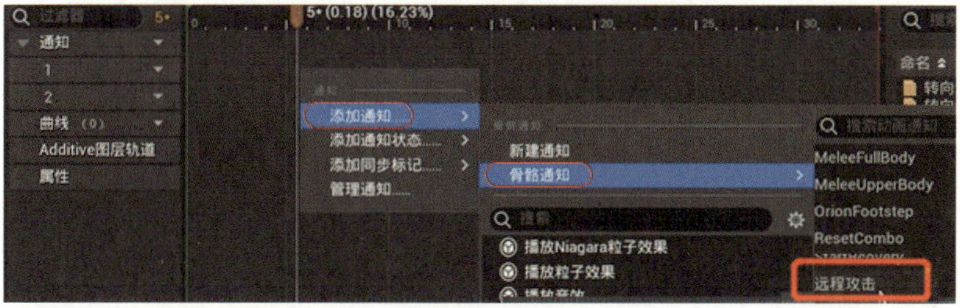

图 5-3-3

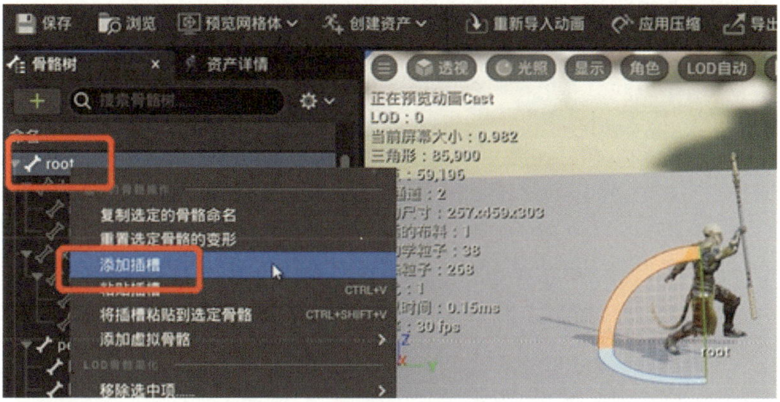

图 5-3-4

如图 5-3-5 所示，在蓝图内选择“网格体”后点击“添加”，选择“骨骼网格体组件”。然后如图 5-3-6 所示，选中新建好的“骨骼网格体组件”，在界面最右侧的“插槽”中点击“文件”图标，在文字框内搜索“root 插槽_远程发射点”。随后在动画蓝图空白处用鼠标右键点击空白处，在文字框内输入“远程”，选择图 5-3-7 中标记的节点并进行创建。完成以上操作后，用鼠标右键点击动画蓝图空白处，在文字框内输入“获取玩家pawn”并创建节点。完成以上操作后按照如图5-3-8所示，在“获取玩家pawn”节点右侧拖出文字框，输入“类型转换为WuKong_BP”并选择该节点。

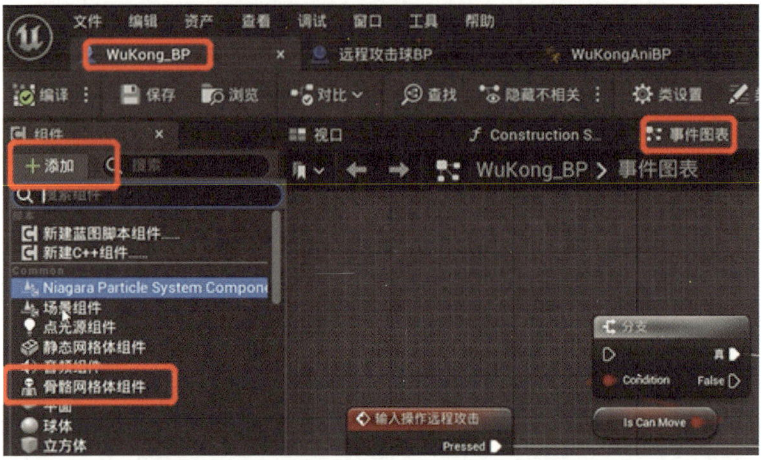

图5-3-5

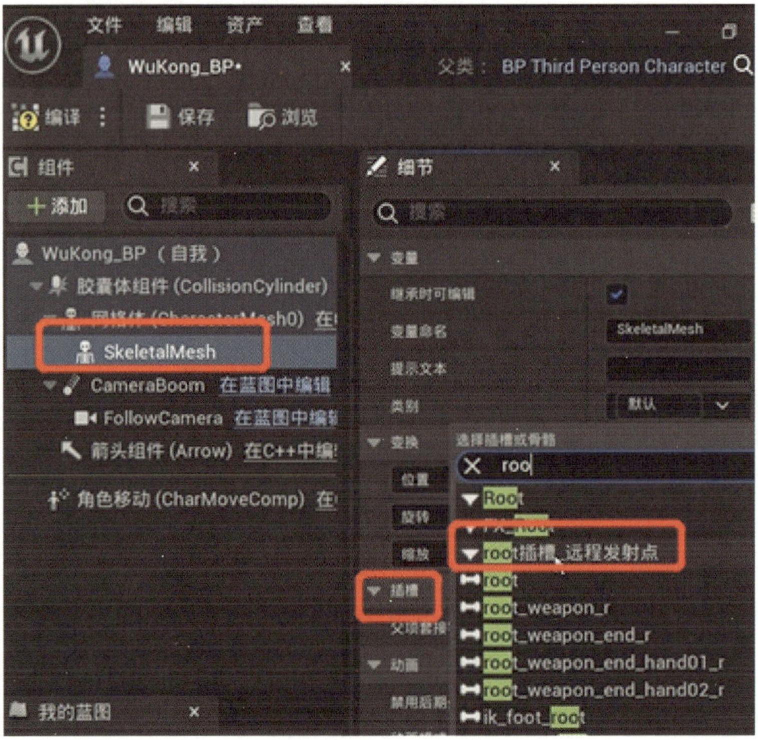

图5-3-6

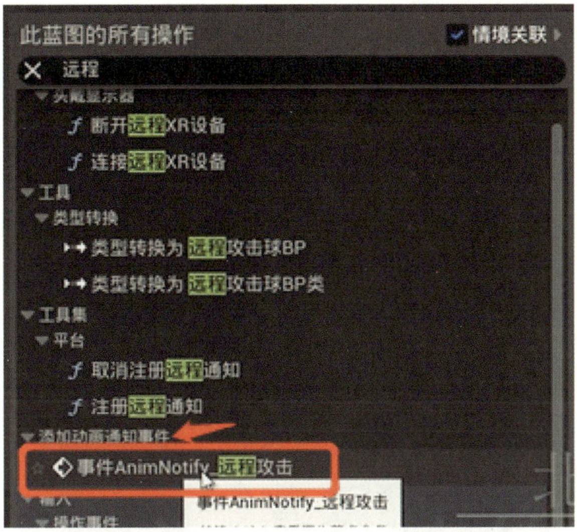

图5-3-7

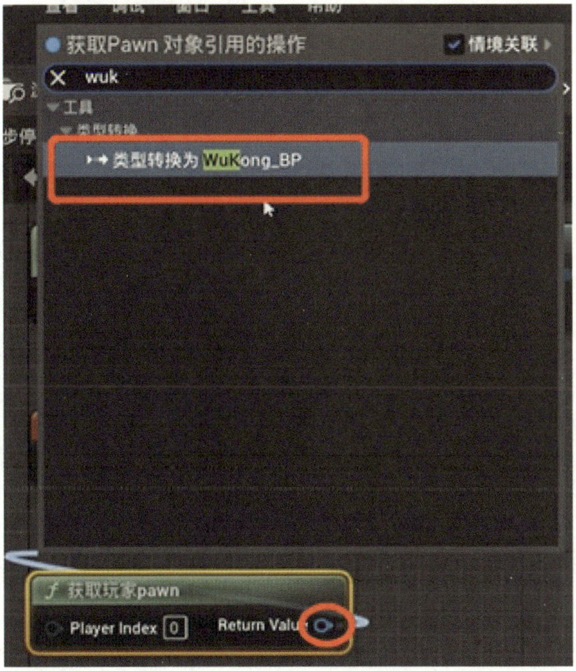

图5-3-8

如图5-3-9所示，用鼠标右键点击“类型转换为WuKong_BP”节点转换为纯类型。然后如图5-3-10所示，在“类型转换为WuKong_BP”节点右侧拖出文字框，输入“获取Skeletal Mesh”，然后选中并创建节点。接下来如图5-3-11所示，在“获取Skeletal Mesh”节点中拖出文字框，输入“获取世界变换”，选中并创建节点，随后在“获取世界变换”节点中拖出文字框，输入“从类生成Actor”，选中并创建节点。

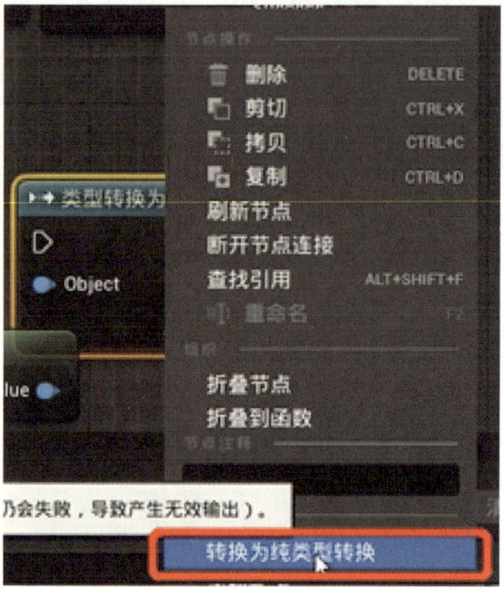

图5-3-9

图5-3-10

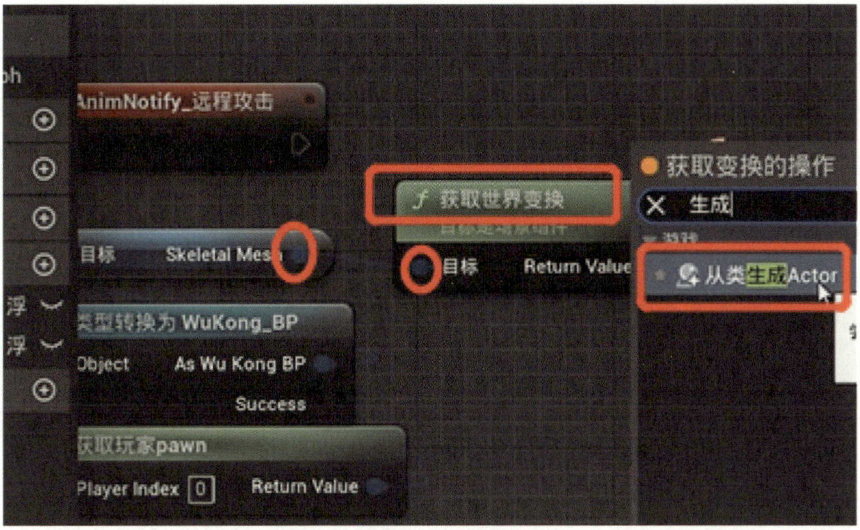

图5-3-11

如图5-3-12所示，在“从类生成Actor”节点的选择类中搜索“远程攻击球”。随后如图5-3-13所示，连接图中标记的节点，点击编译后保存蓝图内操作。回到游戏关卡中点击“保存所有”，在游戏播放模式下测试内容。

图5-3-12

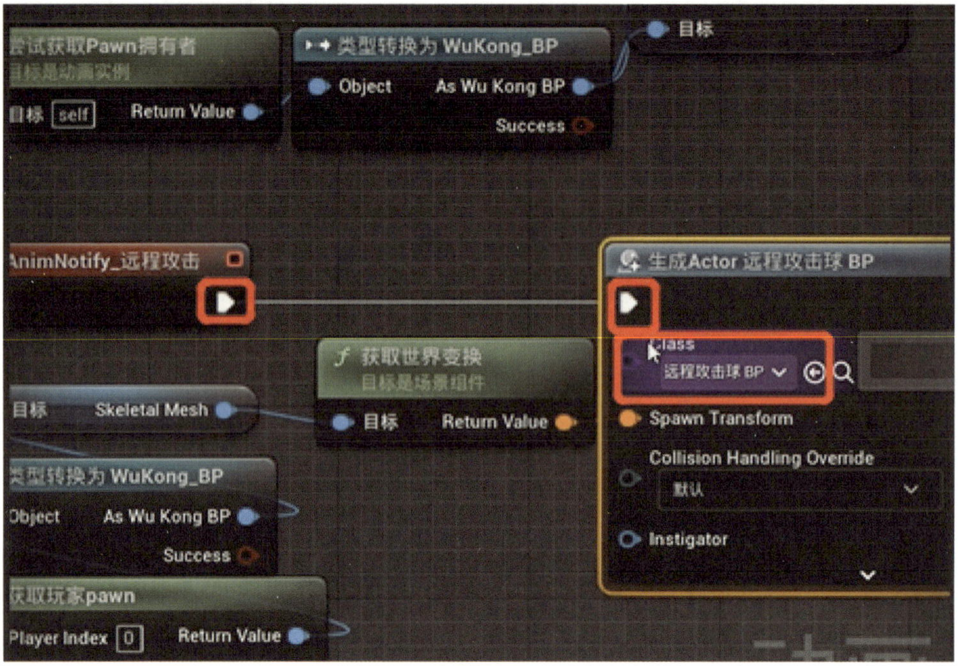

图5-3-13

第四节　玩家发射特效与敌方被远程攻击特效

本节是远程攻击制作的最后环节，制作发射动画特效和游戏角色被击特效。下面分步骤进行具体内容制作。

如图5-4-1所示，在动画蓝图中的“获取世界变换”节点中拖出文字框，选择“拆分变换”并生成节点。随后如图5-4-2所示，拖曳“生成Actor远程攻击球BP”节点，选择“在位置处生成发射器”并创建节点。连接相应节点后，如图5-4-3所示选择资产中特效，点击编译并保存后，回到游戏关卡播放模式进行测试。

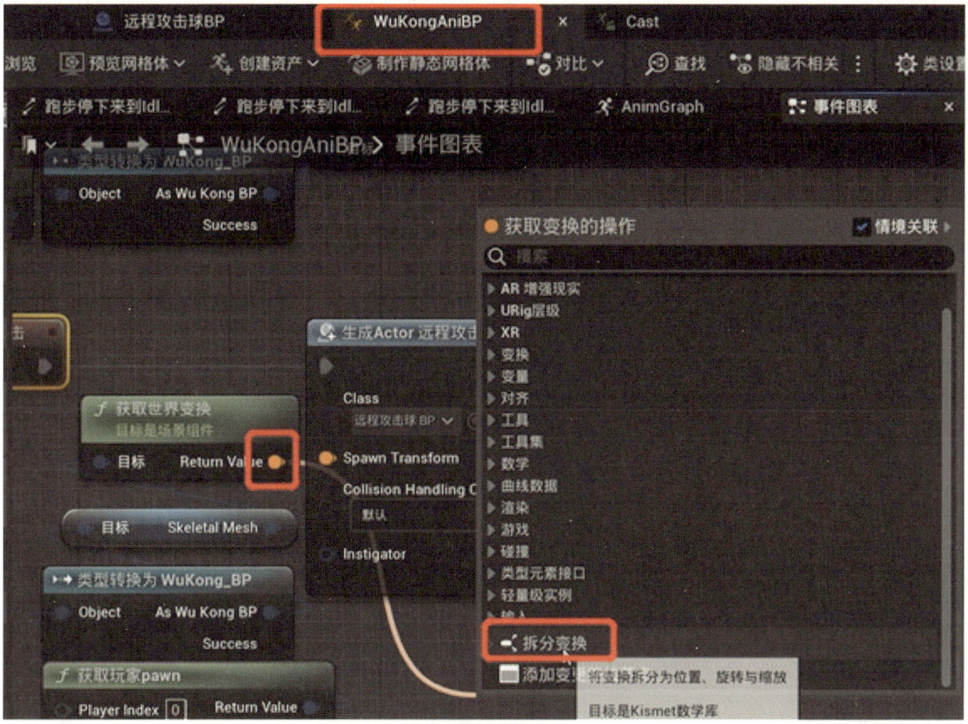

远程攻击球BP
WuKongAniBP
Cast
预览网格体
创建资产
制作静态网格体
对比
查找
隐藏不相关
跑步停下来到Idl...
AnimGraph
事件图表
WuKongAniBP > 事件图表
Object
As Wu Kong BP
Success
获取变换的操作
情境关联
AR 增强现实
URig层级
XR
变换
变量
对齐
工具
工具集
数学
曲线数据
渲染
游戏
碰撞
类型元素接口
轻量级实例
生成Actor 远程攻击
Class
远程攻击球 BP
Spawn Transform
Collision Handling
默认
Instigator
获取世界变换
目标是场景组件
目标
Return Value
Skeletal Mesh
类型转换为 WuKong_BP
获取玩家pawn
Player Index
拆分变换
将变换拆分为位置、旋转与缩放
目标是Kismet数学库

图 5-4-1

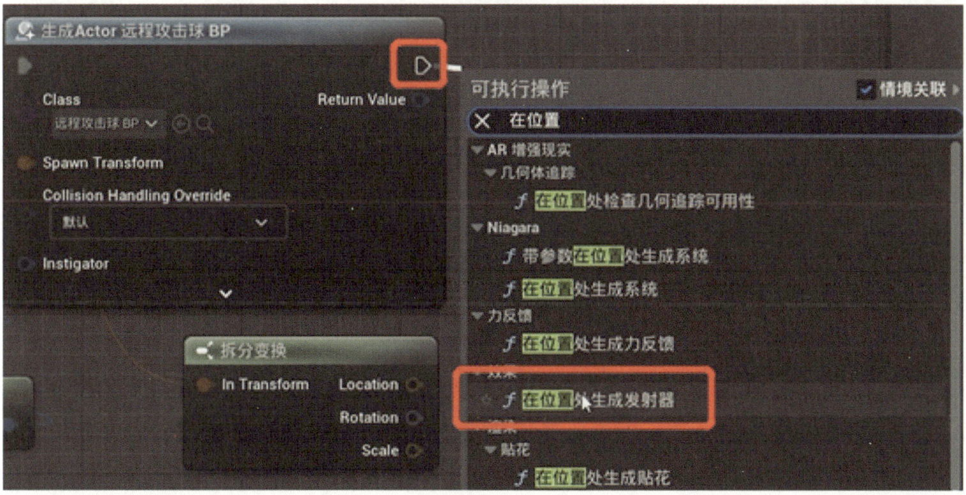

生成Actor 远程攻击球 BP
Class
远程攻击球 BP
Return Value
Spawn Transform
Collision Handling Override
默认
Instigator
可执行操作
情境关联
在位置
AR 增强现实
几何体追踪
在位置处检查几何追踪可用性
Niagara
带参数在位置处生成系统
在位置处生成系统
力反馈
在位置处生成力反馈
在位置处生成发射器
贴花
在位置处生成贴花
拆分变换
In Transform
Location
Rotation
Scale

图 5-4-2

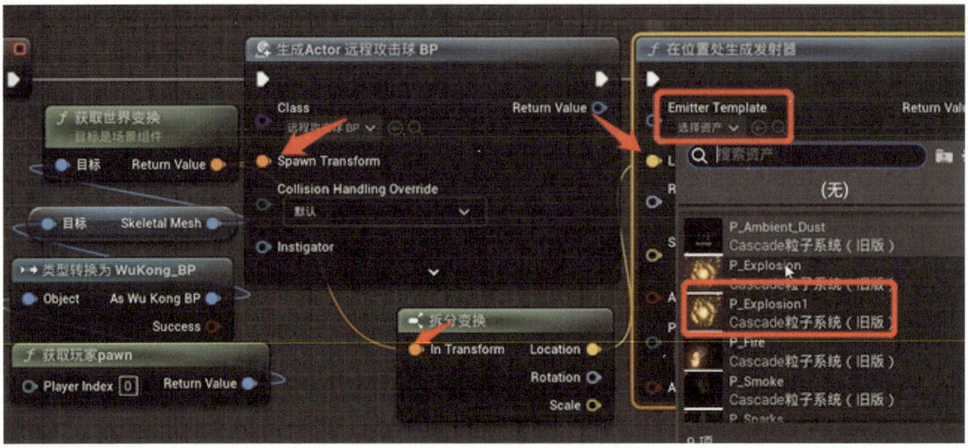

图5-4-3

完善攻击动画特效。如图5-4-4所示，点击“在位置处生成发射器”红色标记图标，复制一个特效并进行重命名。双击进入复制的特效，如图5-4-5和图5-4-6所示，关闭图中标记的三个特效，根据实际制作情况调整其他数值。随后保存所有，并在游戏关卡中测试内容。

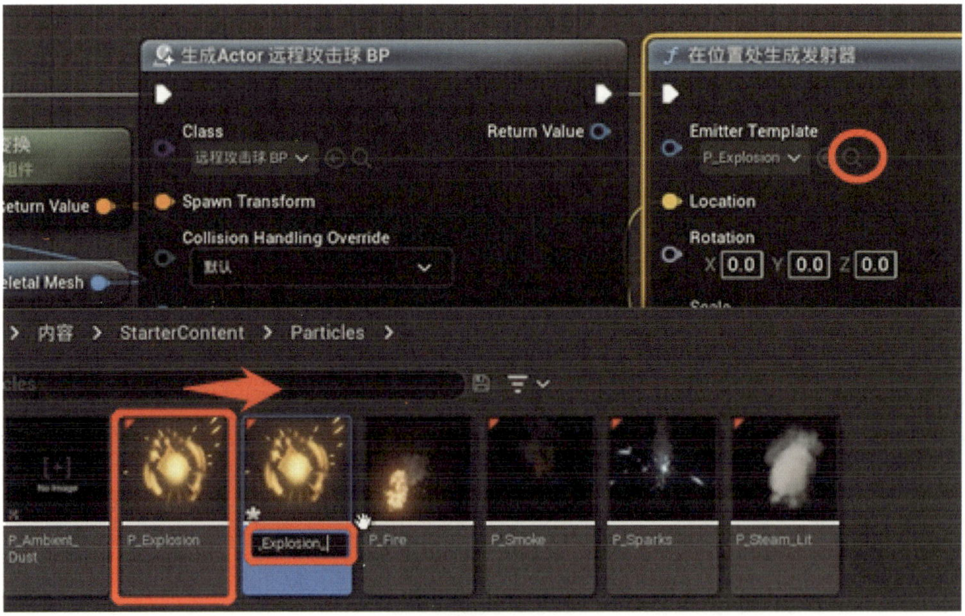

图5-4-4

图5-4-5

图5-4-6

完善被击特效。如图5-4-7所示，进入被击角色的蓝图。如图5-4-8所示，选中“胶囊体组件（CollisionCylinder）”，右键点击蓝图空白处，在“碰撞”下选择“添加 On Component Begin Overlap”并创建节点。随后如图5-4-9所示，在“组件开始重叠时（CapsuleComponent）”节点中拖曳“Other Actor”，并在文字框内输入“类型转换为远程攻击球BP”，选中后创建节点。最后如图5-4-10所示，拖曳“类型转换为远程攻击球BP”节点，在文字框内输入“Be Hit”并创建节点。编译并保存后回到游戏关卡中保存所有，再进入播放模式测试游戏角色被击打感。

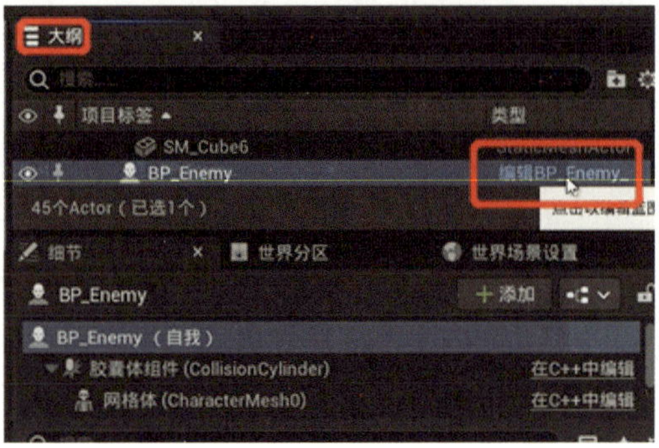

图5-4-7

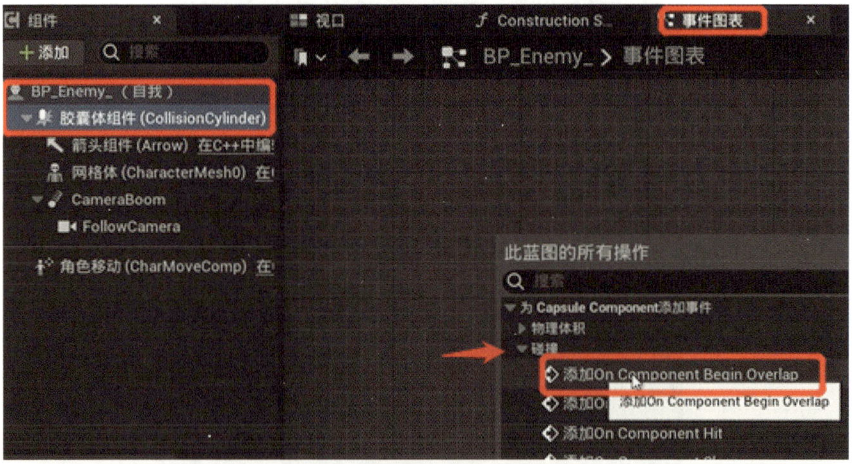

图5-4-8

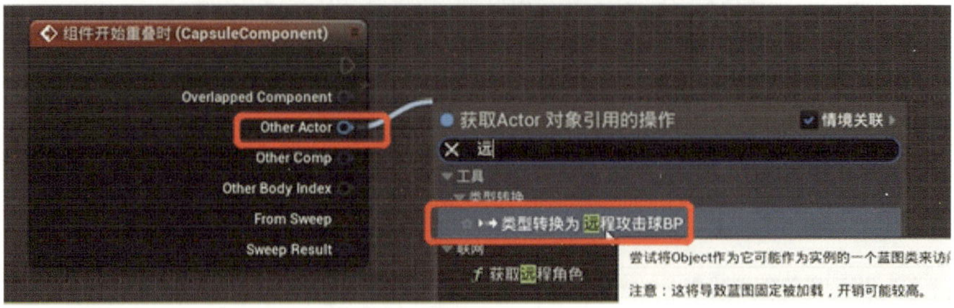

图5-4-9

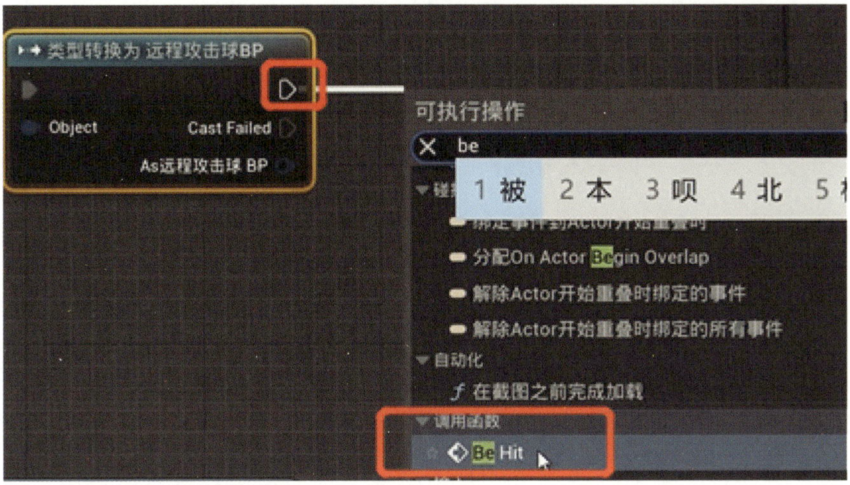
类型转换为 远程攻击球BP
Object
Cast Failed
As远程攻击球 BP
可执行操作
be
1 被
2 本
3 呗
4 北
分配On Actor Begin Overlap
解除Actor开始重叠时绑定的事件
解除Actor开始重叠时绑定的所有事件
自动化
在截图之前完成加载
调用函数
Be Hit

图5-4-10

第六章　玩家连击

第一节　玩家连击功能、角色动画及敌方的被击反馈

本节通过具体案例制作玩家的连击功能、角色动画、敌方的被击反馈、玩家连击中断后的复位动画（在这个过程中，玩家连击动作复位的方法是，将动画蓝图中的事件图表更改为动画图表状态），以及连击过程中出现的故障与敌方的被击与死亡。接下来通过具体案例分步骤进行讲解。

如图6-1-1所示，判定玩家是否在攻击状态。在大纲视图中找到玩家，点击编辑蓝图，在蓝图中增加新的布尔变量，自定义命名为“Input Push”，并将其拖到事件图表编辑面板进行设置。按下“Input Push”攻击键，将其设置为“真”，并与“输入操作Attack攻击”节点相连，然后将其增加至攻击事件中，用于判定玩家是否有攻击行为。

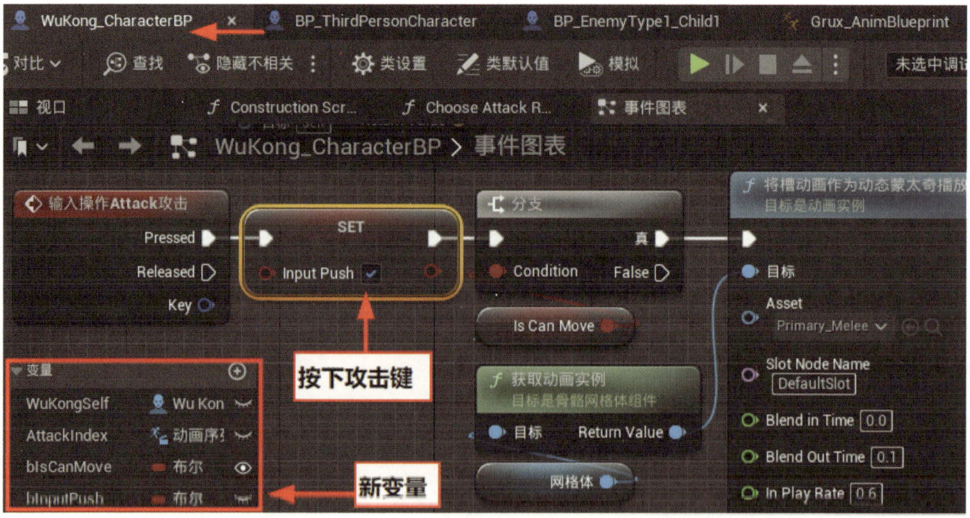

图6-1-1

对玩家动画蓝图中的攻击状态进行设置并制作二次攻击判定。由于经常使用玩家角色动画蓝图，为方便后续操作和调用，将“尝试获取Pawn拥有者”类型转换为蓝图，提升为变量，并简化节点，如图6-1-2所示。获取玩家角色蓝图变量，如图6-1-3所示。

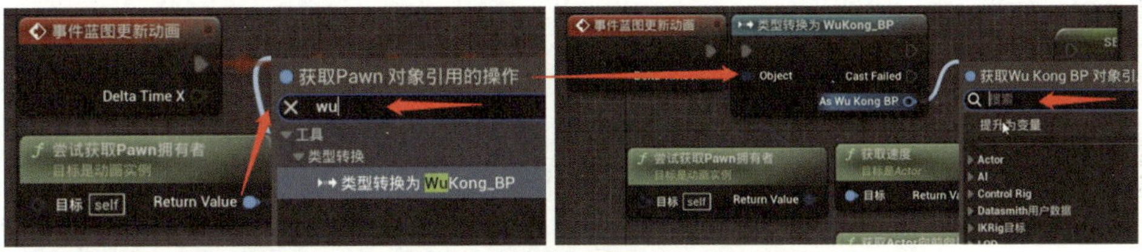

图6-1-2

图6-1-3

角色动画变量转换完成后进行二次攻击判定蓝图编写。在准备工作中添加并自定义动画开始攻击通知事件和动画结束攻击通知事件。在开始攻击通知事件中初始化攻击状态；在结束攻击通知事件中判定是否执行了二次攻击，如果条件为“真”就进行第二次攻击。当玩家角色开始攻击和结束攻击的时候目标会被自动检测到，然后执行第二次攻击。在开始攻击通知事件的基础上输入攻击状态，获取角色蓝图节点，设置“Input Push”布尔变量状态，将开始时设定为“否”。获取“Input Push”状态节点，在结束攻击通知事件基础上检测状态是真还是假，拖曳“分支”节点并与“将槽动画作为动态蒙太奇播放”连接，选定播放的连击动画，将“Slot Node Name”设置为“DefaultSlot”，即默认执行下一轮动画，如图6-1-4所示。

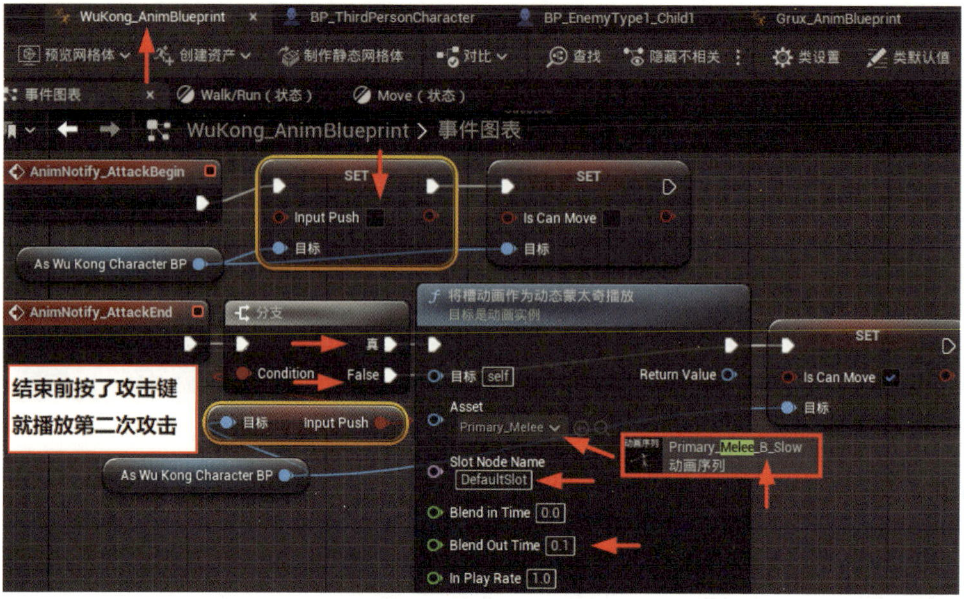

图6-1-4

制作结束并编译后在关卡中播放测试一切是否正常进行。如果出现角色无法移动和被控制的情况，则是条件判定为“假”的时候，“将槽动画作为动态蒙太奇播放”节点和“Is Can Move”变量节点处于连接状态。无论“Input Push”变量节点判定为真还是假，都要允许角色可以正常移动。

攻击时需要累计次数，在攻击开始通知事件中增加一个“Attack Index”整数变量。先设置“Attack Index”整数变量，再选择“获取”，增加一个“添加引脚”节点，增加数值为1，按图6-1-5所示进行连接，编译后即可计数。

图6-1-5

由于攻击存在上限次数，所以在攻击达到一定次数时需要增加复位节点，在攻击中断、攻击完成后进行归零处理，在攻击结束时设置“Attack Index”整数变量节点，与分支False进行连接，如图6-1-6所示。

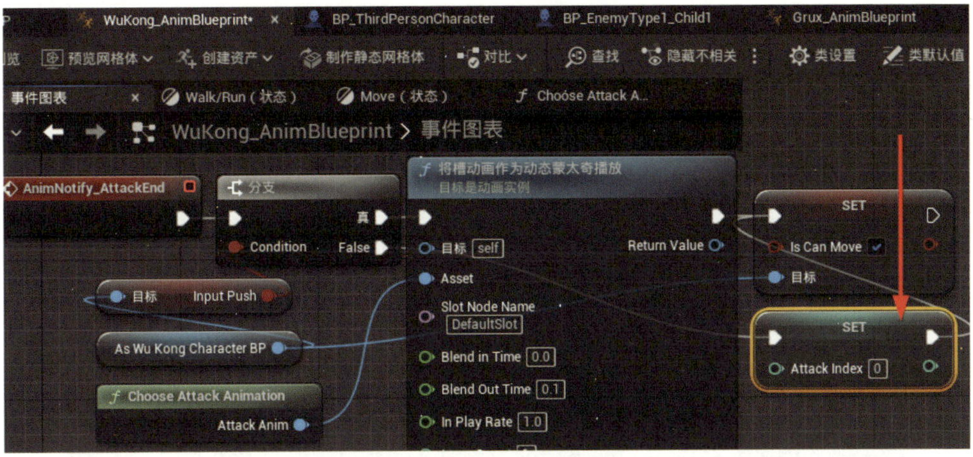

图6-1-6

同时，还需要将玩家角色蓝图中第一次攻击动画进行归零处理。将角色网格体节点拖入蓝图面板中，增加“获取动画实例”节点，将其转换为“类型转换为WuKong_AnimBlueprint”，获得“Attack Index”整数变量，数值设置为“0”，将目标按图6-1-7所示进行连接。

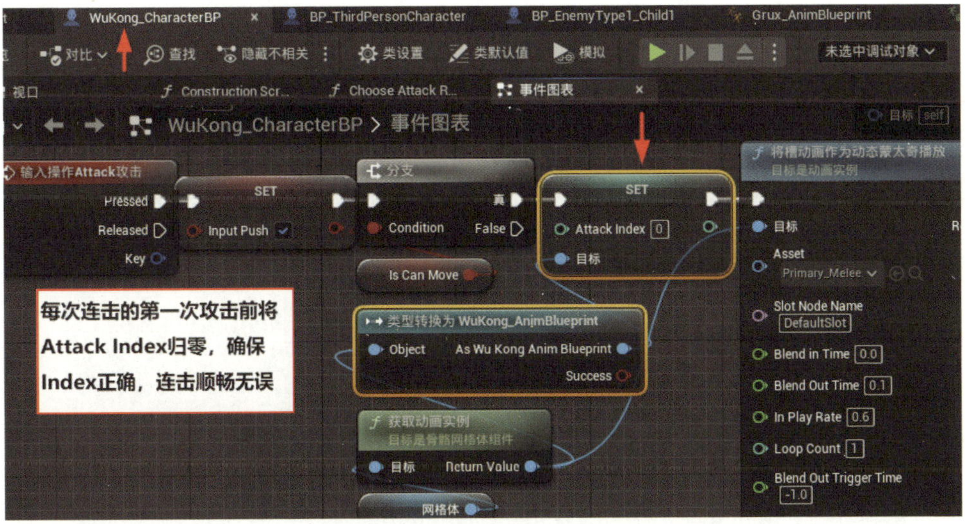

图6-1-7

编写玩家角色连击动画的播放函数，新增功能函数并自定义为“Choose Attack Animation”，尽可能与其他命名格式保持一致，以便后续操作。增加返回节点，在细节面板中增加输出节点，输出类型为动画序列基础，命名为“Attack Animation”，按顺序播放攻击动画，如图6-1-8右下箭头所指处，根据攻击次数依次播放连击动画，实现连击效果。增加“选择”节点，点击“添加引脚”，导入连击动画资源资产，将“Attack Index”节点连接至“选择”节点下的“Index”输入点，即可根据输入的攻击模式播放对应的动画效果。

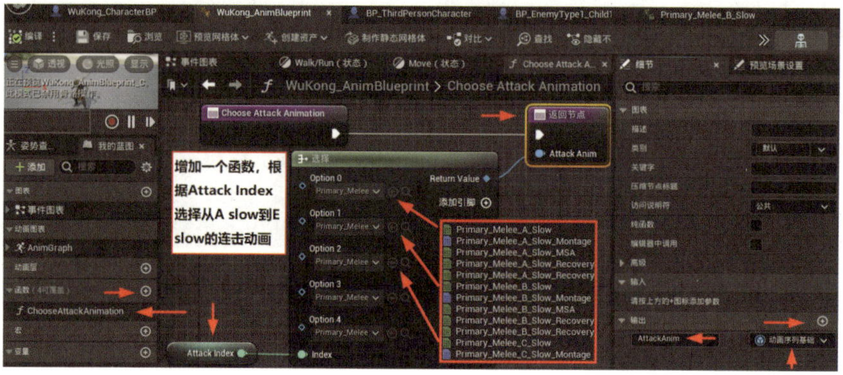

图6-1-8

在结束攻击通知事件中加入播放连击动画的功能函数（纯函数）。将制作完成的自定义新函数拖入事件图表蓝图中，删除新函数的“输入运行接口”，在细节面板中将其设置为纯函数，仅剩输出接口，并将其连接至“将槽动画作为动画蒙太奇播放”节点的“Asset”接口，如图6-1-9所示，后续会根据各连击动画名称进行播放。

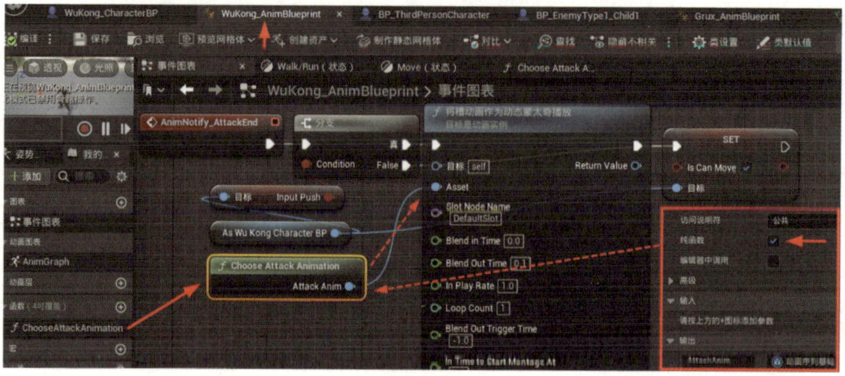

图6-1-9

制作连击退出。如果没有输入攻击键，攻击次数归零，取消连击并重新开始，如图6-1-10所示。

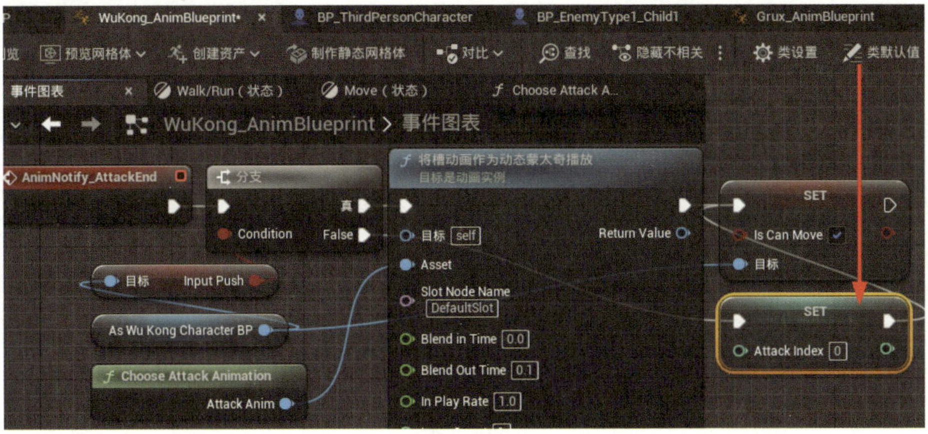

图6-1-10

为每个连击动画添加攻击通知，编译并在关卡中播放测试多个连击动画的效果。为避免一直重复同一个连续攻击动画，未按顺序依次播放其他攻击动画的情况，需要确保每个攻击动画中都有攻击开始和攻击结束的通知，并如图6-1-11所示将其正确和动画蓝图连接，这样蓝图才可以检测到第一次攻击动画结束，并依次播放后续动画。

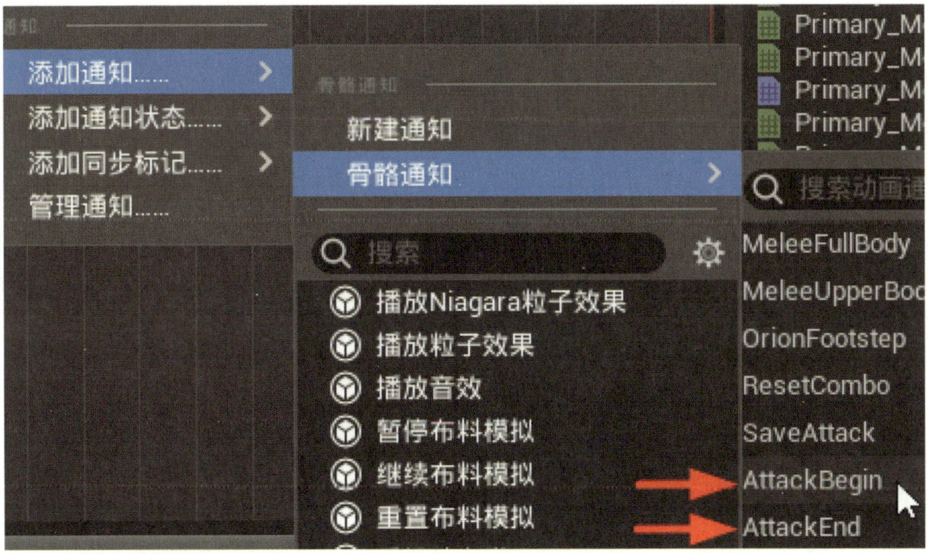

图6-1-11

为优化攻击动作，要去除攻击动作后面多余的帧，如图6-1-12所示。

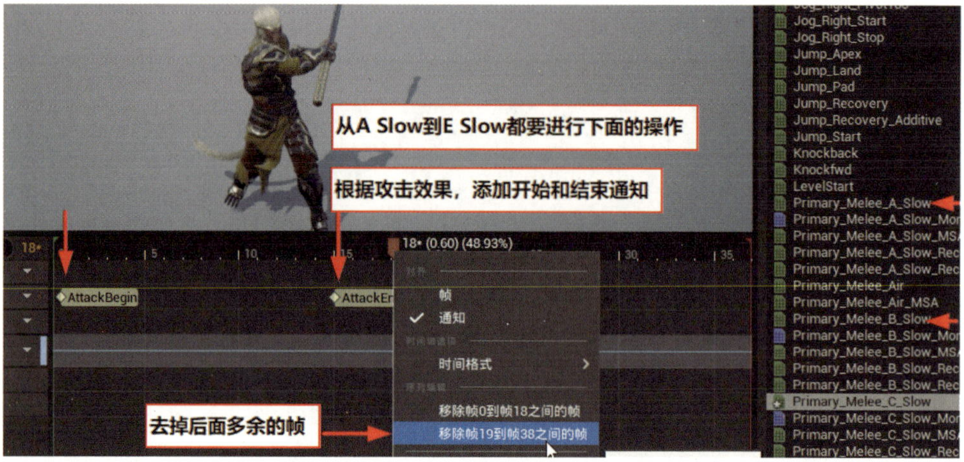

图6-1-12

编译并在关卡中播放测试多个连击动画效果，确保多个连击动画可以播放出来，如图6-1-13所示。

图6-1-13

扩大攻击检测的时间范围并增强角色连击效果。玩家角色攻击是否成功需要在蓝图运行中进行检测，故需在攻击动画中增加攻击检测和时间范围，使玩家的每次攻击在击中敌方后触发敌方的被击动作反馈，如图6-1-14所示。长度范围控制在从打斗开始至击打结束。添加“添加通知状态”，以控制通知时间。

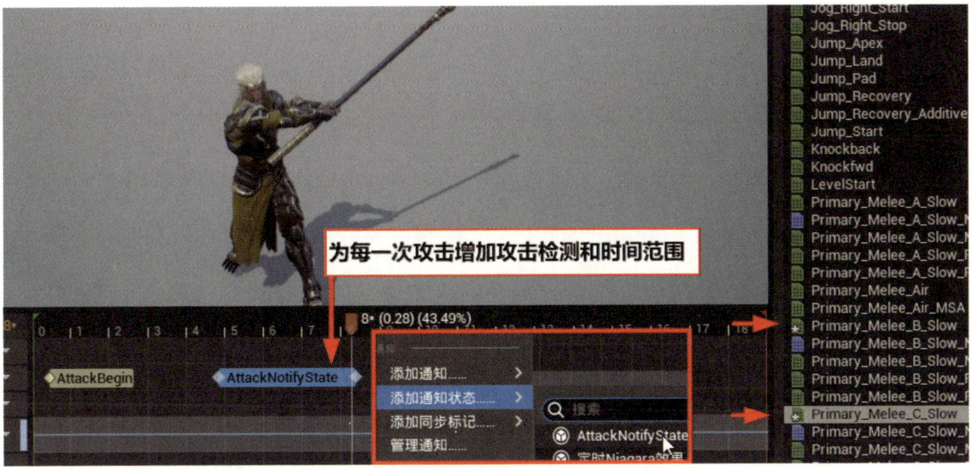

图6-1-14

编译并在关卡中播放测试敌方被连击动画，如图6-1-15所示。

图6-1-15

第二节　玩家连击中断后的复位动画

本节解决连击中断后后续动画不连贯的问题。如果连击动作完成复位时缺乏过渡，动画直接跳转回到攻击发生前，导致跳帧，那么需增加连击复位动画连接，自然恢复到待机状态，如图6-2-1所示。

图 6-2-1

准备工作，明确命名和动作顺序，将准备好的连击复位动画素材加入蓝图中做好准备，如图 6-2-2 所示。

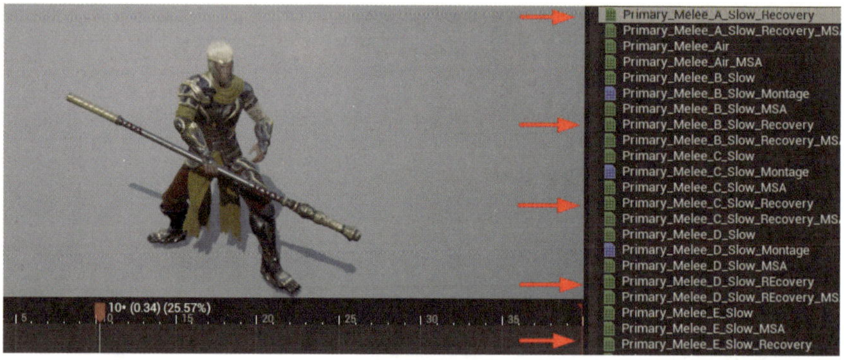

图 6-2-2

在动画蓝图中编写连击复位动画播放函数（与编写连击动画播放函数概念及方式类似）。打开玩家角色动画蓝图，找到“Anim Notify_结束攻击通知”节点位置，新增函数，自定义为“Choose Attack Recovery Animation”，如图 6-2-3 所示。

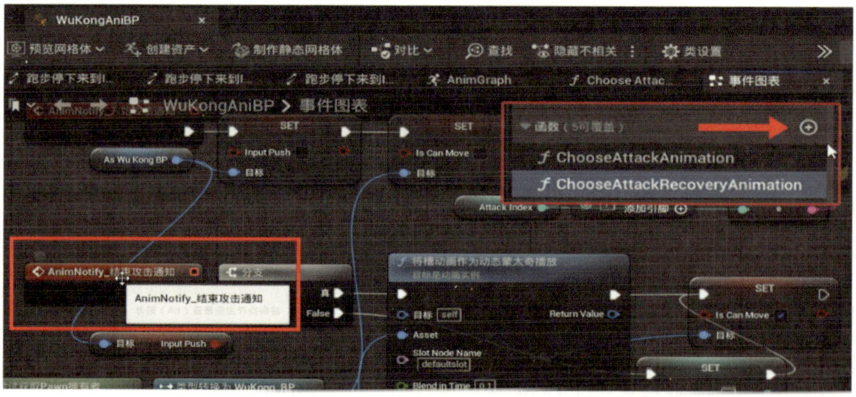

图 6-2-3

进入函数“Choose Attack Recovery Animation”，由于该函数编写方式与连击动画播放相似，故可以直接将函数“Choose Attack Animation”中的节点拷贝至新增函数中进行修改，以提升效率，如图6-2-4所示，用对应的连击复位动画进行资产替换。

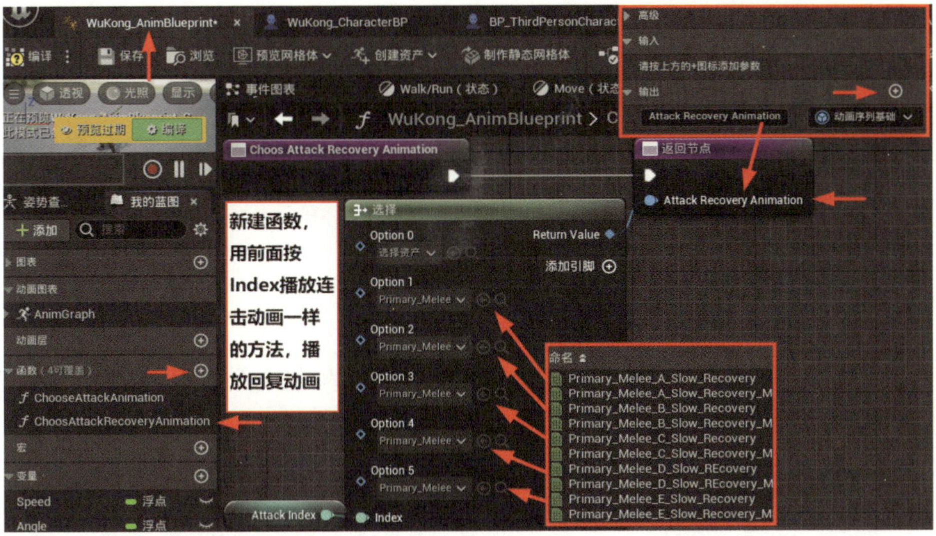

图6-2-4

编写函数“Choose Attack Recovery Animation”后回到动画蓝图中，增加一个“将槽动画作为动态蒙太奇播放”节点并与“False”连接，将新增函数节点拖入蓝图中，在细节面板中将其改为纯函数后连接至“Asset”，如图6-2-5所示，当玩家按下攻击键时即执行连击复位动画播放函数。

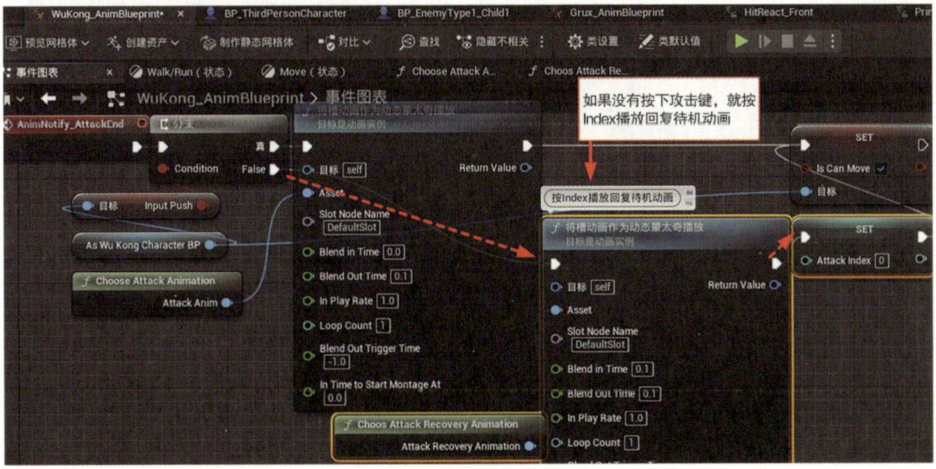

图6-2-5

在关卡场景中播放测试多个连击复位动画效果，如图6-2-6所示，可根据实际视觉效果优化动作。

图6-2-6

优化复位动画的连接效果，如图6-2-7所示。优化第二个连击动作复位动画，如图6-2-8所示，在第二个连击动作复位动画的动画预览器中移除帧0到帧13之间的帧，会使动作更顺畅。

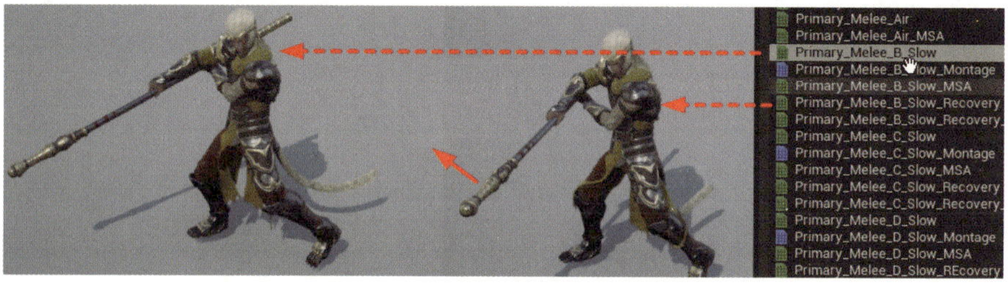

图6-2-7

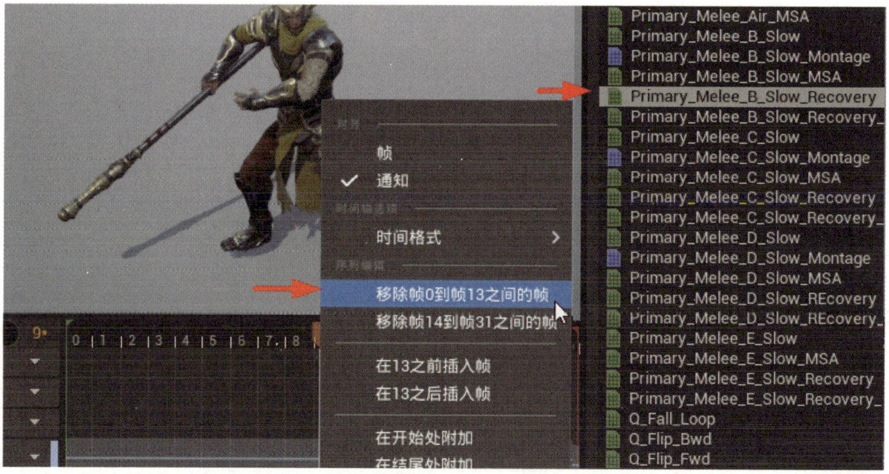

图6-2-8

优化第四个连击动作复位动画。在第四个连击动作复位动画的动画预览器中移除帧0到帧8之间的帧，会使动作更顺畅，如图6-2-9所示。

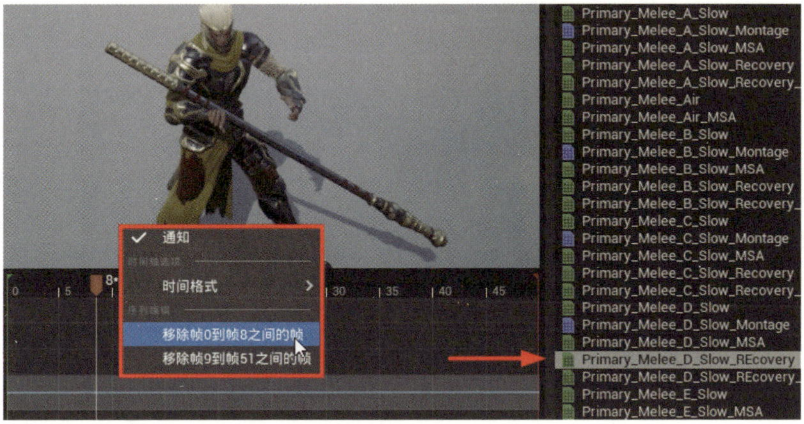

图6-2-9

当播放连击复位动画时，需要先执行Normal状态机，再执行槽动画节点进行播放。如果动画播放不顺畅，将状态机“Normal”节点、“插槽‘Default-Slot’”节点及“输出姿势”节点相连接进行调试。

第三节　连击动作复位方法

（1）修改播放攻击动画节点，如图6-3-1所示。

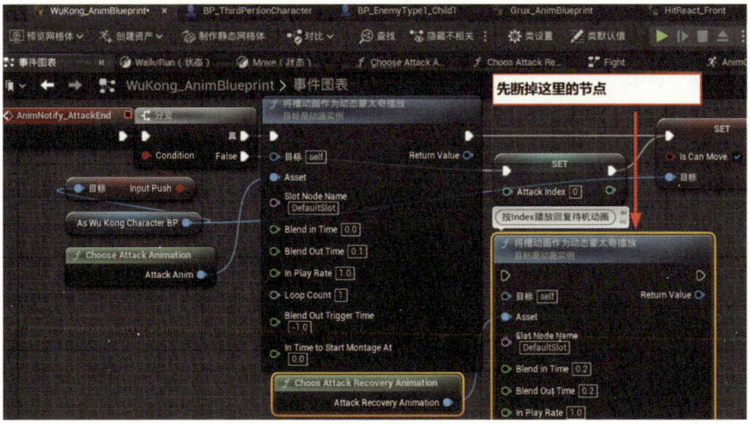

图6-3-1

（2）在动画蓝图状态机中创建攻击复位状态机并编写功能。

添加状态机，如图6-3-2所示。

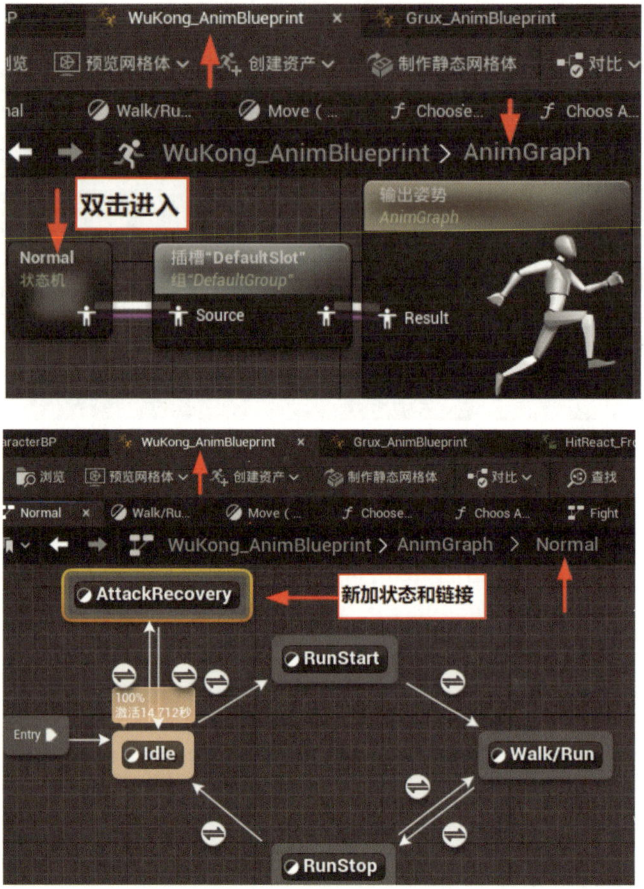

图6-3-2

添加状态动画，如图6-3-3所示，任意拖曳一个动画到蓝图中生成节点，并与“输出动画姿势”连接。

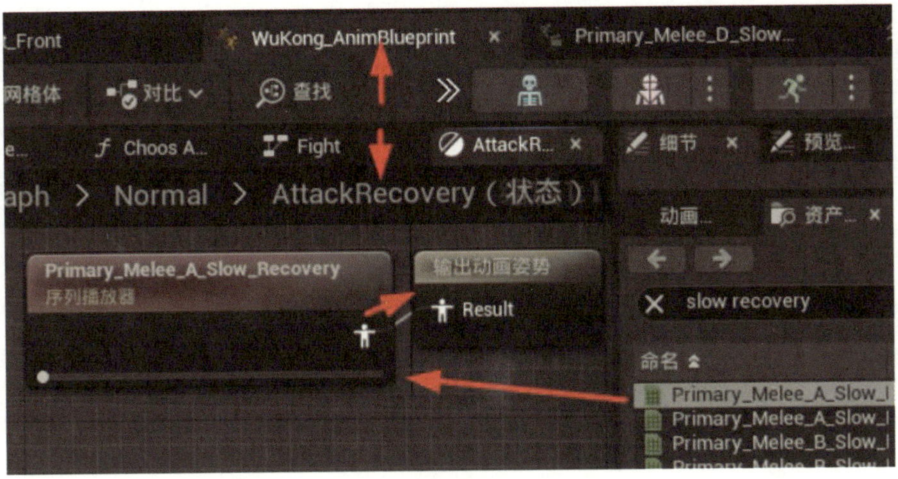

图6-3-3

（3）编写播放复位动画功能函数（与播放连击动画函数相似），如图6-3-4、图6-3-5、图6-3-6所示。

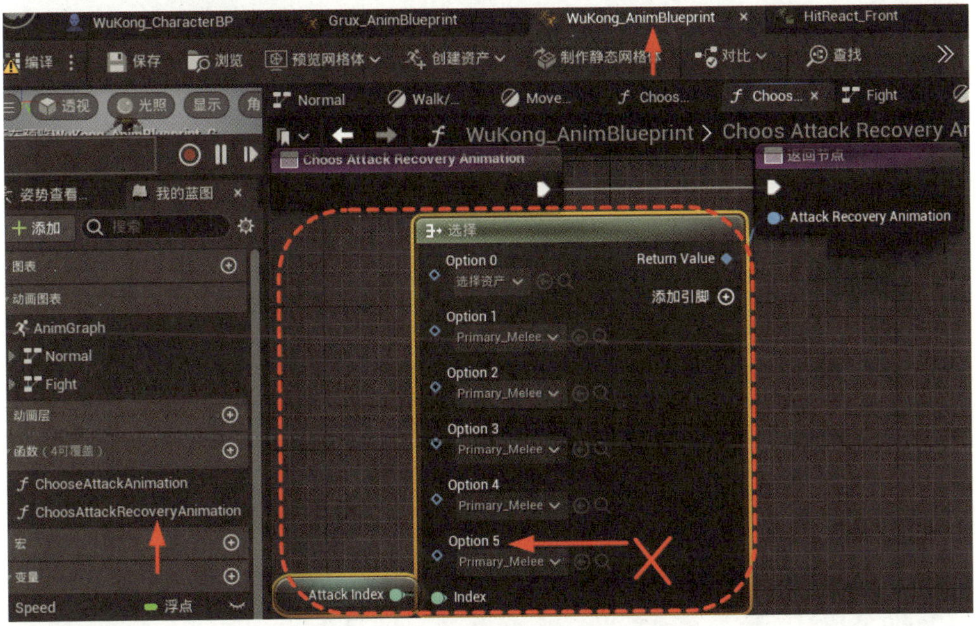

图6-3-4

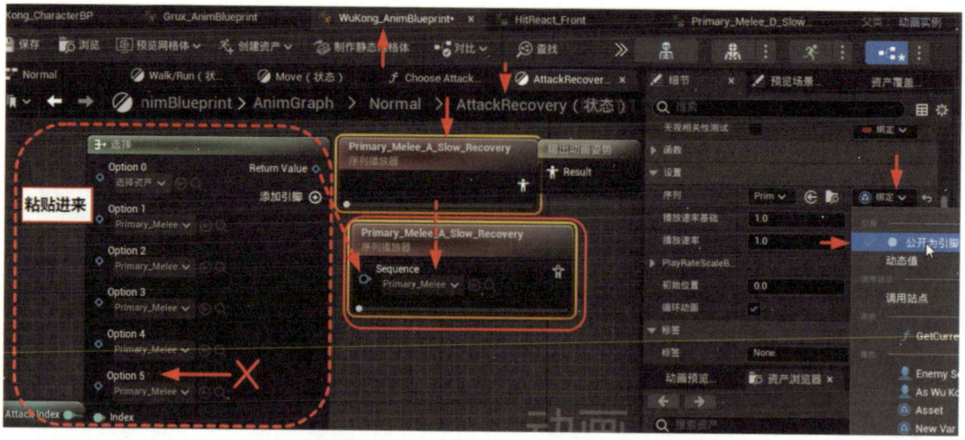

图6-3-5

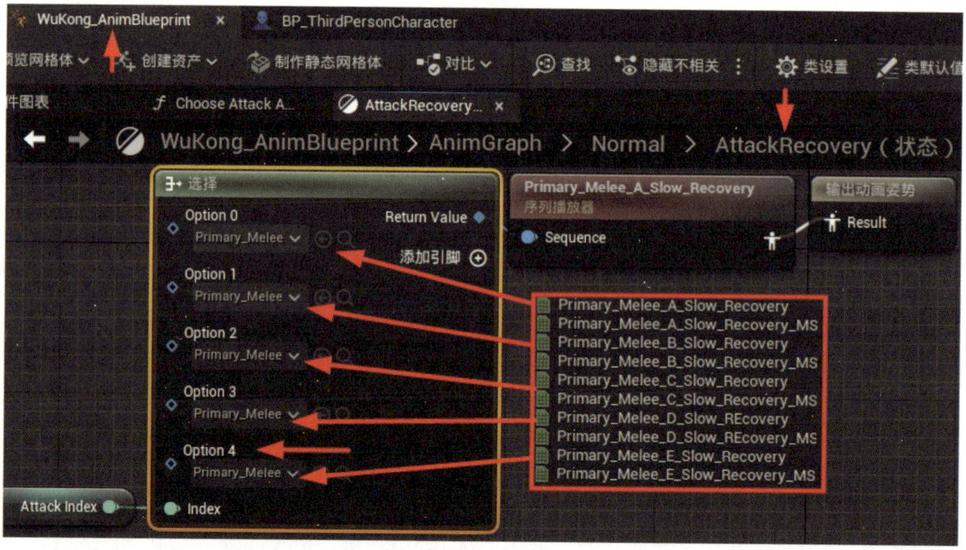

图6-3-6

（4）复位动画进出规则编写。

编写出状态规则，如图6-3-7所示。

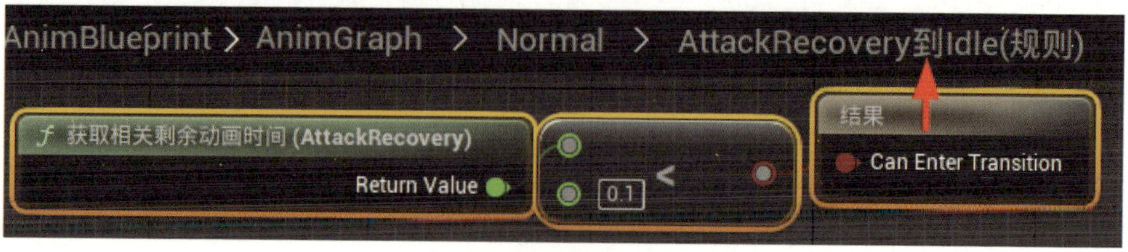

图6-3-7

编写入状态规则。新增复位动画布尔变量，复位动画布尔变量为“真”是入状态规则，如图6-3-8、图6-3-9所示。

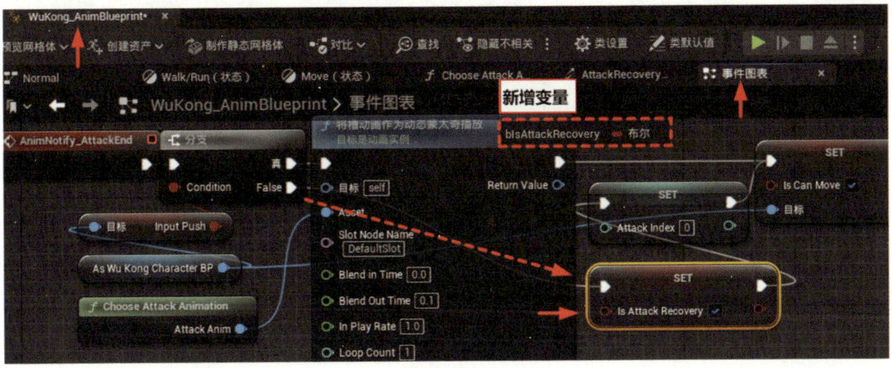

图6-3-8

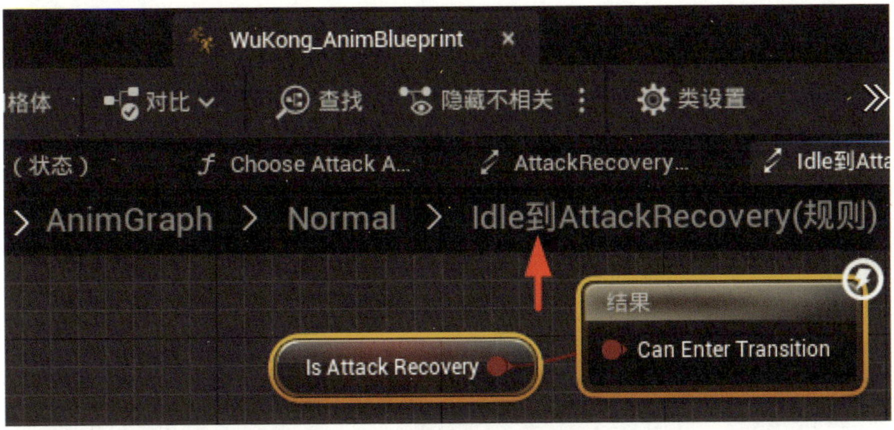

图6-3-9

（5）添加Reset事件。

添加Reset事件，如图6-3-10所示。

图6-3-10

编写Reset复位事件——两个变量复位，如图6-3-11所示。

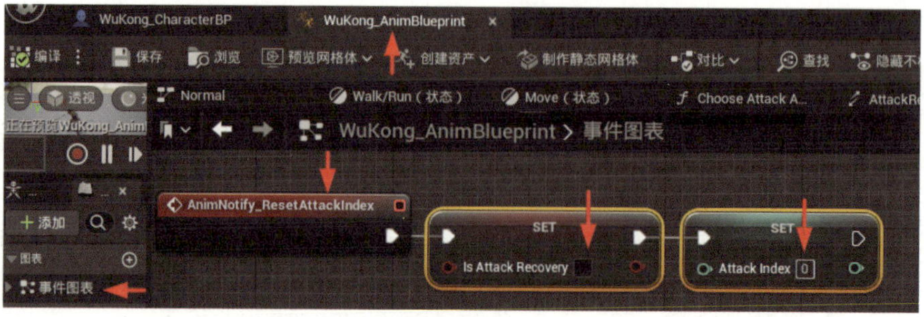

图6-3-11

（6）连击结束通知。

在动画预览器中增加连击结束通知，并将蓝图中的连击结束通知节点后的连击复位布尔变量归零，如图6-3-12、图6-3-13所示。

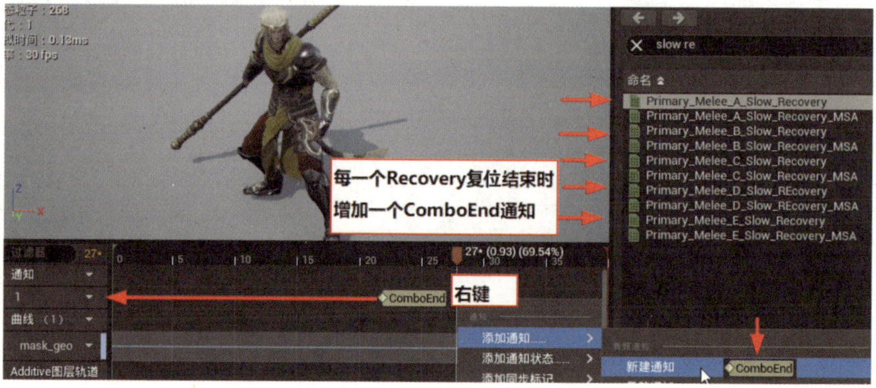

图6-3-12

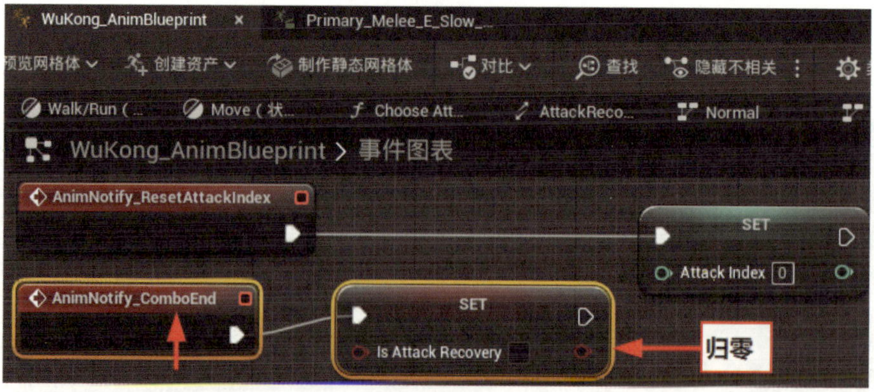

图6-3-13

第四节 连击过程中的故障与解决办法

连击问题修改，即归零处理。为确保玩家连击顺畅无误，需要先进入玩家角色蓝图中，找到“输入操作Attack攻击”节点，设置“Attack Index”变量节点，数值设置为“0”，在每次连击的第一次攻击前将“Attack Index”进行归零处理，如图6-4-1所示。

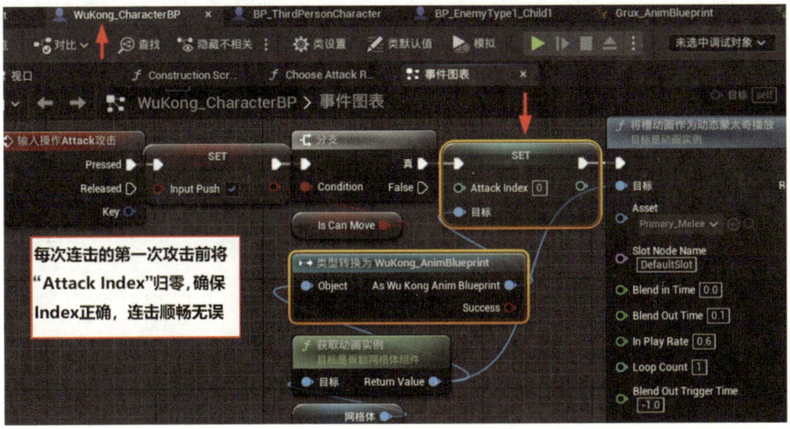

图6-4-1

Recovery复位动画时移动问题修复。在关卡中播放测试复位动画时，玩家角色仍可通过移动按钮被控制并产生位移，如图6-4-2所示，需要进行修复。

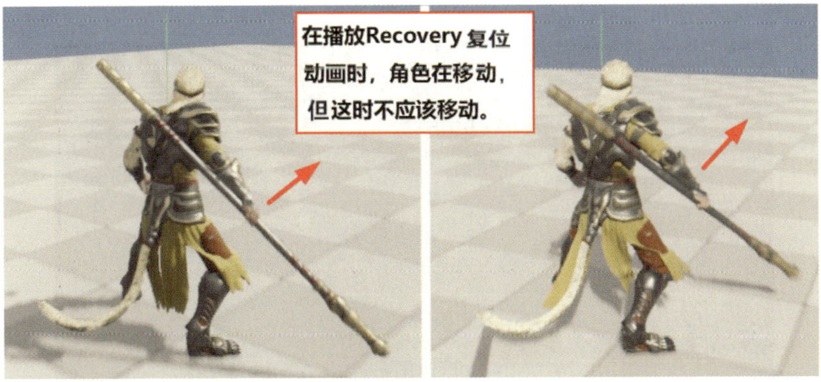

图6-4-2

为了掌控角色在复位动画播放时间段内的移动，每个连击复位动画均需添加连击开始通知及结束通知。找到每个连击复位动画资产，在动画预览器中动作起点关键帧及结束点关键帧位置分别点击鼠标右键，选择“骨骼通知”，找到下方的“StartRecovery”及“ComboEnd”并创建通知，如图6-4-3、图6-4-4所示。若搜索不到可自行新建通知，以便蓝图引用。

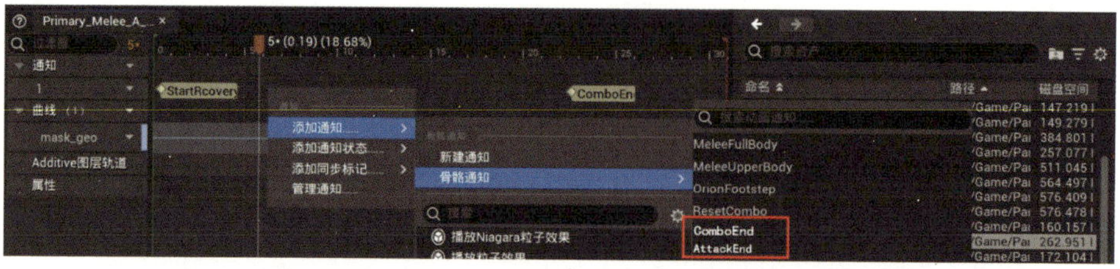

图6-4-3

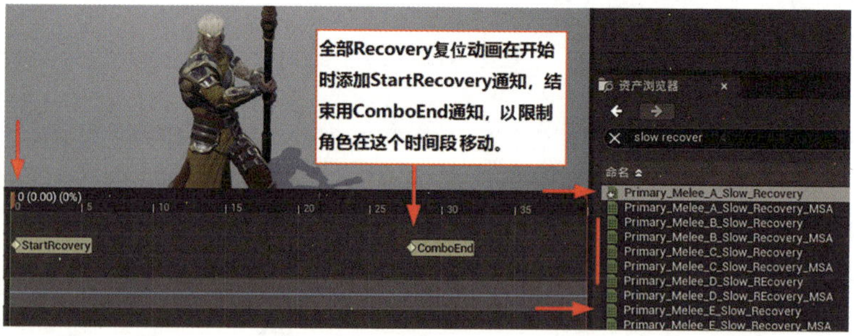

图6-4-4

进入玩家角色动画蓝图，添加连击结束通知事件节点，设置移动布尔变量节点为“真”。添加开始复位动画通知事件，设置移动布尔变量为“假”，按图6-4-5所示进行连接。

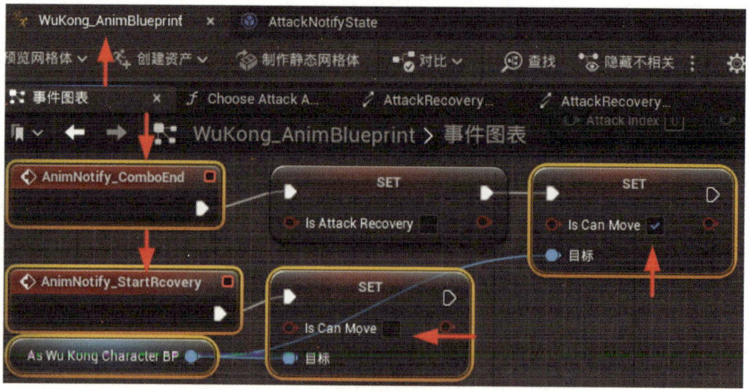

图6-4-5

为加快游戏节奏，使玩家角色动作更为灵活多变，可在保证连击复位动画完成且播放顺畅的基础上将ComboEnd通知适当提前，在攻击结束后快速进入跑动的节奏，如图6-4-6所示。

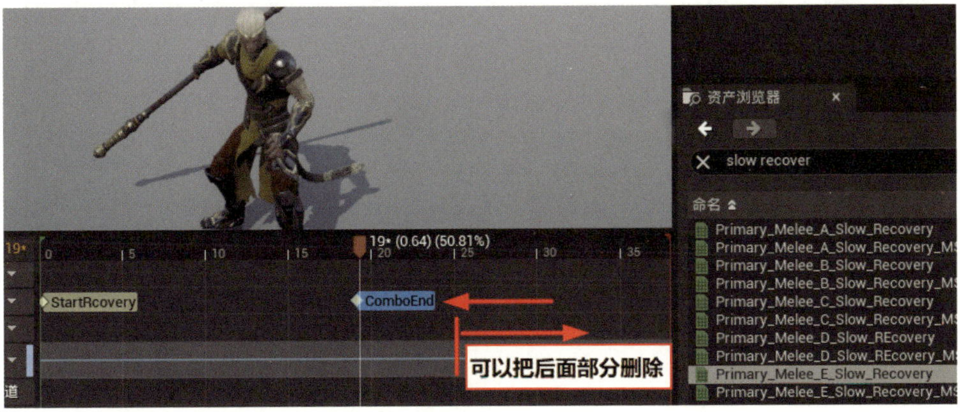

图6-4-6

进入关卡中播放进行测试。在攻击及连击复位动画完成前，玩家无法通过移动按钮控制玩家角色进行移动，如图6-4-7所示。

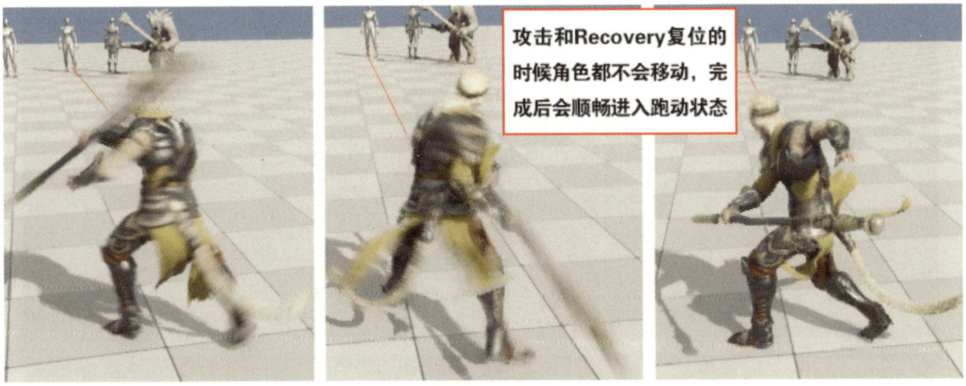

图6-4-7

去除角色对相机的遮挡问题。在所有角色的细节面板中找到“碰撞预设”，如图6-4-8所示，模式选择为自定义模式，将“相机”勾选为“忽略”，即相机不会与角色发生碰撞，避免碰撞时产生视角和模型穿插。

图6-4-8

修复连击过程中玩家角色与敌方角色的模型穿插问题。在所有角色网格体细节面板中找到碰撞时的形状，适当增大胶囊体半径，避免角色移动过近，以引起模型穿插现象，如图6-4-9所示。

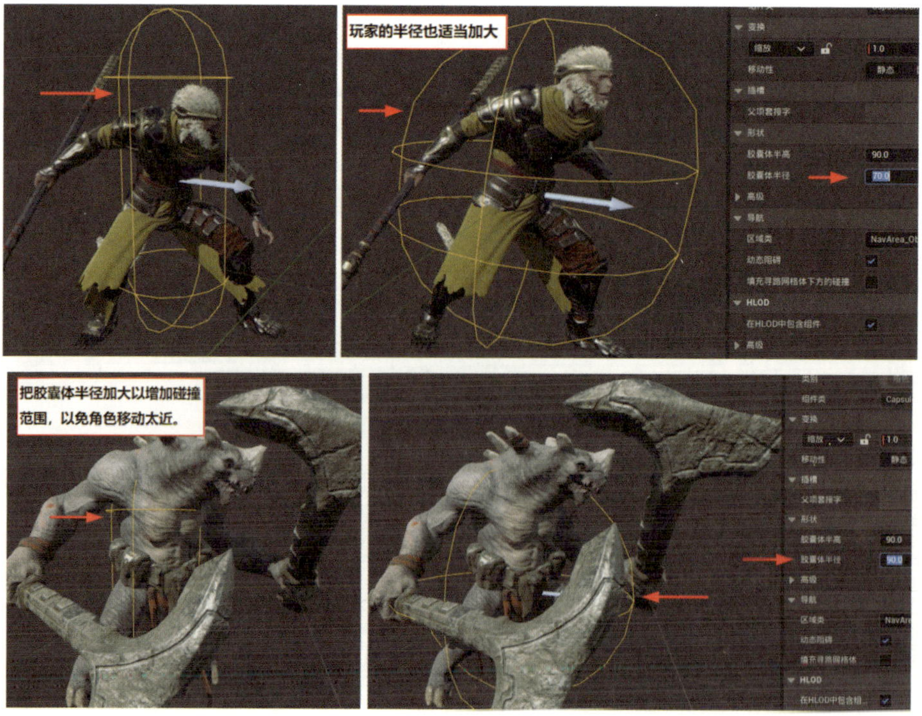

图6-4-9

图6-4-9（续）

第五节　敌方的被击与死亡

（1）增加被击计数。

在世界大纲视图中打开敌方角色的蓝图，找到“Be Hit自定义事件”蓝图节点，新增一个整数变量用于计算被击打的次数，自定义命名为“Be Hit Times”，将两个变量拖入事件图表中，分别选择设置与获取，如图6-5-1所示。

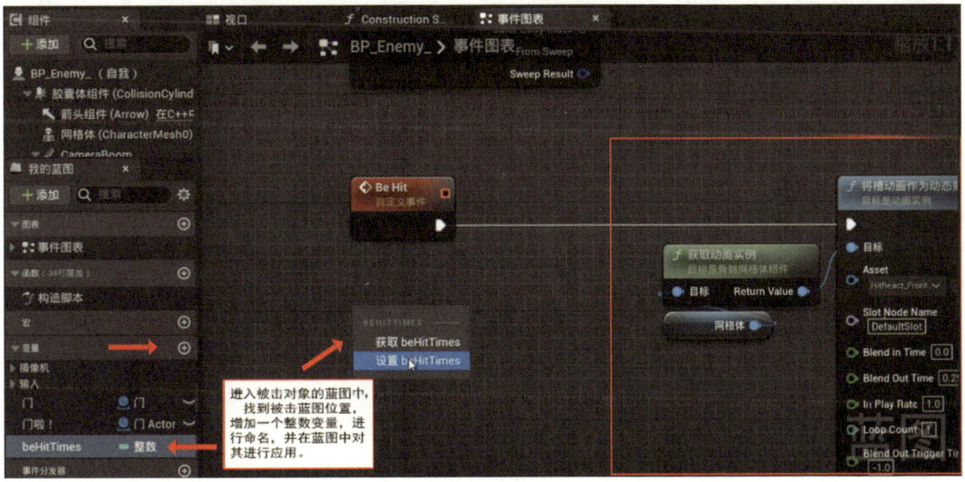

图6-5-1

增加叠加节点，并对“Be Hit Times”整数变量进行赋值，每击打一次，设置的“Be Hit Times”整数变量将会增加一次。由于被击打存在一定数量限制，因此利用分支节点及大于等于节点判定叠加数值是否已经抵达上限。新增“将槽动画作为动态蒙太奇播放”节点，导入死亡动画资产，进行融合设置。将“真”与拥有死亡动画资产的节点进行连接，若达到被击打上限次数，则执行死亡动画；将“将槽动画作为动态蒙太奇播放”节点与拥有被击动画资产的节点进行连接，若未达到被击打上限次数，则继续执行被击动画，如图6-5-2所示进行连接。

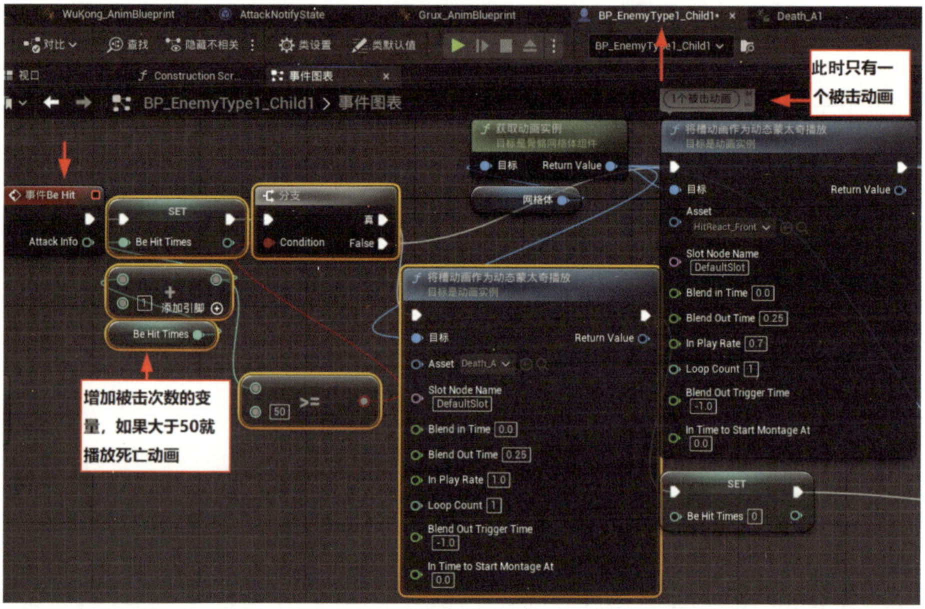

图6-5-2

（2）丰富被击动画。

由于敌方角色需要被击打多次后才会死亡，现有被击动画单一，为丰富游戏画面，增添游戏复杂度，使角色动画更为自然，我们利用已经制作好的被击动画素材增加敌方被击打效果。

如图6-5-3所示，将具有被击动画资产的“将槽动画作为动态蒙太奇播放”节点中的资源接口拉出，搜索select，添加选择节点，点击“添加引脚”，增加多个资源选择，导入多种被击动画，增加一个范围内随机整数的节点，将最大值和最小值分别设置为“3”和“0”（取决于选择个数），将“将槽动画作为动态蒙太奇播放”节点连接至选择节点的Index接口，即可随机播放不同被击动画。

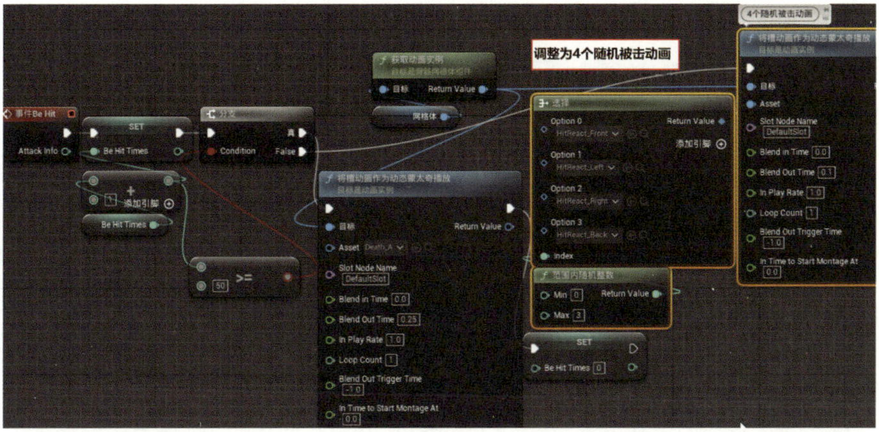

图6-5-3

编译后进入关卡中播放测试被击打效果是否自然多样，如图6-5-4所示。

图6-5-4

（3）完善敌方死亡状况。

当攻击量达到最高值时，敌方角色会执行死亡命令，但现有蓝图控制下敌方角色在死亡后还可以从地上爬起来，这就需要进行完善和解决。

完善敌方死亡动画。在内容浏览器中复制死亡动画，如图6-5-5所示。

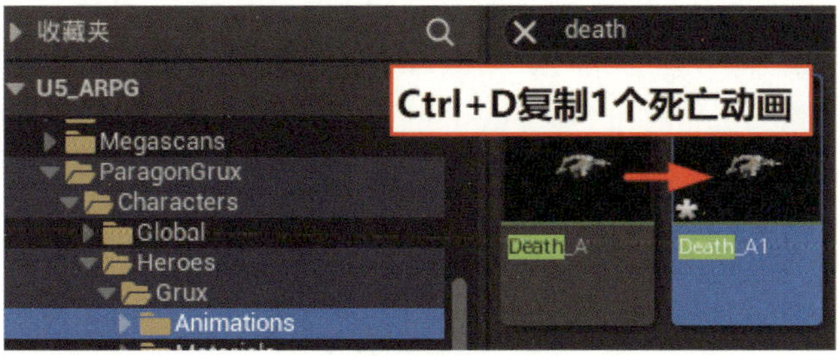

图6-5-5

进入复制的死亡动画，在动画预览器中将关键帧移动至要维持的状态帧，点击鼠标右键移除帧0到帧44之间的帧，仅保留死亡后躺倒在地上的关键帧，如图6-5-6所示。

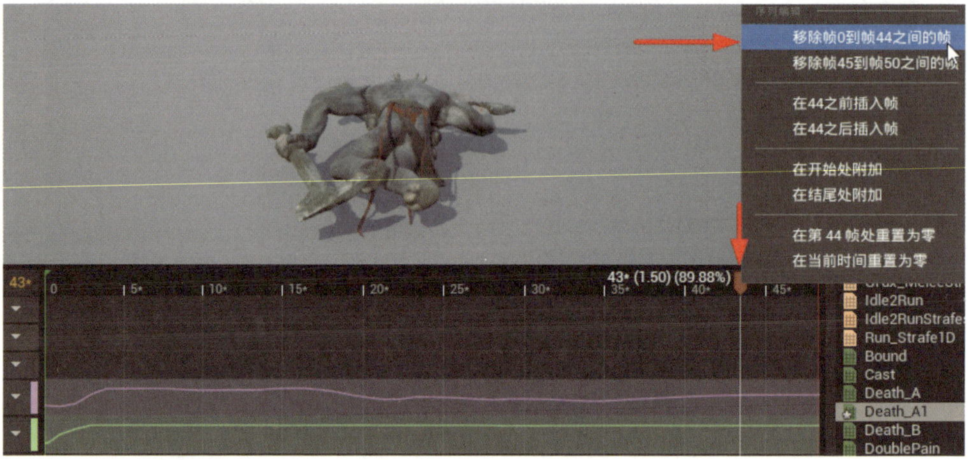

图6-5-6

继续删除多余的动画，只留下单帧，如图6-5-7所示。

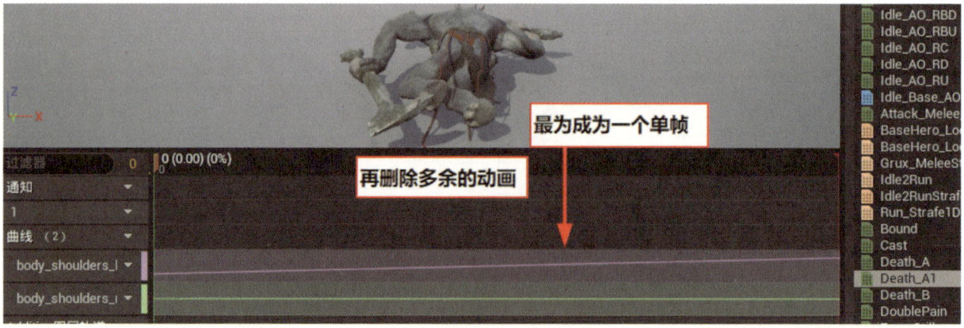

图6-5-7

进入敌方角色动画蓝图状态机中，增加一个状态节点，将其自定义为“death”，双击死亡节点，将其“输出动画姿势”设置为播放死亡动画，如图6-5-8所示。

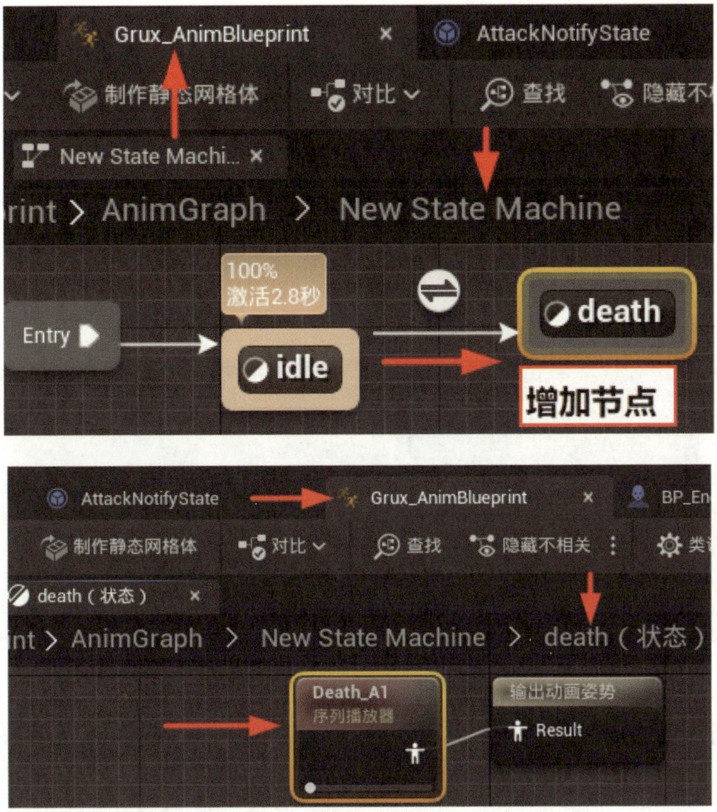

图6-5-8

点击状态机中双向箭头符号，新建布尔变量进行判断，命名为“death”，利用死亡布尔变量判断敌方角色是否进入死亡状态，如图6-5-9所示。

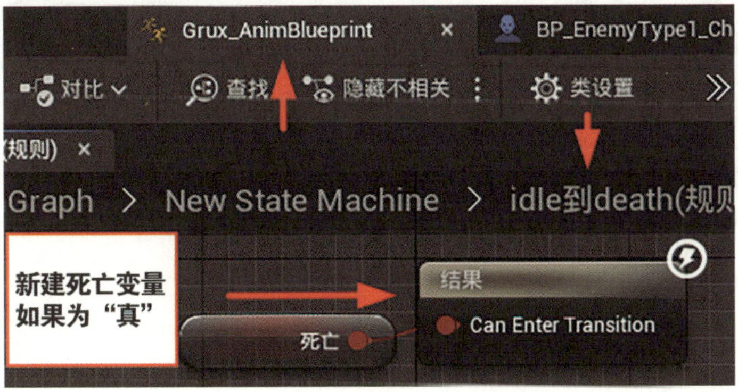

图6-5-9

在敌方角色蓝图中导入网格体节点获取死亡状态节点，连接“获取动画实例”，增加“类型转换为BP_Anim_Enemy”节点，右击选择“转换为纯类型转换”，设置死亡布尔变量节点进行判断，并将死亡布尔变量设置为“真”，判定死亡是否发生。由于在死亡动画播放完成后敌方角色才倒在地上，因此需要在运行该节点前连接一个延迟节点，其数值为死亡动画长度，如图6-5-10所示。当死亡动画出现并结束后，敌方角色保持躺在地上的死亡动画状态，如图6-5-11所示。

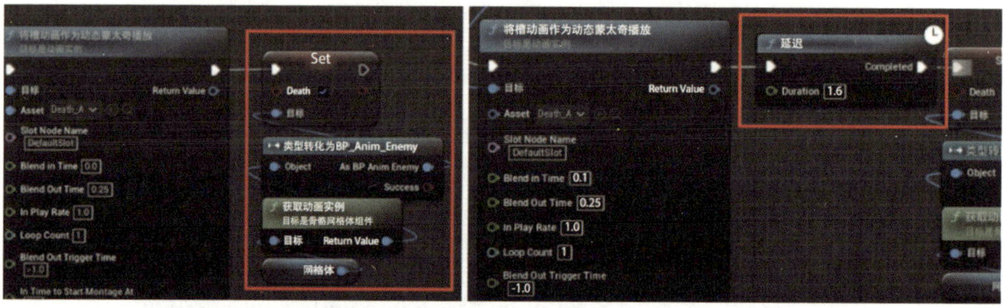

图6-5-10

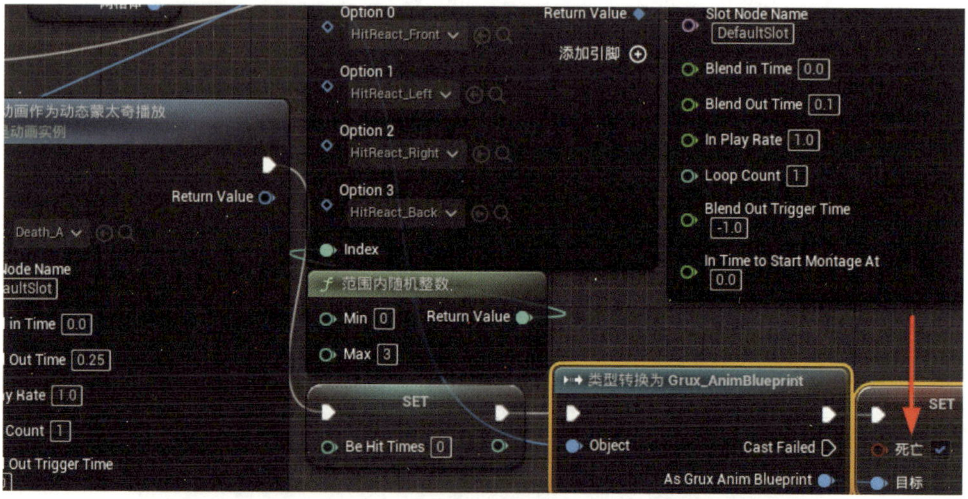

图6-5-11

编译后进入关卡中点击播放进行测试，发现敌方角色被击打死亡倒在地上后仍然被攻击，如图6-5-12所示。

图6-5-12

（4）修改敌方死亡后仍被击打的问题。

修改敌方胶囊体碰撞类型。敌方角色死亡后仍然会被玩家角色攻击，故需将敌方胶囊体碰撞类型修改为不碰撞的类型。通过敌方角色胶囊体组件节点添加碰撞对象类型节点，并设置为静态场景，如图6-5-13所示。将其与“分支判定”节点的接口进行连接，并将已经输出角色死亡动画与“将槽动画作为动态蒙太奇播放”节点相连接，如图6-5-14所示。

图6-5-13

图6-5-14

由于敌方角色死亡后会消失，故我们在敌方角色死亡倒地状态后增加“延迟”节点和“销毁Actor”节点，如图6-5-15所示，这样敌方角色会在死亡倒地两秒后消失。

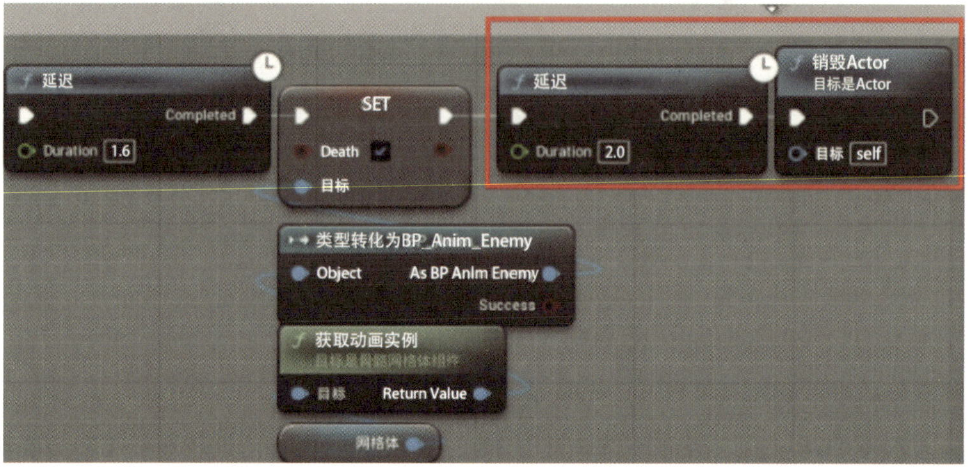

图6-5-15

将敌方角色蓝图胶囊体的碰撞预设修改为物理角色（死亡前），玩家角色可以同时识别和判断敌方角色碰撞类型，决定是否攻击该敌方角色，如图6-5-16所示。

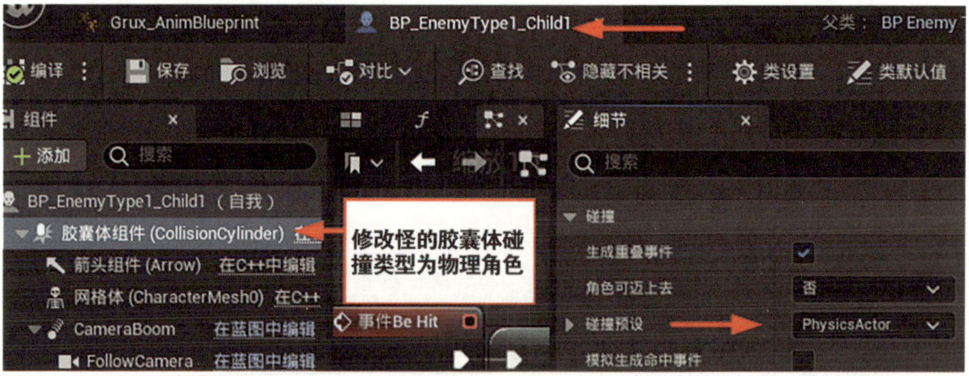

图6-5-16

将玩家角色攻击通知状态中的碰撞检测对象设置为物理形体，将其搜索类型设置为物理形体，如图6-5-17所示。

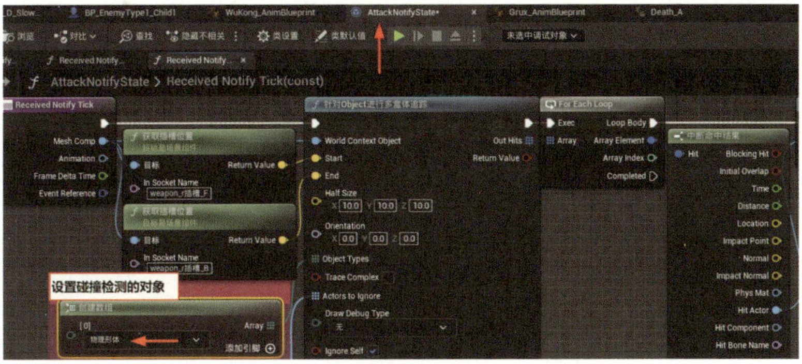

图6-5-17

为使敌方角色死亡动画自然舒畅，将死亡状态动画过渡时长设置为“0”，如图6-5-18所示。

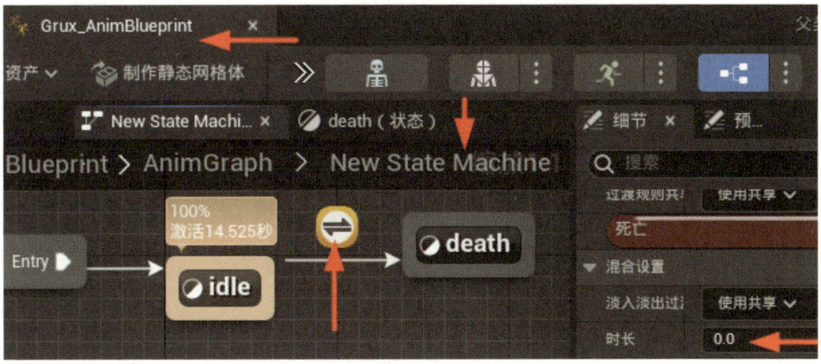

图6-5-18

编译后进入关卡中点击播放进行测试，发现敌方角色死亡倒地后不再受到攻击且会自动消失，如图6-5-19所示。

图6-5-19

第七章　AI 行为树使用基础

第一节　简单寻路

本节通过案例教学了解AI行为树使用的基本流程，并结合案例提前准备好五个元素（场景、角色、AI角色及所对应的动画蓝图、AI控制器）。接下来分步骤进行教学分析。

在虚幻引擎中新建文件夹并自定义为“第7章”，做好文件管理，以便进行项目制作和修改。如图7-1-1所示，将当前场景另存到“第7章”文件夹中。如图7-1-2所示，文件夹中导入第三人称角色和场景后，新建“AIController（AI控制器）”，随后为其重命名。接下来简单测试角色调用自己AI制作流程。将第三人称角色拖至场景中，如图7-1-3所示创建一个球体，可以给球体附着特殊颜色材质以便进行测试。如图7-1-4所示，进入AI角色蓝图中，在蓝图中增加一个事件开始运行节点。然后如图7-1-5所示，拖曳“事件开始运行”节点，在文字框内输入“移动到位置或Actor”，在蓝图空白处建立“获取AI控制器”节点，拖曳左侧蓝色点并输入“Self”，创建“获得一个对自身的引用”节点，在“获取AI控制器”节点右侧拖曳，在文字框内输入“移动到位置”并创建节点。如图7-1-6所示，右键点击“Dest”后选择“分割结构体引脚”，生成坐标轴数值。

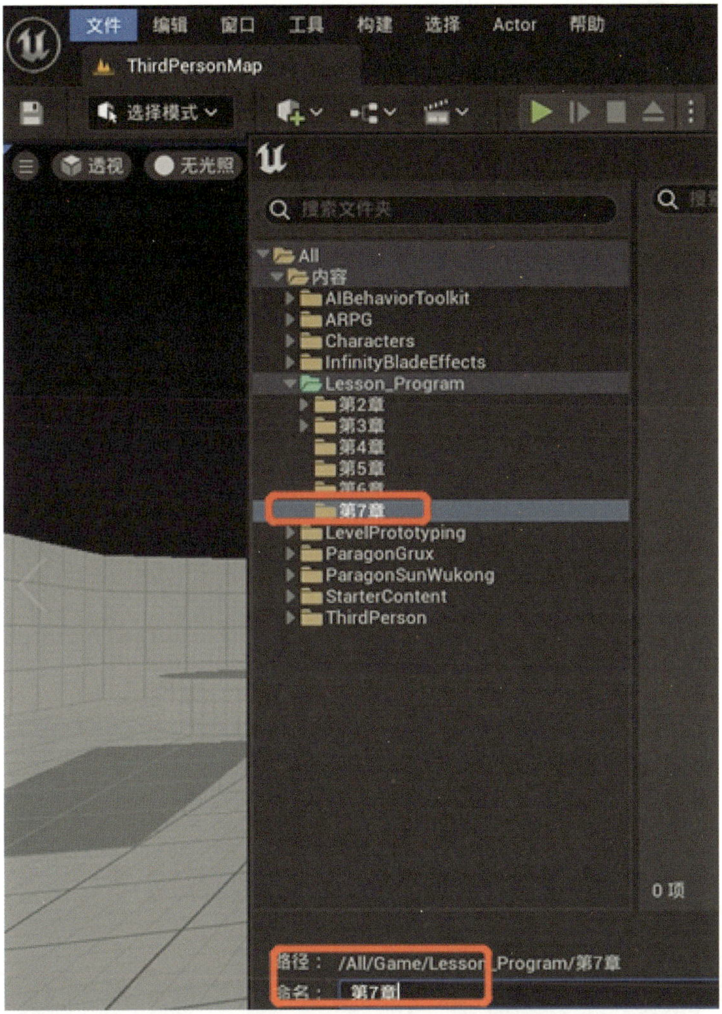
文件
编辑
窗口
工具
构建
选择
Actor
帮助
ThirdPersonMap
选择模式
透视
无光照
All
内容
AIBehaviorToolkit
ARPG
Characters
InfinityBladeEffects
Lesson_Program
第2章
第3章
第4章
第5章
第7章
LevelPrototyping
ParagonGrux
ParagonSunWukong
StarterContent
ThirdPerson
0 项
路径： /All/Game/Lesson_Program/第7章
命名： 第7章

图 7-1-1

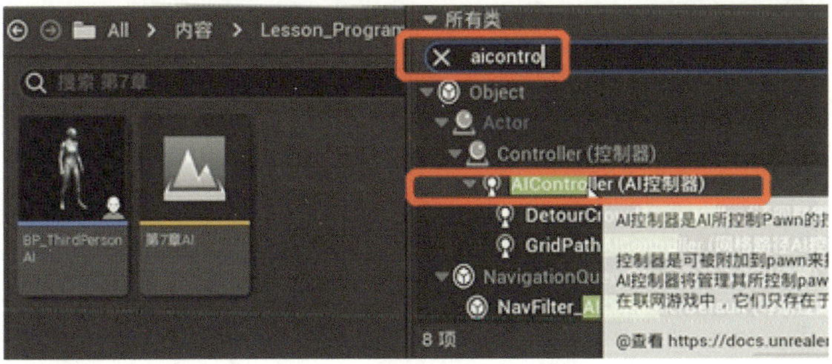
All
内容
Lesson_Program
所有类
aicontro
Object
Actor
Controller (控制器)
AIController (AI控制器)
8 项

图 7-1-2

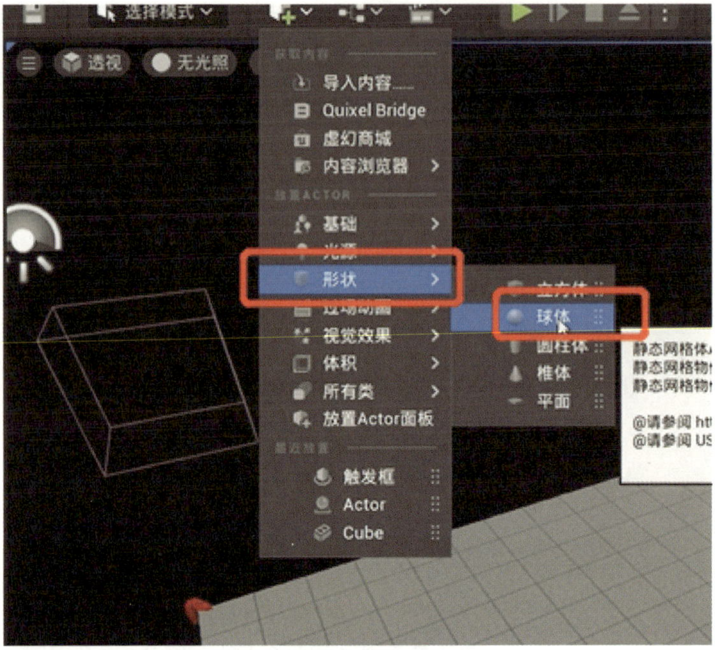

图7-1-3

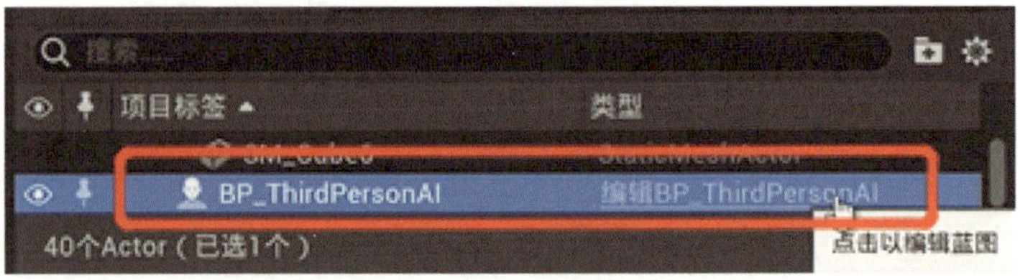

图7-1-4

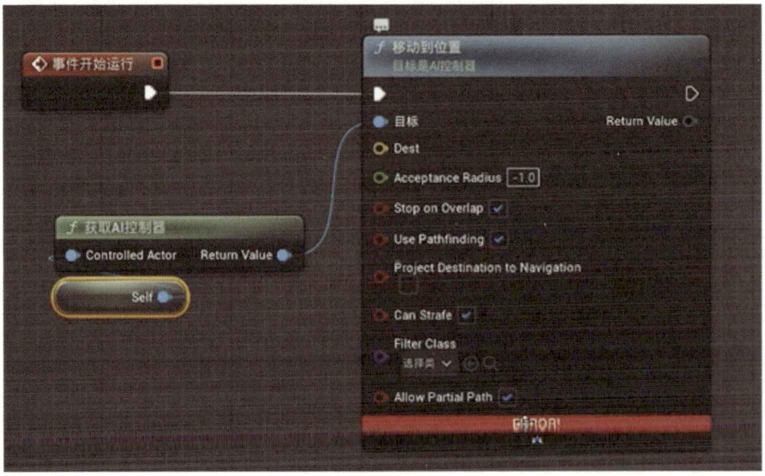

图7-1-5

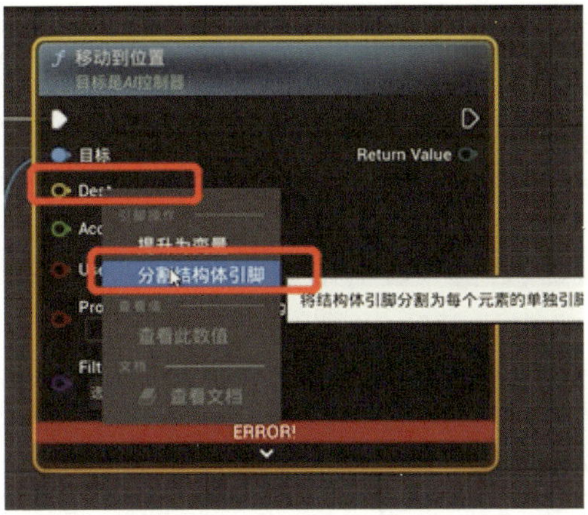

图7-1-6

如图7-1-7所示，在细节中输入“ai”选择默认的AI控制器，将“移动到位置”节点下的“Use Pathfinding”选项取消，编译并保存后回到播放状态下进行测试，默认角色沿路径自动走向圆球体。如果AI角色没有行走动画，可以新建动画蓝图。如图7-1-8所示，创建动画蓝图后进行重命名，并保存当前所有关卡。双击动画蓝图进入蓝图内部，如图7-1-9所示，首先获取角色速度，为其增加一个速度变量，随后创建“获取速度”节点，再创建“向量长度”，将变量“Speed”拖至蓝图空白处创建“设置Speed”，按照图中所示连接好相应节点并编译保存。最后回到网格体中，在“细节”中选择制作好的动画蓝图。

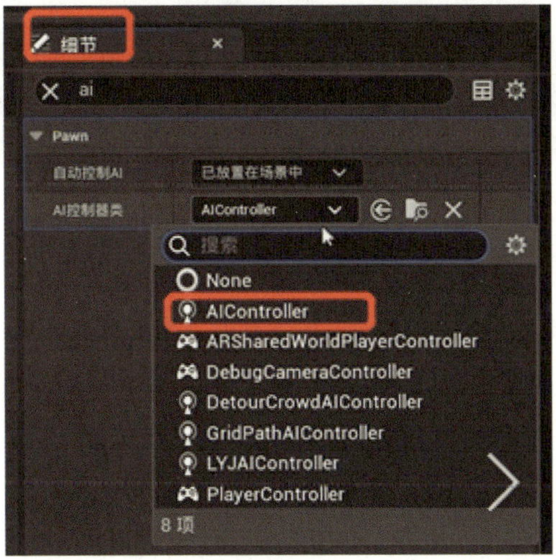

图7-1-7

图 7-1-8

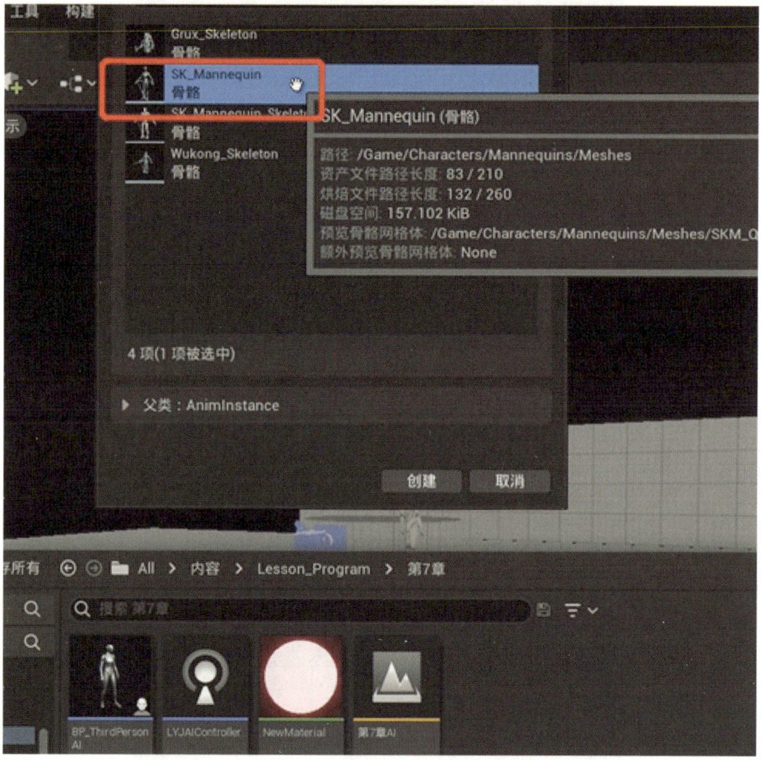

图 7-1-9

如图 7-1-10 所示，在动画蓝图中制作动画的状态。进入“AnimGraph”，在蓝图空白处点击右键输入“状态”并选择添加新状态机节点，随后与“输出姿势”节点中的“Result”连接。然后图 7-1-11 所示，双击进入状态机，拖曳“Entry”，点击“添加状态”，命名待机状态为“Idle”。双击进入“Idle”中，如图 7-1-12 所示，将“MM_Idle”拖至蓝图空白处并进行连接，随后编译并保存。如图 7-1-13 所示，要想获取速度值，通常会在对应的角色蓝图中增加动画混合空间，选择相同的骨骼后进行重命名，建议将全部名称统一，以便进行记录和管理。

图 7-1-10

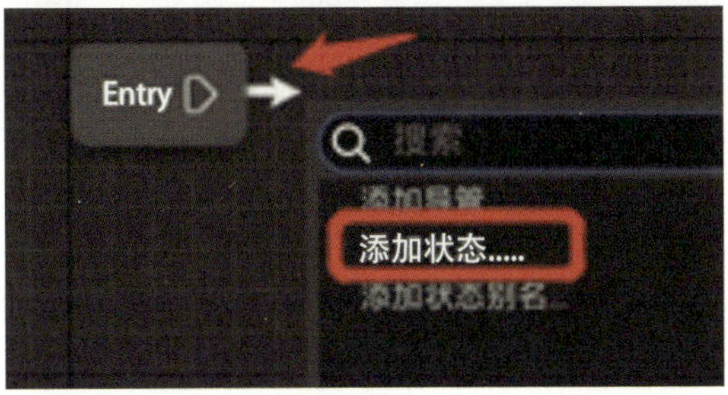

图 7-1-11

图 7-1-12

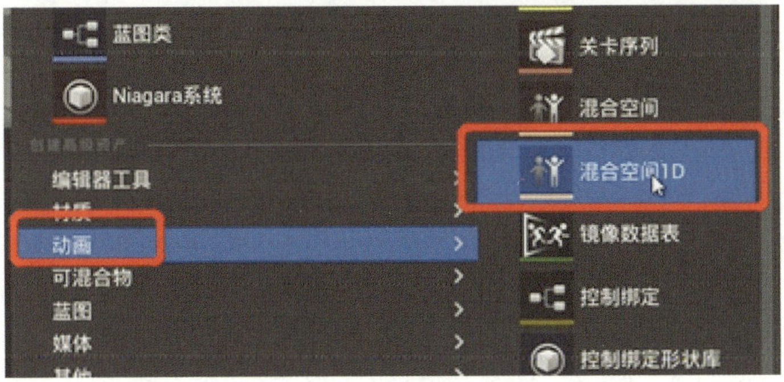

图 7-1-13

如图7-1-14所示，修改动画参数并将Idle数值拖到相应处调节动画角色的速度和姿势。调整好节奏后点击播放进行测试并编译和保存。此时的角色拥有从待机到走到跑步的过程，保存所有后回到游戏关卡中点击播放进行测试。

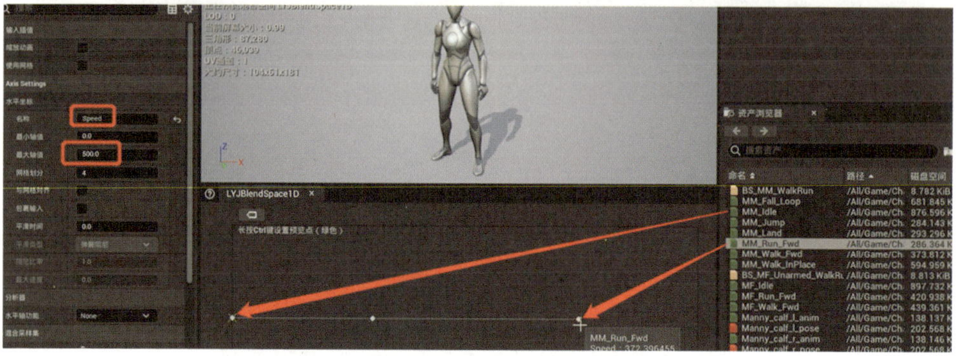

图7-1-14

如果AI角色被遮挡物体阻碍，可以通过制作自动寻路解决该问题。如图7-1-15所示，在AI角色和圆球点之间创建一个几何体，该几何体的作用是模拟遮挡路径。随后新建“寻路网格”，按“P”键显示路径所覆盖的行走区域，保存所有后点击播放进行测试。

图7-1-15

第二节　复杂 AI 行为：原地巡逻

本节通过具体案例学习制作游戏角色原地巡逻、寻找攻击目标等过程。制作前我们可以新建一个文件夹，放置复杂AI资源和第三人称角色等资产，以便进行整理与制作。接下来分步骤讲解具体操作。

如图7-2-1所示，从角色蓝图中拷贝“移动到位置”节点到图7-2-2所示蓝图中。随后如图7-2-3所示，将第三人称复杂AI角色拖至场景中寻路范围内进行测试，正常测试的结果是AI角色可以绕开阻挡物到达球体。普通的AI行为有事件运行、移动到位置及获取控制器功能，而复杂AI行为没有事件运行及复杂的调用。接下来将AI控制功能进行深入细化操作，创建更多的功能。

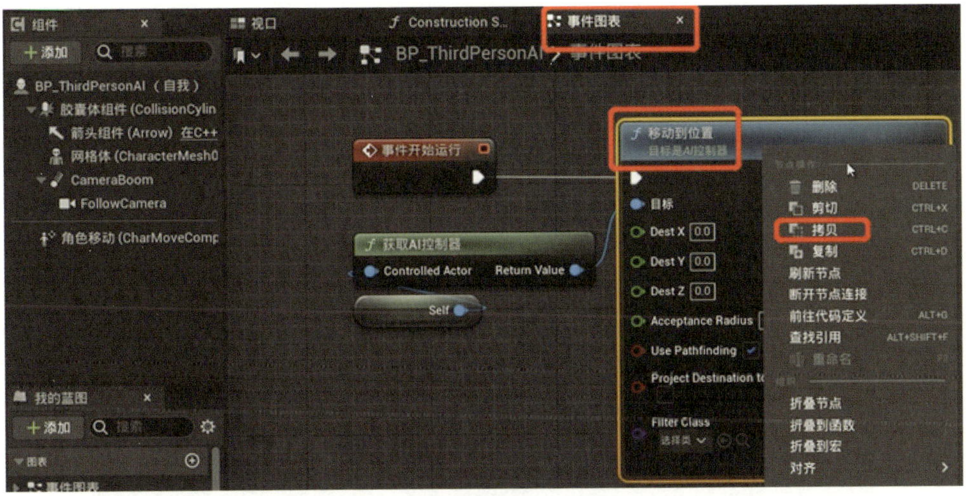

图7-2-1

BP_ThirdP复杂AI•
LYJAICtrl复杂
对比
查找
隐藏不相关
类设置
类默认值
模拟
视口
Construction S...
事件图表
LYJAICtrl复杂 > 事件图表
事件开始运行
移动到位置
目标是AI控制器
目标 self
Return Value
Dest X 0.0
Dest Y 0.0
Dest Z 0.0
Acceptance Radius -1.0
Use Pathfinding
Project Destination to Navigation
Filter Class
此节点被禁用，将不会被调用。
从引脚连出引线来编译功能。
事件Tick
Delta Seconds

图 7-2-2

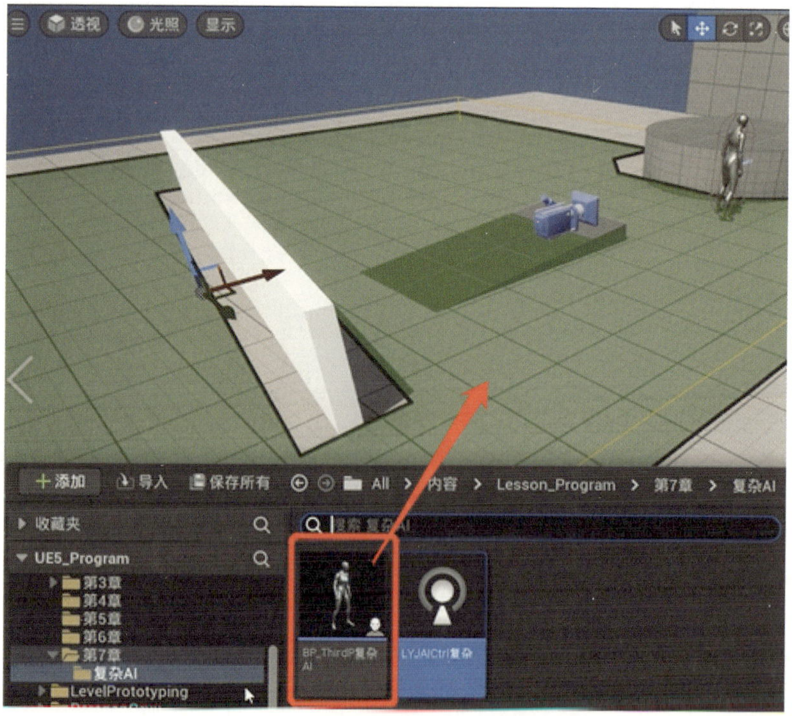
透视
光照
显示
添加
导入
保存所有
All > 内容 > Lesson_Program > 第7章 > 复杂AI
收藏夹
UE5_Program
第3章
第4章
第5章
第6章
第7章
复杂AI
LevelPrototyping
LYJAICtrl复杂

图 7-2-3

运作行为树。如图7-2-4所示，用右键双击空白处，在“人工智能”下找到“行为树”并创建节点，并命名为“BehaviorTree”。创建好行为树后要与行为树进行关联的是“黑板”，“黑板”是定义其中变量数据的工具。创建“黑板”的方式和创建行为树的方式一样，也是在“人工智能”下找到“黑板”进行创建，随后为“黑板”进行自定义命名并保存当前所有。图7-2-5中是复杂AI文件中准备好的项目，它们之间存在着关联性。第三人称角色和AI控制器的关系是在蓝图中输入AI并与之关联，此时该角色由AI控制。行为树可以在AI控制器中与“事件开始运行”连接，搜索“运行行为树”就可以为指定的角色设置行为。

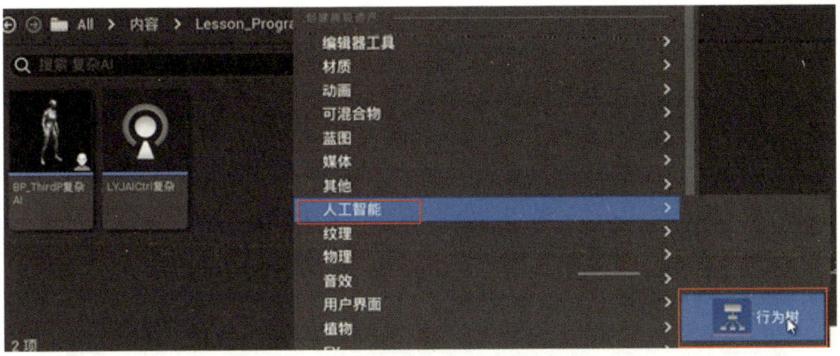

图7-2-4

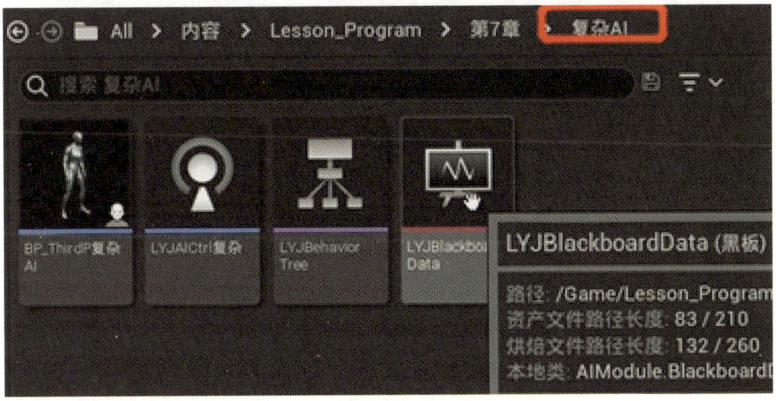

图7-2-5

制作行为树设计行为路线。双击打开行为树并为其设置一些基础数值。接下来开始制作原地巡逻的敌方角色，如图7-2-6所示，双击进入行为树中新建任务，随后如图7-2-7所示自定义命名并保存所有。

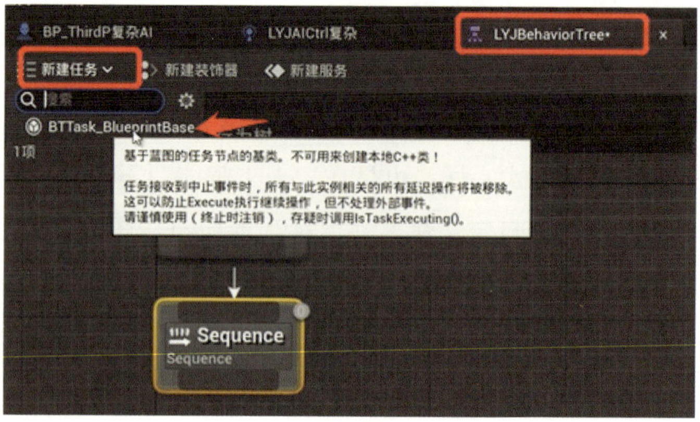

图7-2-6

图7-2-7

添加具体事件。如图7-2-8所示，在函数中创建“接收执行AI”。接下来设置基本变量，创建一个变量并命名为“随机巡逻位置”，如图7-2-9将“布尔”更改为“黑板键选择器”。创建好后在“黑板键选择器”后点选眼睛形状的图标，这意味着可以看到另外的节点。随后再创建一个变量并命名为“巡逻半径”，其属性更改为“浮点”。如图7-2-10所示，完成操作后拖动“随机巡逻位置”到蓝图空白处，选择获取“随机巡逻位置”并生成节点，再获取“将黑板值设为向量”并创建节点。然后将“巡逻半径”拖至蓝图空白处，选择获取“巡逻半径”并生成节点，在“巡逻半径”节点处拖曳文字框，输入“获取可导航半径内的随机点”，并按照图7-2-10所示对其进行连接。最后在“获取可导航半径内的随机点”节点中的“Origin”处用右键鼠标选择“分割结构体引脚”，“OriginX”半径数值更改为“1750”，这样角色就在这个半径数值内巡逻，随后编译并保存。

图7-2-8

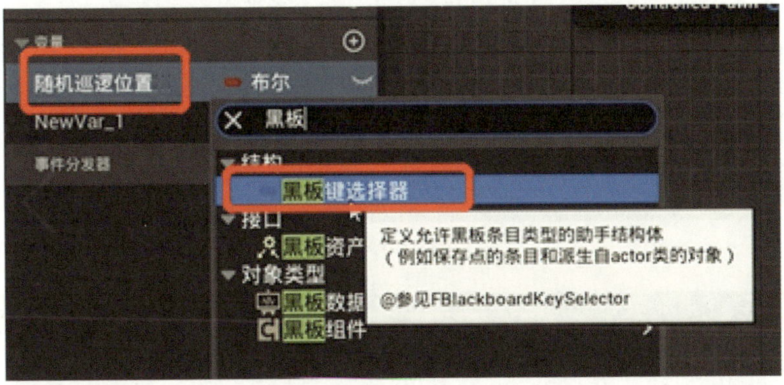

图7-2-9

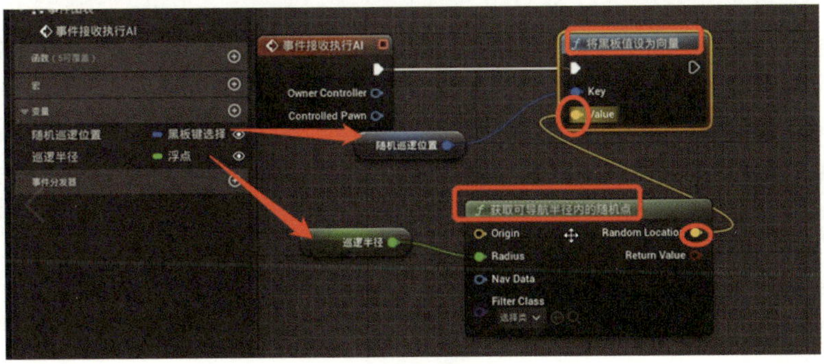

图7-2-10

如图7-2-11所示，在行为树的黑板中增加一个向量值，名字设置为“随机位置”并保存。如图7-2-12所示，在行为树中将“随机巡逻位置”设为“随机位置”并修改巡逻半径为“1000.0”。然后如图7-2-13所示，在行为树下建立“Move To”并将细节中黑板的“黑板键”修改为“随机位置”。最后如图7-2-14所示，在原地巡逻蓝图中的“将黑板值设为向量”节点中增加“完成执行”并选择“Success”选项。完成以上操作后编译并保存，回到关卡播放模式中测试游戏角色原地巡逻效果。

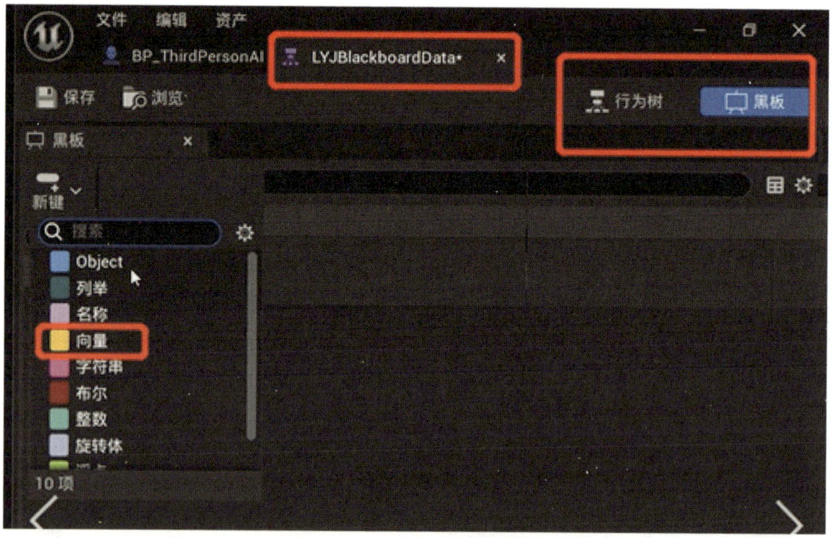

图7-2-11

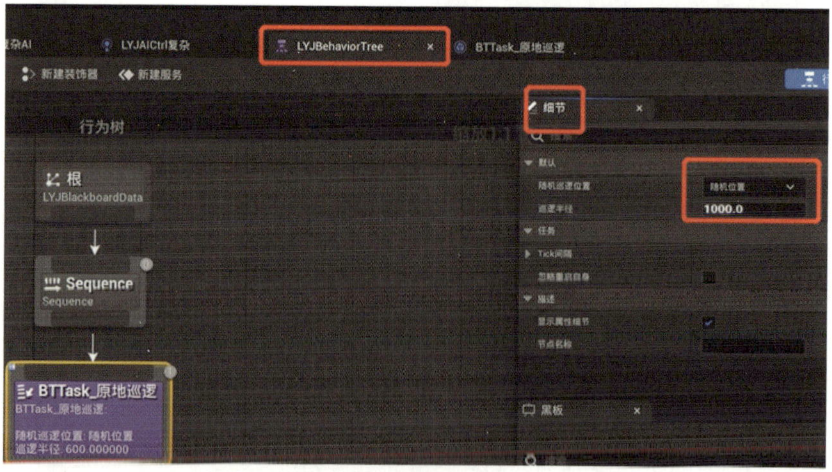

图7-2-12

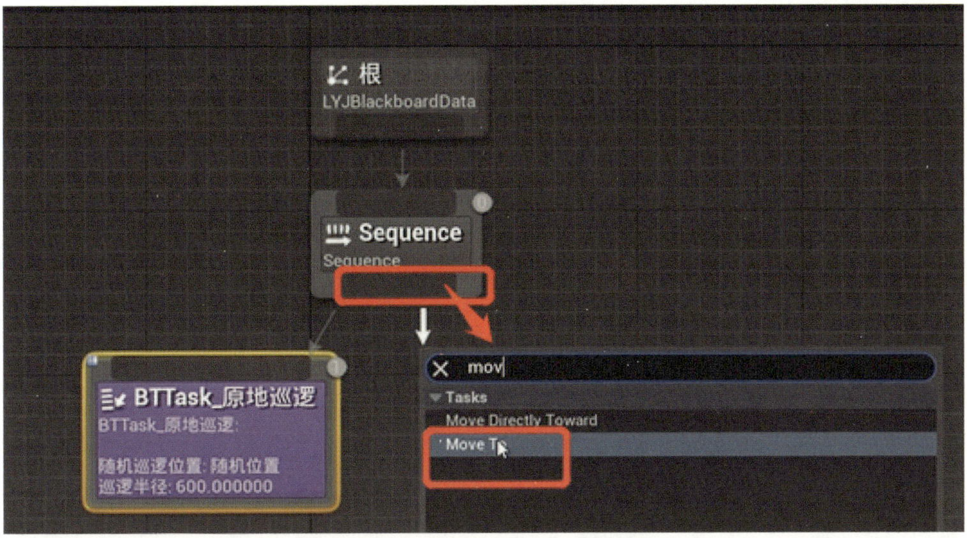

图 7-2-13

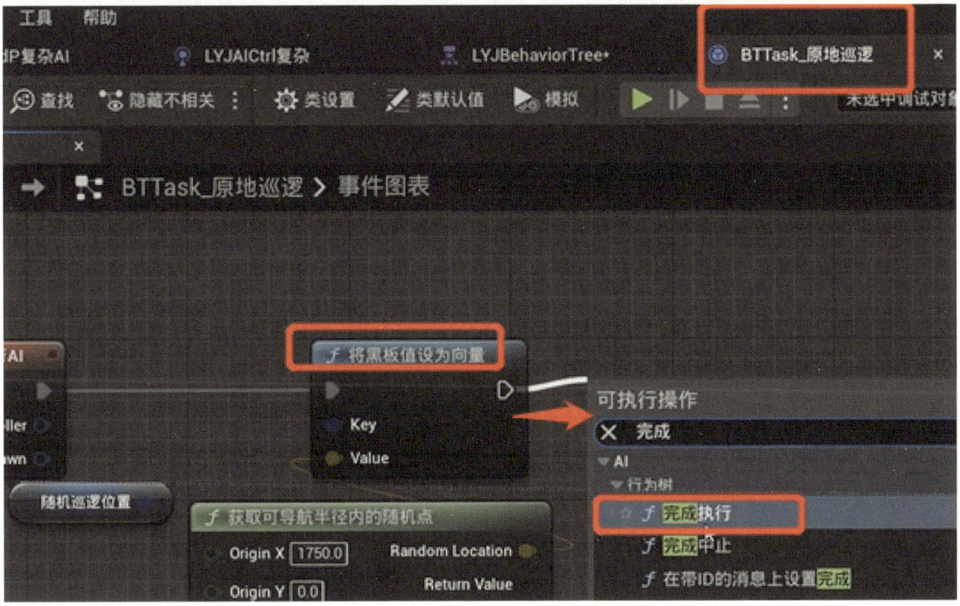

图 7-2-14

设置好以上内容后，发现巡逻角色一直在行走状态，因此需要细化。如图 7-2-15 所示细化游戏巡逻角色。在行为树中创建“Wait”，使角色休息等待 2 秒钟再巡逻。完成以上操作后编译并保存后回到游戏关卡中点击播放进行测试，测试内容是巡逻角色在半径为 10 米的范围内巡逻。

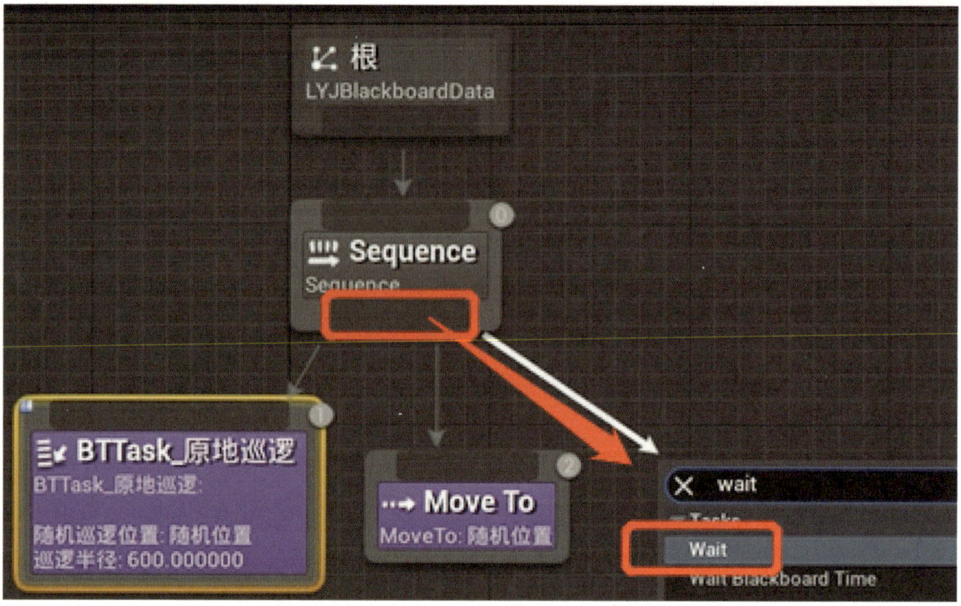

图 7-2-15

以上是原地巡逻的蓝图设置，主要是在行为树中新建任务，使用“事件”接收“执行 AI”，随后增加两个变量设定类型，再调整具体半径数值和随机巡逻等设置。任务完成后获得一个随机点，然后用“Move To”调整随机位置，使游戏角色的巡逻时长、节奏等效果更加逼真。

第三节　复杂 AI 行为：探测并追逐玩家

本节通过具体案例分步骤讲解智能感知人物，通过感知组件自动搜索人物，从而产生一系列反应。首先，需要 AI 感知组件。这个组件类似于一个智能监听器，可以获取角色信息。其次，有被感知的对象。AI 感知组件通过具体节点把感知到的信息存储下来应用到游戏角色中。下面分步骤进行教学分析。

双击打开 AI 控制器并为其增加感知组件，如图 7-3-1 所示，在“添加”中选择“AI 感知组件”。

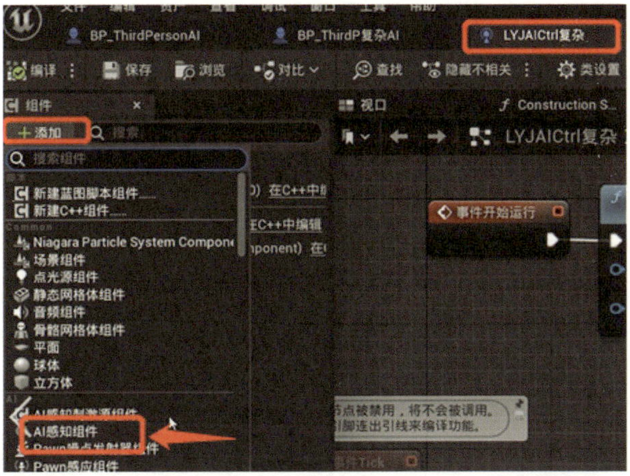

图 7-3-1

如图 7-3-2 所示，在 AI 感知组件的右侧栏“细节”中“感官配置”的“+”中选择“AI 视力配置”，随后按照图中的参考数值进行调整，参考数值根据实际制作情况进行更改，然后再勾选“按归属检测”中的信息内容。

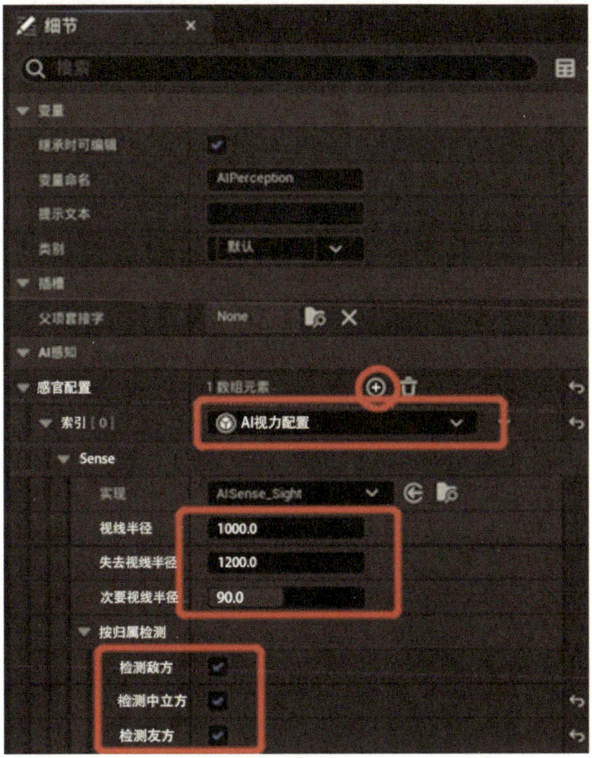

图 7-3-2

创建AI可以检测到的刺激源。如图7-3-3所示，在第三人称角色蓝图中增加一个“AI感知刺激源组件”。随后如图7-3-4所示，在右侧“细节”中的“注册为感官的源”下选取“AISENSE_Sight”，然后点击编译并保存。完成以上操作后就创建了感知组件与感知对象，然后回到播放模式下进行测试。按键盘上“Enter”左侧的引号符号可以显示信息参数，按键盘上的“4”可以显示AI感知范围。如图7-3-5所示，粉色的区域之外AI无法检测，绿色的范围是AI可以检测的范围。若调整视角，可以通过快捷键“Tab”退出第三人称视角，使用键盘上的“S、W、A、D”键移动视角。

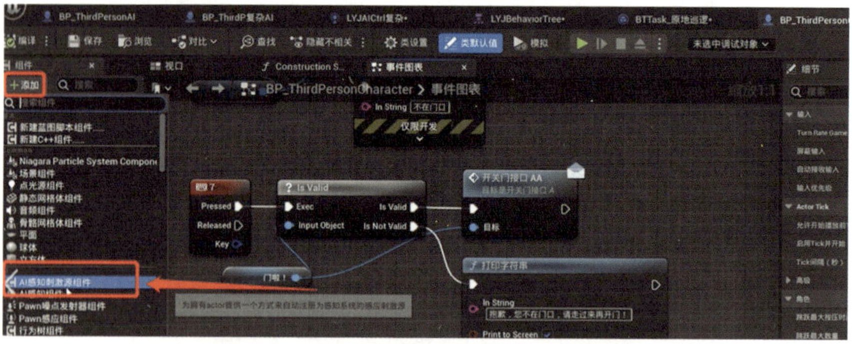

图7-3-3

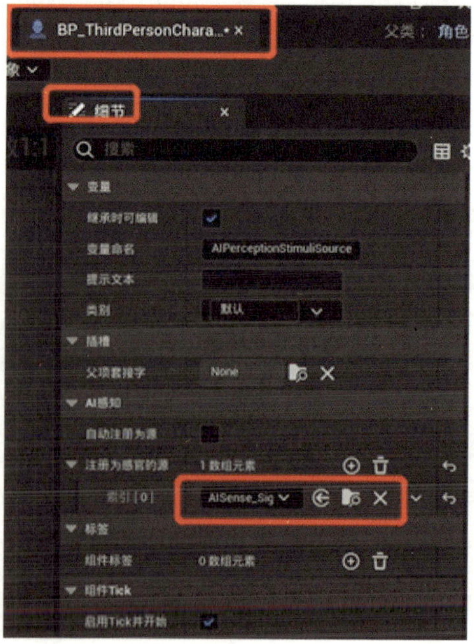

图7-3-4

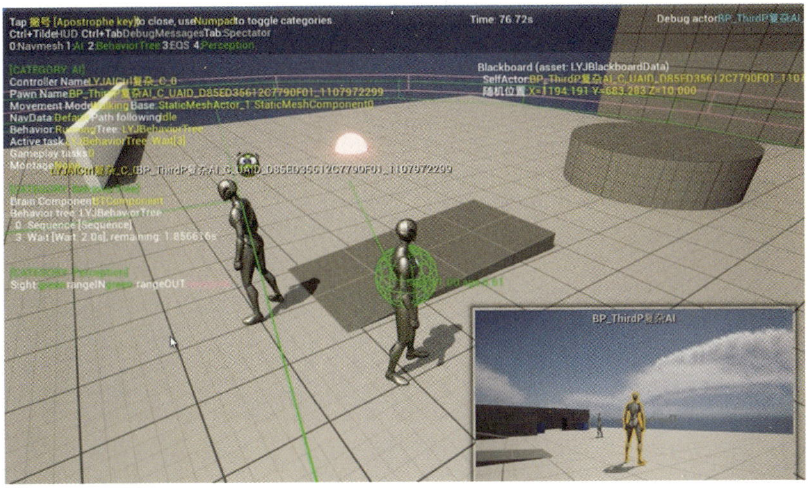

图 7-3-5

在 AI 中增加基本的识别组件与参数。把识别的物体设定为基本的变量后，再将变量传给“黑板”，由“黑板”执行对物体的追逐。如图 7-3-6 所示，在行为树中的“黑板”中增加“Object”并命名为“目标人物”。

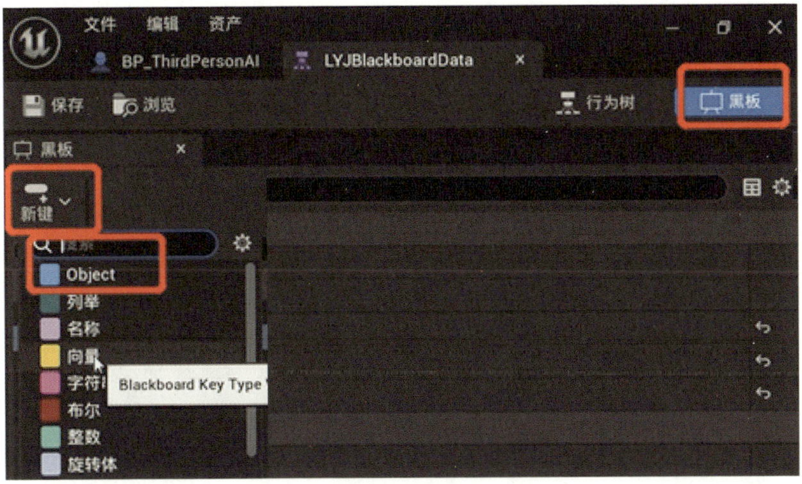

图 7-3-6

在控制器蓝图中新增一个获取黑板变量，再将其提升为一个变量。首先在蓝图空白处点击右键生成文字框并输入“获取黑板”，随后拖曳黑板右侧的节点选择“提升为变量”，如图 7-3-7 所示连接好相应节点。选中“提升为变量”节点后，在其右侧“细节”中命名为“AI BlackBoard”。

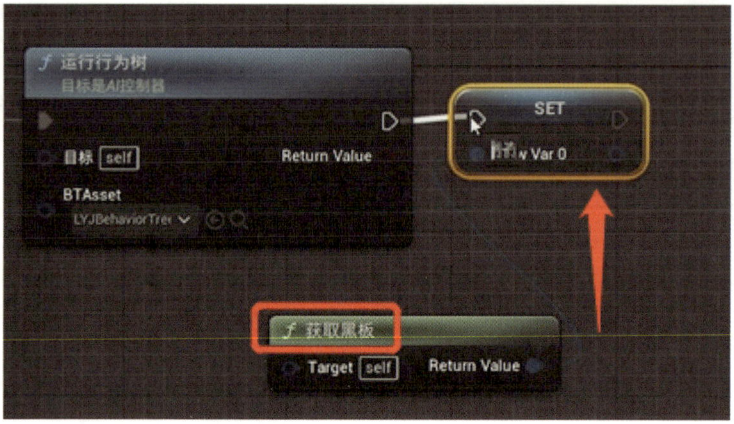

图7-3-7

增加感知组件。如图7-3-8所示，在“细节”中的“事件”下点击“目标感知更新时”右侧绿色的加号按键，进入蓝图内部。随后如图7-3-9所示，当目标感知更新时，把感知的类型转换为第三人称角色。然后如图7-3-10所示，将黑板组件拖动至蓝图空白处获取黑板节点，再点击“将值设为对象”。接下来如图7-3-11所示，在“将值设为对象”节点下的“Key Name”中拖曳，选择“提升为变量”并在“细节”中将其重命名为“目标人物”，同时在“细节”中的“默认值”中命名为“目标人物”并编译和保存。这样可以确保设置的数值与行为树中黑板中的值保持一致，制作好这一部分内容后把识别到的人物在行为树中进行设置。

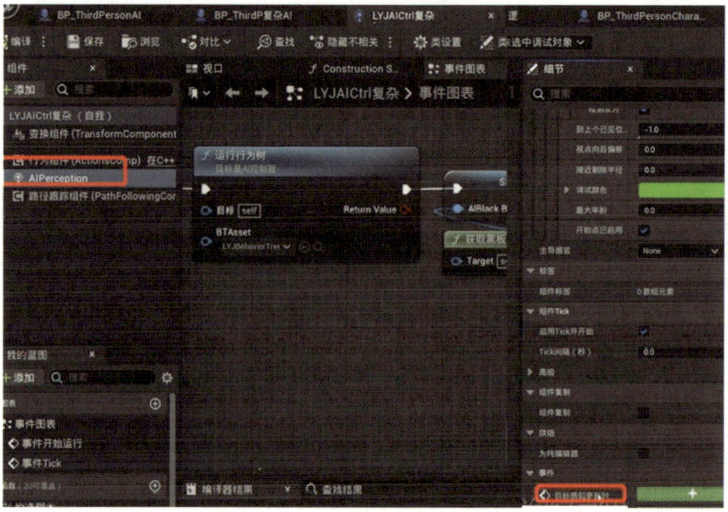

图7-3-8

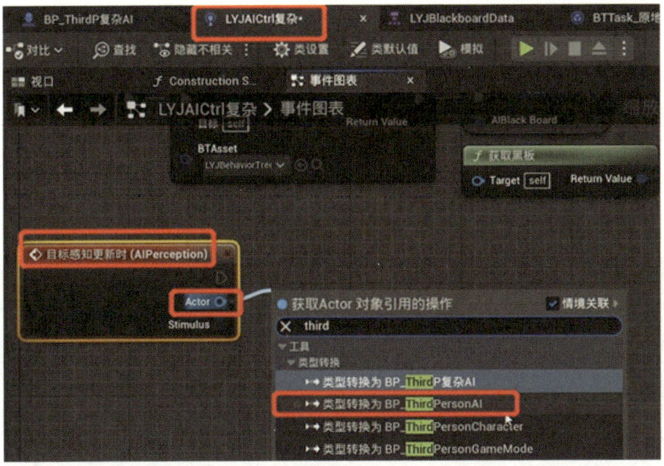

图 7-3-9

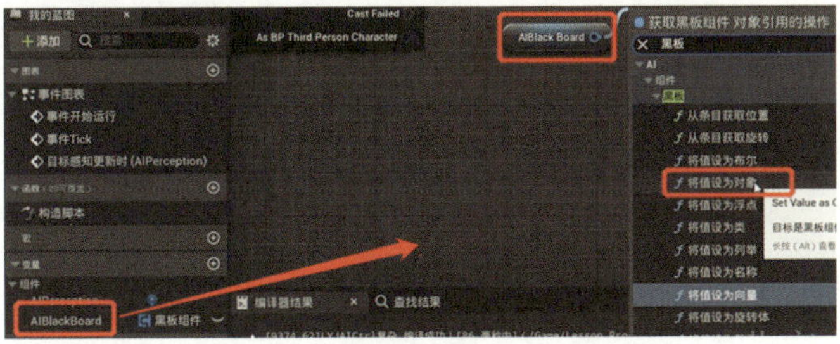

图 7-3-10

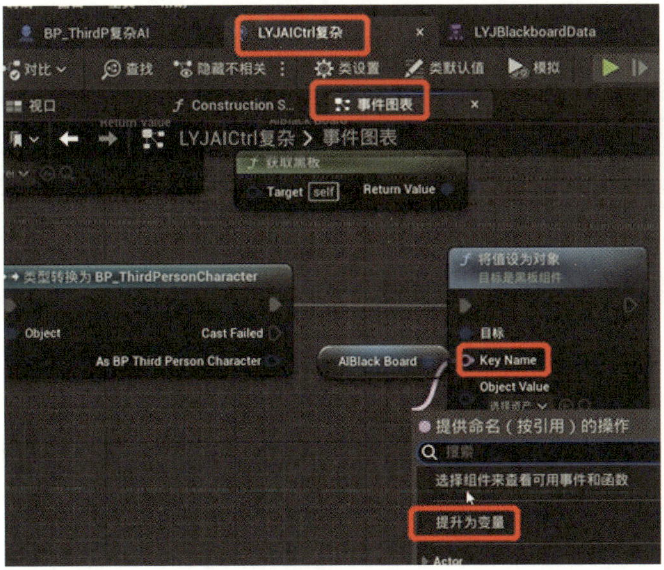

图 7-3-11

如图7-3-12所示，在行为树下“根”节点拖曳并选择“Sequence”，随后修改右侧“细节”栏中“描述”下的“节点名称”，可命名为“找到并追逐目标”。右击选择“找到并追逐目标”节点，在“添加装饰器”中找到“Blackboard”。“Blackboard”的作用是可以丰富条件，如果目标角色被赋予一定数值，就可以产生追逐效果。然后如图7-3-13所示，修改黑板键的参数为“目标人物”并进行命名。

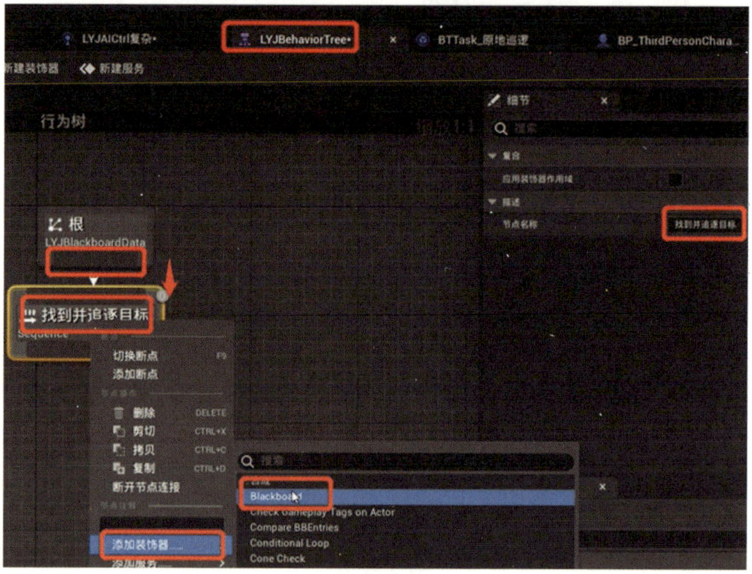

图7-3-12

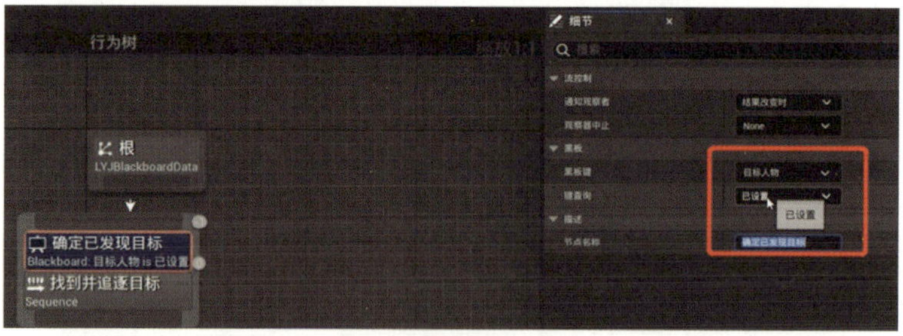

图7-3-13

如图7-3-14所示，在新建任务下选择“BTTask_BlueprintBase”，随后在命名中更改为“BTTask_MoveTo”。然后如图7-3-15所示，在函数中选择“接收执行AI”并生成节点。然后如图7-3-16所示，增加一个变量并命名为“目标人物”，随后将“布尔”修改为“黑板键选择器”并编译和保存。接下来拖曳“目标人物”变量到蓝图空白处，选择“获取目标人物”并成节点。接下来如图7-3-17所示，拖曳“目标人物”节点，在文字框内输入“将黑板值作为Actor获取”并建立节点，然后拖曳“事件接收执行AI”中的“Owner Controller”，并在文字框内输入“移动到Actor”并创建节点。制作时可以根据游戏实际设置情况修改“移动到Actor”下的半径值，半径数值约为1.0。再在“移动到Actor”节点处拖出文字框，输入“延迟”并建立节点，随后将“Duration”数值修改为“2.0”，再拖曳“延迟”节点下的“Completed”，输入“完成执行”并创建节点。接下来选择“完成执行”节点下的“Success”并编译和保存。

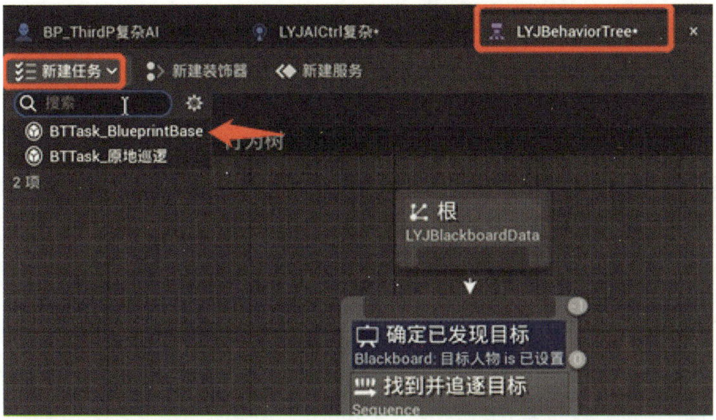

图7-3-14

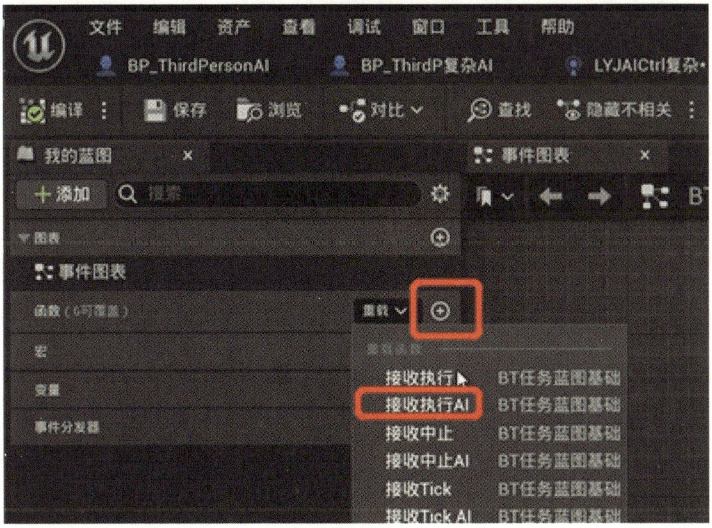

图7-3-15

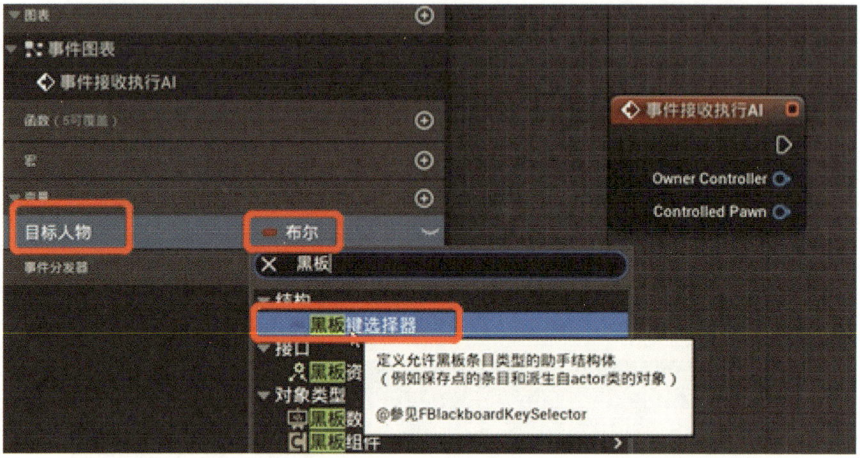

图7-3-16

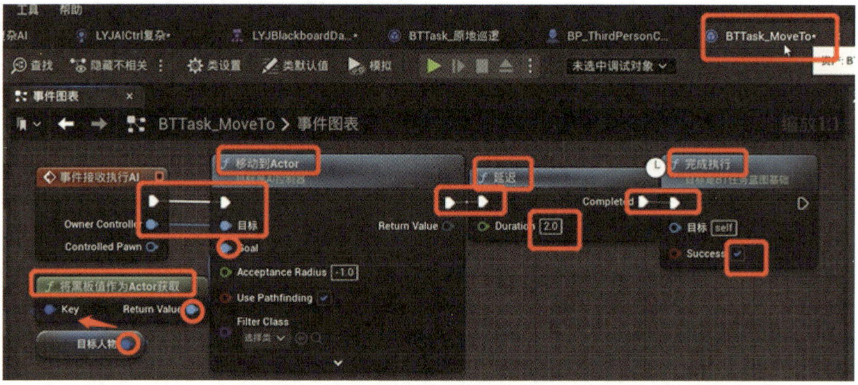

图7-3-17

如图7-3-18所示，在行为树中拖曳、选择“BTTask_MoveTo”并生成节点，随后再生成节点“Wait”并将等待时间修改为“2.0”。接下来如图7-3-19所示，给“Sequence”添加一个黑板装饰器，将参数“黑板键”修改为“目标人物”,“键查询”设为“未设置”，节点命名为“没有发现目标”并保存。最后如图7-3-20所示，将观察器终止设置为“Self”，编译并保存后回到游戏关卡播放状态下测试人物行走速度。制作时可以根据游戏制作实际情况调整参数，保证游戏人物追逐巡逻的自然状态，测试游戏角色在原地巡逻后触发玩家活动范围并向目标自动巡逻情况。

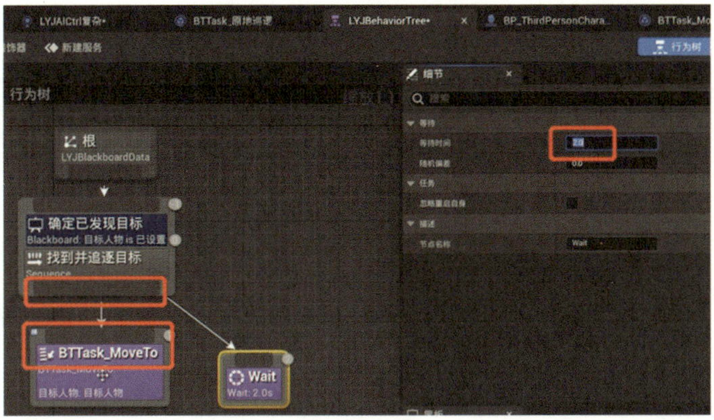

图 7-3-18

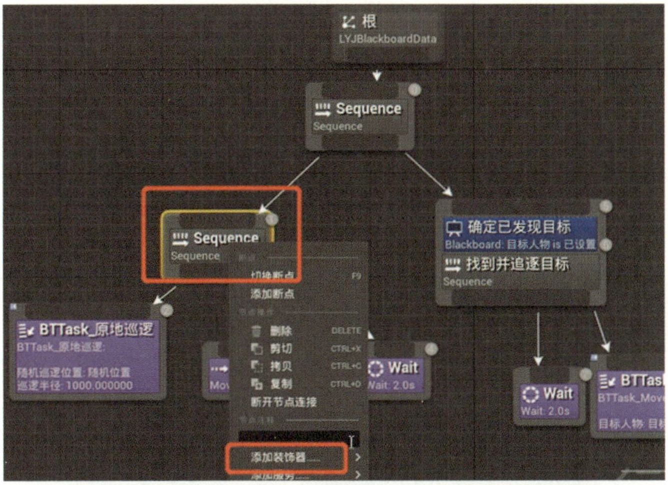

图 7-3-19

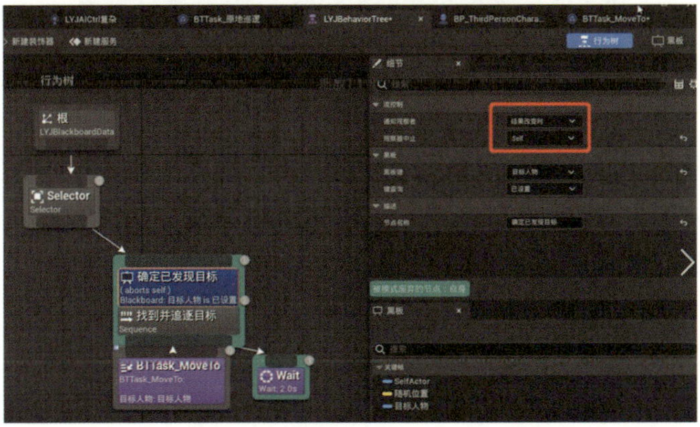

图 7-3-20

第四节　复杂 AI 行为：修改速度、从追逐返回巡逻、平衡玩家节奏

本节通过具体案例制作游戏角色从原地巡逻到发现巡逻范围内目标从而进行追逐，以及当目标人物离开巡逻范围时角色回到巡逻状态的内容应用。之前已经制作好原地巡逻、发现目标，下面讲解修改速度和降低速度等具体细节。

如图 7-4-1 所示，新建服务并重新命名。随后如图 7-4-2 所示，在函数中创建“接收启用 AI”节点。随后如图 7-4-3 所示，提取“事件接收启用 AI”节点，输入“类型转换为 BP_ThirdP 复杂 AI”并创建节点，在该节点下的“As BP_ThirdP 复杂 AI”处创建“角色移动”节点，接下来在“角色移动”节点中拖曳获取“获取 Max Walk Speed”节点。随后在变量中增加一个“浮点”并重命名为“最大行走速度”，再将“最大行走速度”拖至蓝图空白处，选择“获取最大行走速度”，随后编译并保存当前设置。

图 7-4-1

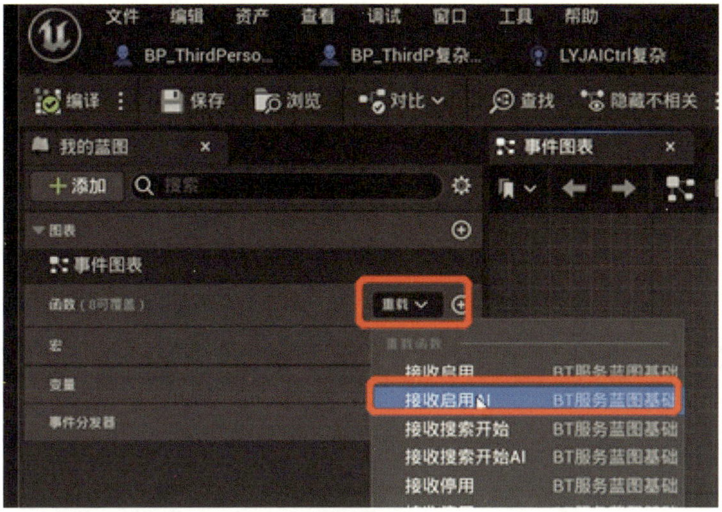

图 7-4-2

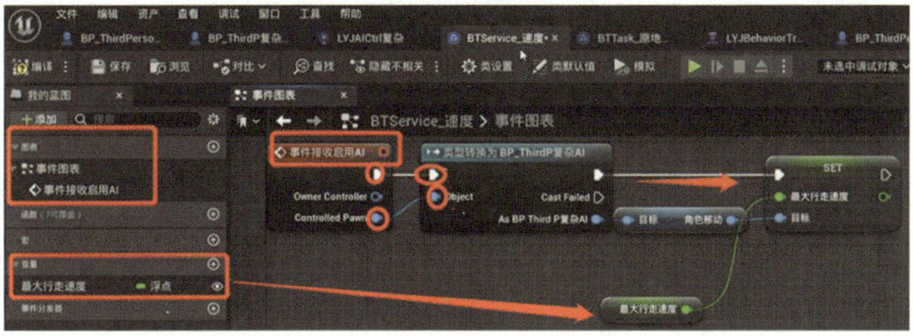

图 7-4-3

如图 7-4-4 所示，回到行为树蓝图中，在“确定已发现目标”节点下右键点击“增加服务”，选择“BTService_速度”并生成节点。随后调整具体行走参数值和巡逻数值等信息，可以根据游戏制作情况进行具体调整，随后保存所有。

图 7-4-4

第八章　怪兽的攻击

第一节　自动追踪并攻击玩家的AI怪

本章通过具体案例讲解游戏关卡中自动追踪并攻击玩家的AI怪和玩家的被攻击状态。第一节主要是制作自动追踪并攻击玩家的AI怪兽，制作前需要创建第八章的文件夹，并将“BPWukong”修改为可以控制的角色后放入关卡中，复制Enemy子类和AI、行为树等基础准备。接下来分步骤讲解具体内容。

如图8-1-1所示，新建文件夹并命名为“第8章”，随后复制之前已经制作好的游戏角色，在大纲中的“编辑”下拷贝角色，打开第八章的游戏关卡，同样在“编辑”中粘贴角色。成功复制角色后，如图8-1-2所示，在文字框输入“pawn”，将“自动控制玩家”设置为“玩家0”后可以直接控制角色。

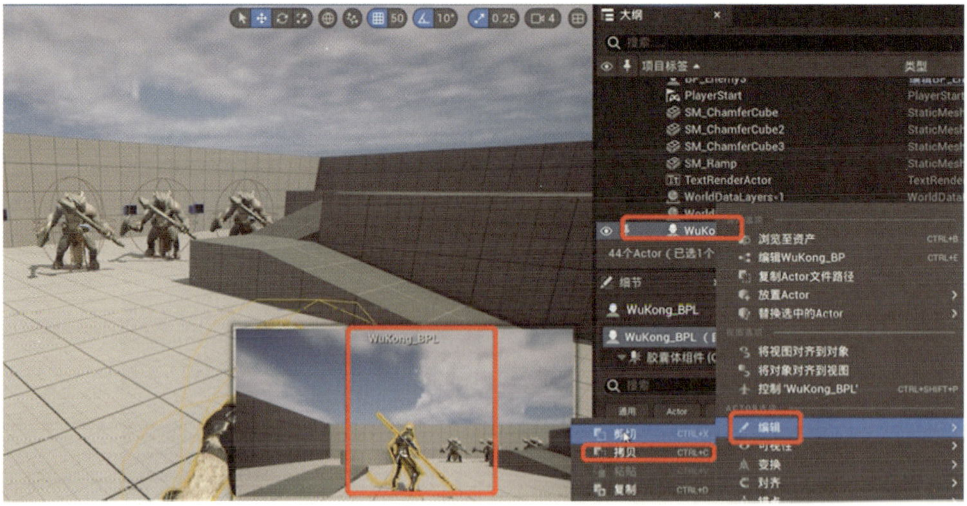

图8-1-1

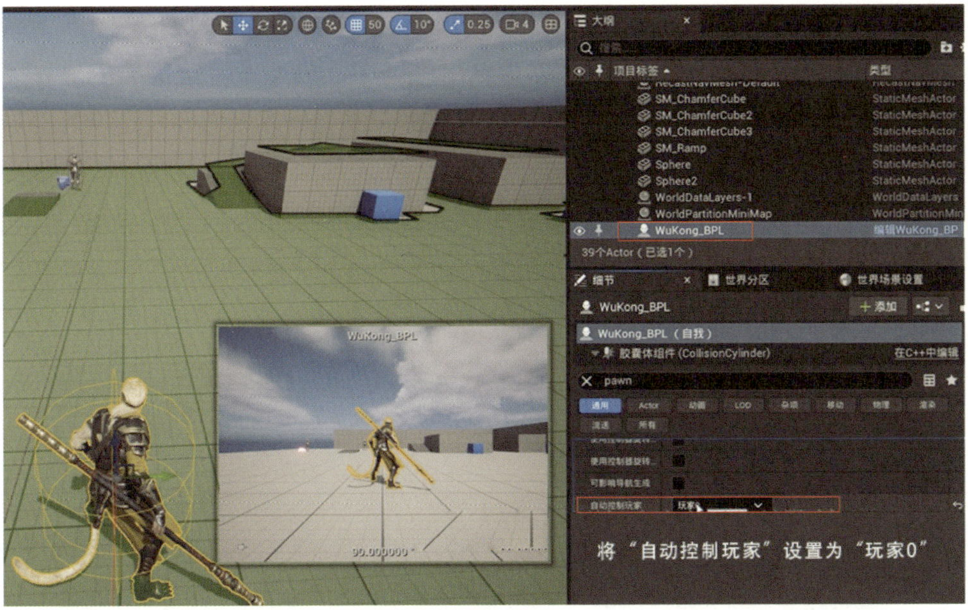

图 8-1-2

如图 8-1-3 所示，复制之前做好的"复杂 AI"和行为树并拖动至第八章文件夹中。随后将复制好的"复杂 AI"和行为树重新命名为"战斗"并保存当前所有。

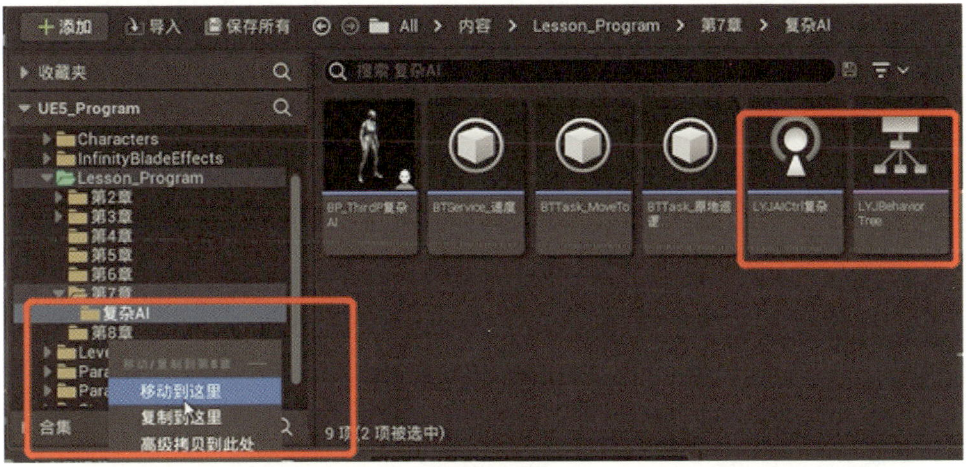

图 8-1-3

如图 8-1-4 所示，复制之前做好的怪兽蓝图，在大纲中选中要复制的角色后按"Ctrl+B"打开蓝图位置，用鼠标右键点击蓝图框选择"创建子蓝图类"，随后用鼠标左键拖曳该子类至第八章的文件夹中。随后如图8-1-5所示，进入子蓝图类内部。接下来如图8-1-6所示，为该角色绑定查找AI战斗，随后编译并保存。如果之后修改子蓝图类信息，则需要在其父类中修改相应的节点设置。基本设置设好后，双击AI战斗后进入内部修改节点设置。然后如图8-1-7所示，将“运行行为树”的设置修改为“战斗”的功能设置，随后修改识别悟空的角色，拖曳Actor后选择“类型转换为WuKong_BP”。图8-1-8是设置好的AI战斗蓝图节点，设置完成后编译并保存。

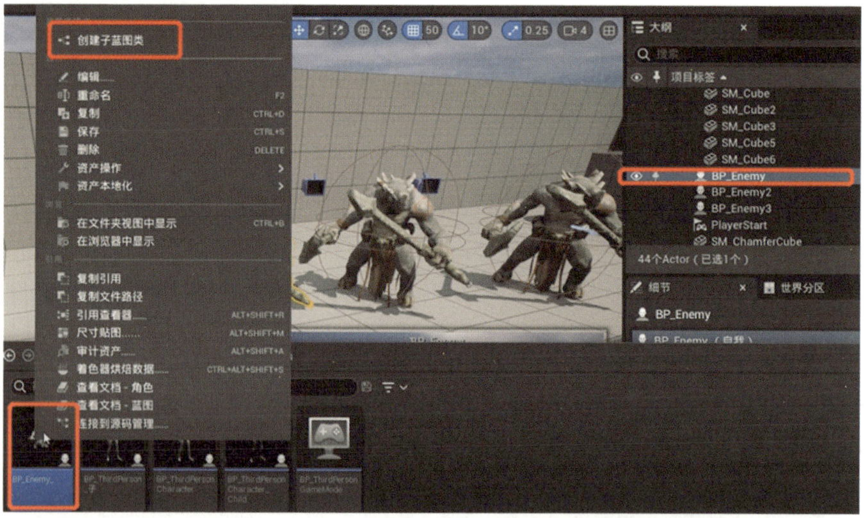

图8-1-4

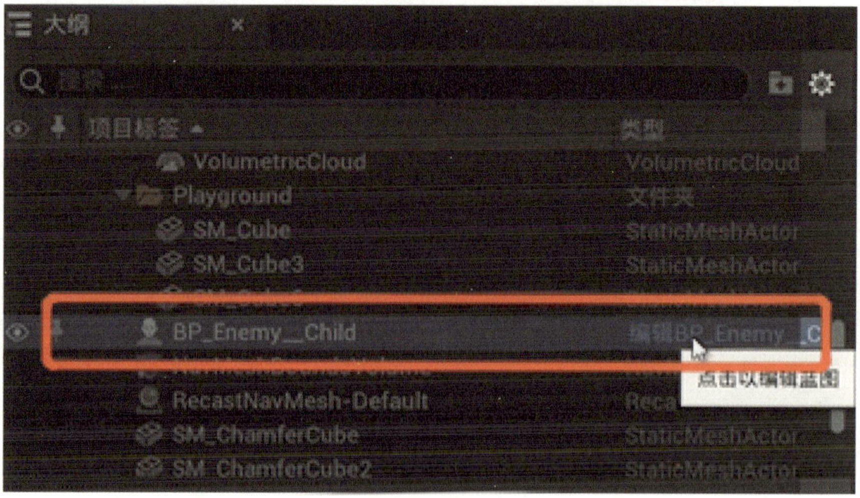

图8-1-5

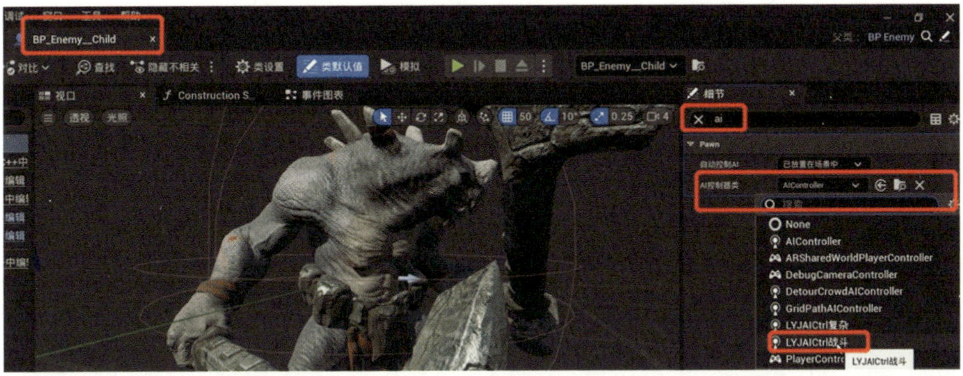

图8-1-6

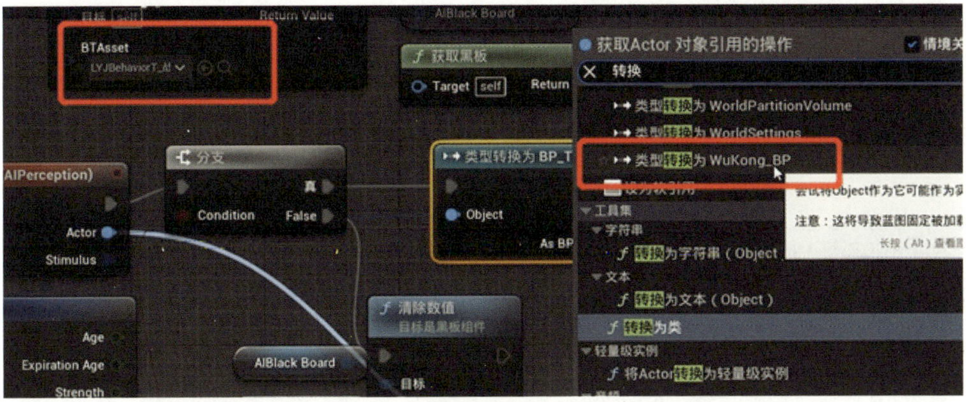

图8-1-7

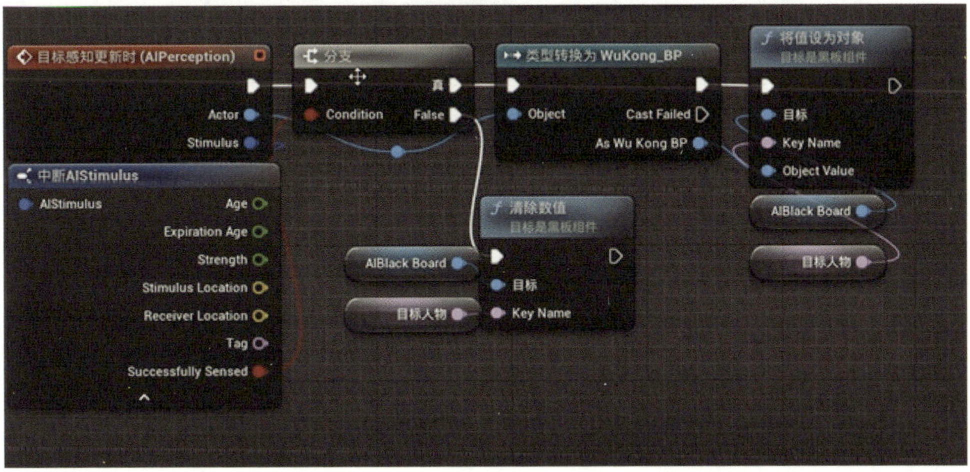

图8-1-8

如图8-1-9和图8-1-10所示，在蓝图空白处点击右键新建“混合空间”，随后选择怪物角色骨骼并重命名为“RunBlendSpace1D”。双击进入“混合空间”，将“名称”修改为“Speed”，将“最大轴值”调整为“500.0”，设定动画速度范围值为“400.0”。当角色移动速度超过“400.0”时，角色从行走状态转换为奔跑状态。编译并保存当前设置内容。

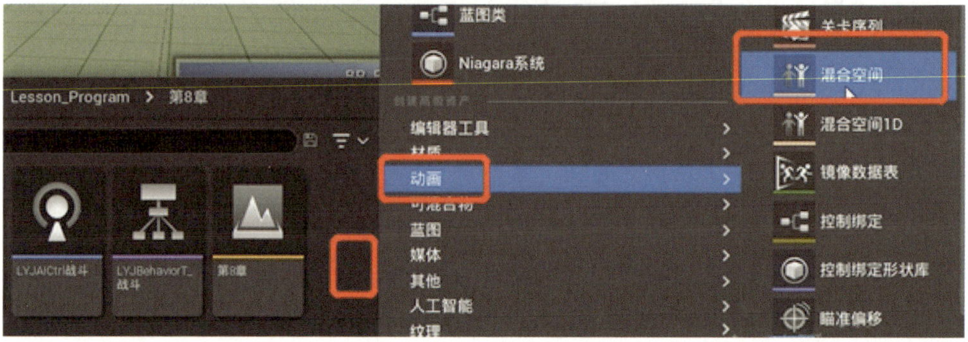

图8-1-9

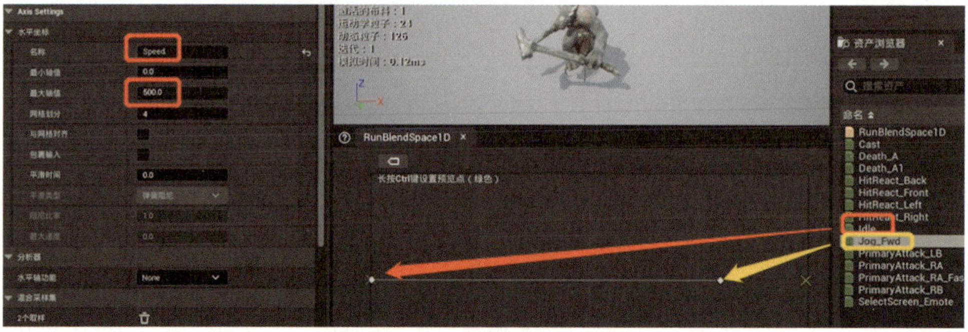

图8-1-10

如图8-1-11所示，在怪兽的动画蓝图中双击进入“Idle”，随后将右侧栏内制作好的“混合空间”拖动至蓝图空白处，再增加一个浮点变量并命名为“Speed”，拖动浮点“Speed”到蓝图空白处并选取“获取Speed”，由速度来决定“混合空间动作”的变化，随后编译并保存当前设置的内容。

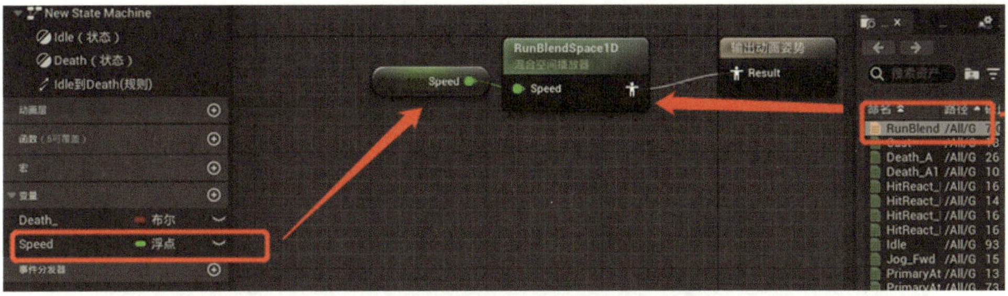

图8-1-11

如图8-1-12所示，在怪兽动画蓝图的事件图表中拖曳变量中的“Speed”至蓝图空白处，选择“设置Speed”并生成节点。接下来在“尝试获取Pawn拥有者”下拖曳、获取“获取速度”节点，随后在“获取速度”节点下拖曳、获取“向量长度”节点。连接好相应节点后点击编译并保存，然后回到游戏关卡播放模式下测试内容。

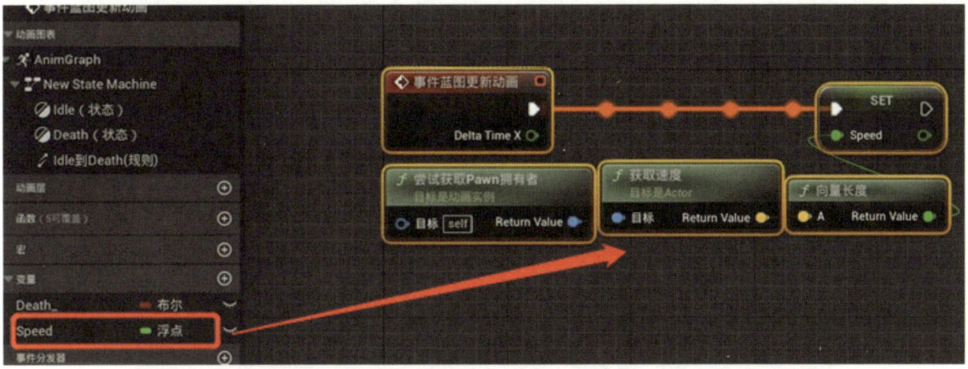

图8-1-12

打开怪兽的“父类蓝图”，在事件图表中修改参数，将被击打的数量修改为“60”。随后如图8-1-13所示，在行为树下增加一个攻击功能，在“新建任务”中选择“基础”，随后将其保存在第八章内并命名为“行为树任务的攻击”。随后如图8-1-14和图8-1-15所示，在“BTTask_攻击”事件图表中“函数”下新建“事件接收执行AI”，然后在“事件接收执行AI”下拖曳并输入“转换”，选择“类型转换为BP_Enemy_Child”的子类，生成节点后在其节点中获取“获取动画实例”。接下来在“获取动画实例”节点中拖曳、获取“将槽动画作为动态蒙太奇播放”节点。由于该节点需要执行攻击事件，因此我们在“Asset”下选择与攻击相关联的攻击动画序列。播放槽动画需要有默认槽，修改“Slot Node Name”的属性。若延迟槽动画播放长度，则需要在“将槽动画作为动态蒙太奇播放”节点拖曳、创建“延迟”节点，参数修改为“1.1”，为“延迟”节点创建“完成执行”节点并选择“Success”。以上关于攻击的蓝图节点已经设置完成，编译并保存后回到游戏关卡播放模式下测试游戏内容。

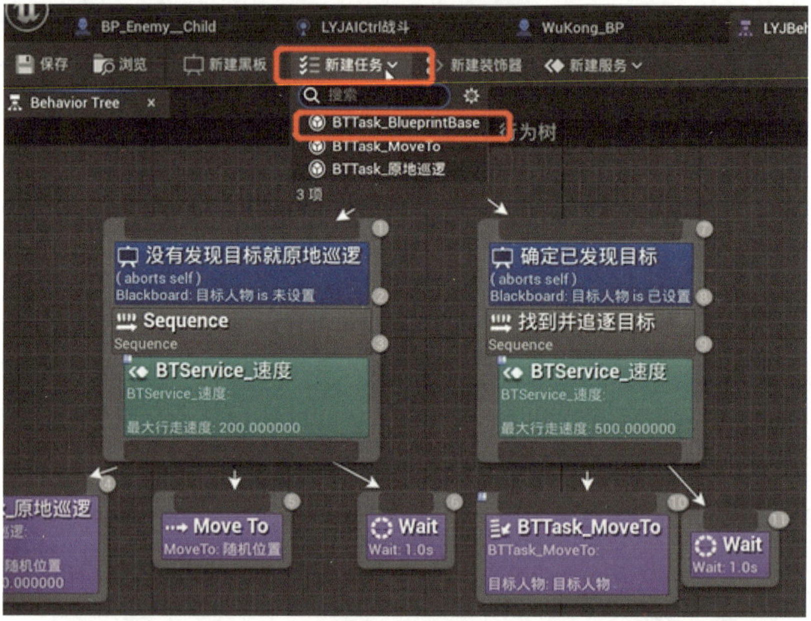

图8-1-13

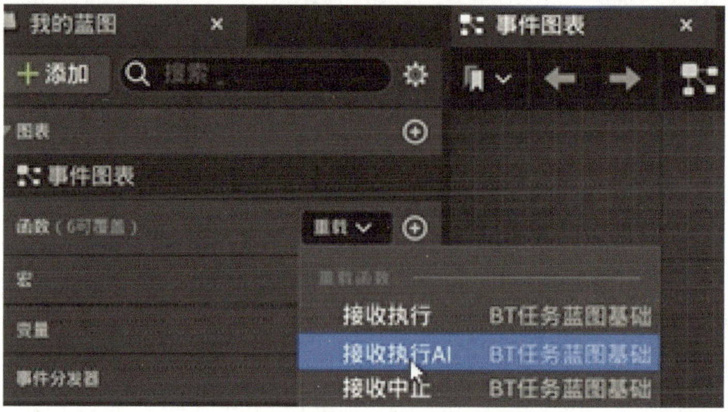

图8-1-14

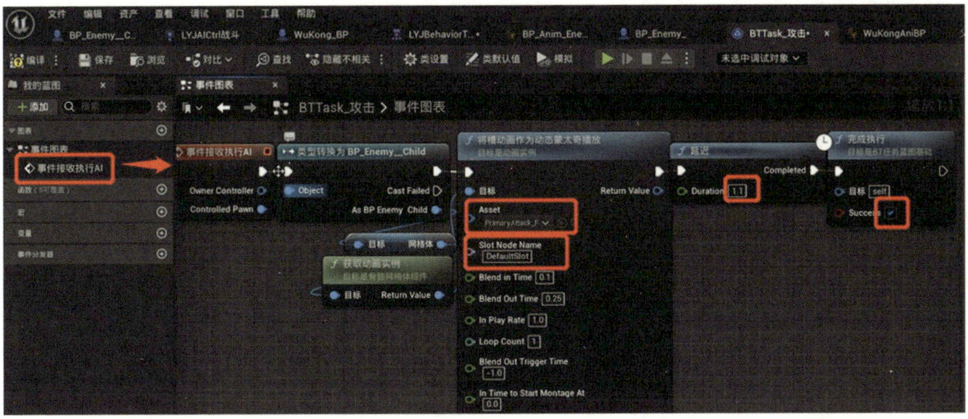

图8-1-15

完成攻击蓝图节点设置后，如图8-1-16所示，在行为树下获取“BTTask 攻击”节点，然后回到游戏关卡中测试游戏角色移动到怪兽巡逻范围内时是否被攻击。

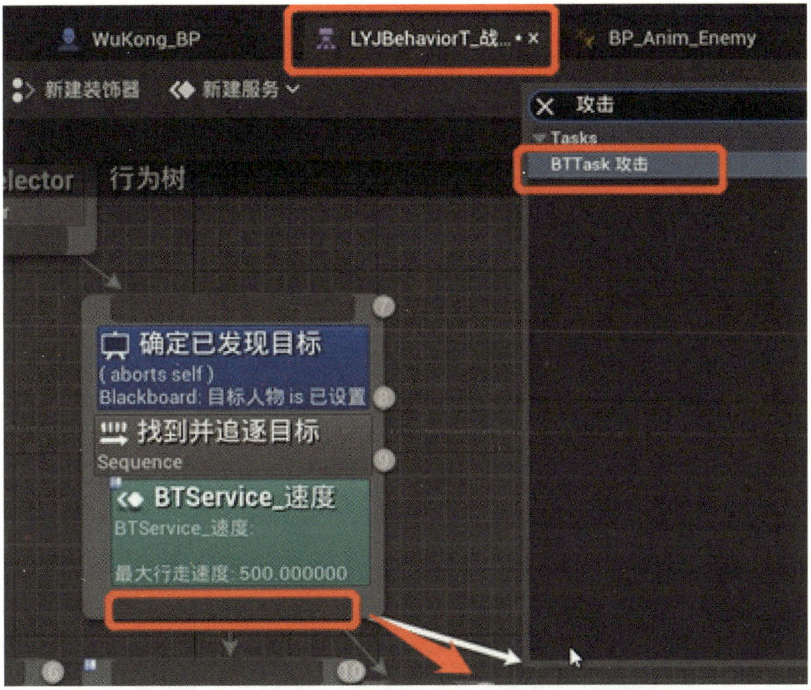

图8-1-16

第二节 怪兽和玩家被击打死亡

本节通过案例教学制作游戏关卡中怪兽和玩家被击打死亡蓝图内容。第一部分内容从敌方怪兽被攻击死亡开始制作，在父类中增加被击次数，以确保死亡后模型不被击打。不被再次击打包括两个条件，第一种是死亡判定，可以在怪兽死亡后不再执行被攻击节点。第二种是解除AI控制，在父类被击打死亡中增加“从控制器分离待销毁”节点。第二部分内容是制作玩家被击打和死亡蓝图，制作怪兽攻击给玩家造成的伤害，随后完成玩家死亡和故障完善，在玩家角色蓝图被击打事件中添加可移动布尔为真。下面分步骤讲解具体内容。

测试当前游戏关卡中存在的故障问题，在怪兽的角色蓝图中找到父级的角色判定。如图8-2-1所示，如果怪兽被击打死亡，增加“从控制器分离待销毁”节点。随后回到游戏关卡中测试怪兽被击打死亡后是否正常。

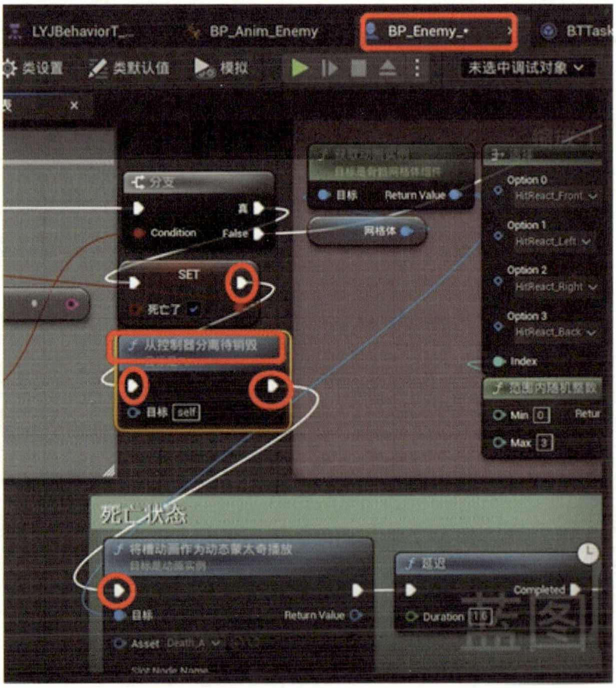

图8-2-1

制作怪兽的攻击对玩家产生的影响，需要对其增加追踪。如图8-2-2所示，在动画蓝图中选择“PrimaryAttack_RA”后新增通知。接下来在动画蓝图中新建蓝图节点，即“事件AnimNotify_AttackNotify”节点。如图8-2-3所示，在父类蓝图中增加追踪的函数并命名为“Attack Trace”，随后增加一个“获取Actor位置”节点，把这个位置作为其进行追踪的节点。然后新建“针对Object进行多盒体追踪”节点，将获取位置作为起点的位置。然后获取“获取Actor向前向量”节点并增加“规格化”节点，在此基础上创建“×”节点，最后把获取位置节点相加，起点和结束点的位置生成一个盒体。该盒体可以随时检测是否碰撞到需要被检测的Actor的“类别”，如果产生碰撞则会给对方发送一个指令。

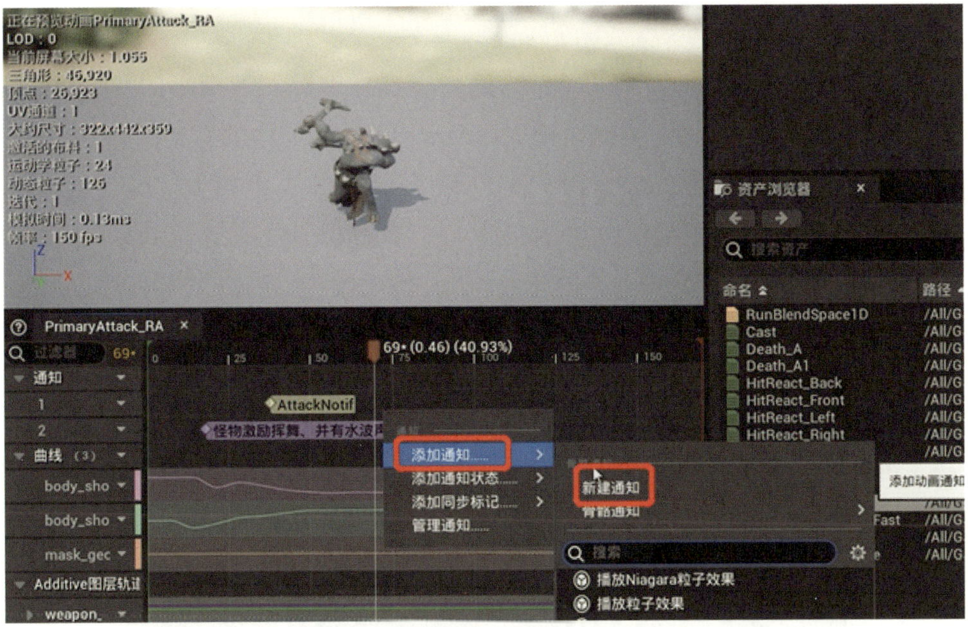

图8-2-2

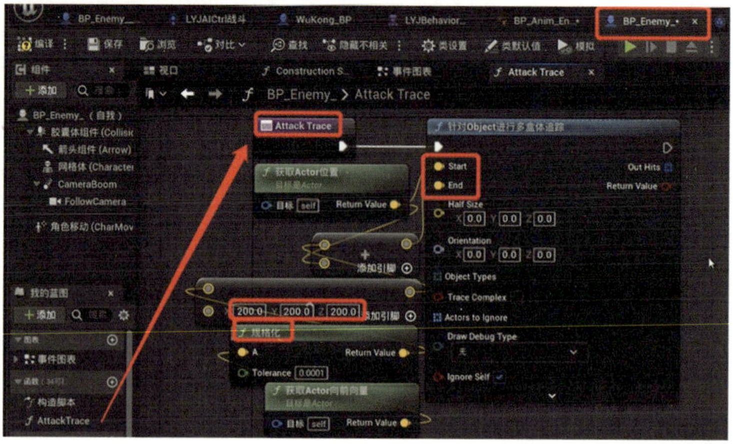

图8-2-3

如图8-2-4所示，在“针对Object进行多盒体追踪”节点下的“Out Hits”下获取“For Each Loop”节点，提取“Array Element”中的“中断命中结果”节点。当命中一个角色Actor时，在“Hit Actor”节点中提取“类型转化为WuKong_BP”。随后如图8-2-5所示，在“针对Object进行多盒体追踪”节点下的“Object Types”提取节点“创建数组”，值更改为“Pawn”，并修改“Half Size”和“Draw Debug Type”数值。

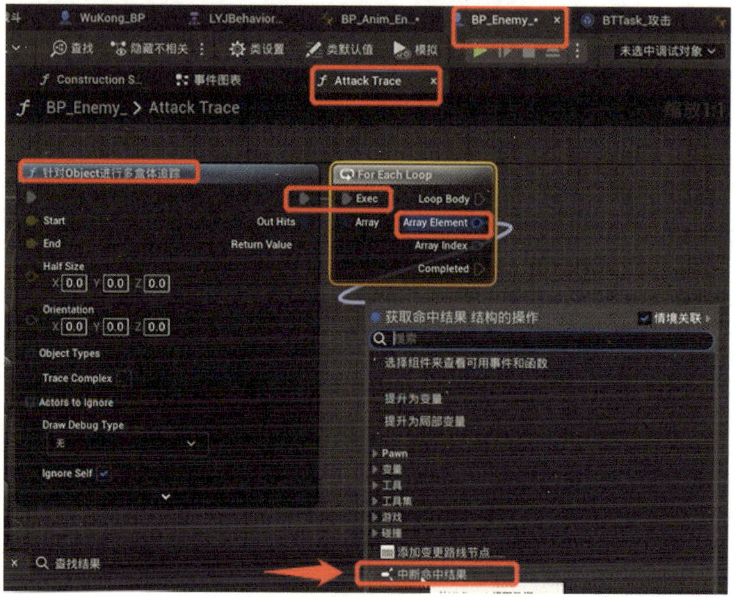

图8-2-4

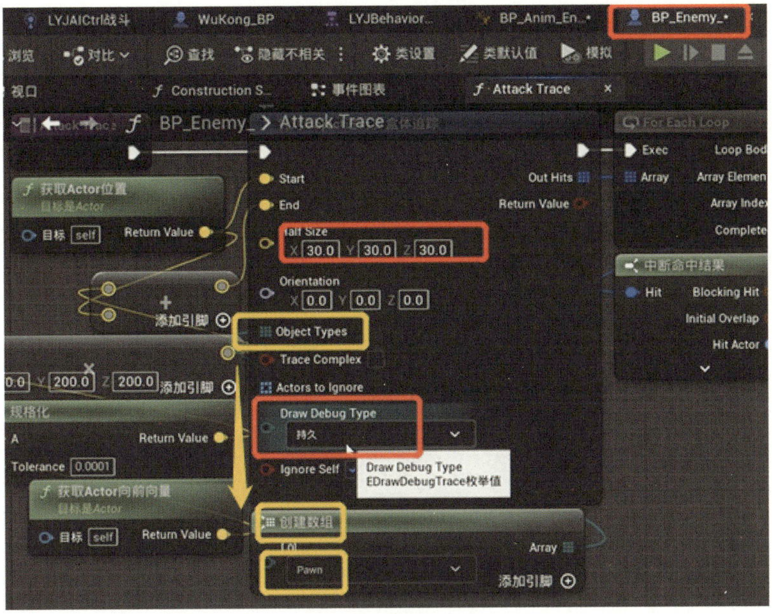

图 8-2-5

如图 8-2-6 所示，添加一个玩家被击的自定义事件并重命名为“BeHit”，随后获取“打印字符串”节点并命名为“!!!”。

图 8-2-6

如图8-2-7所示，回到怪物蓝图中找到“类型转换为WuKong_BP”节点并获取“Be Hit”节点，随后与其“目标”连接，设置好节点后点击编译并保存。

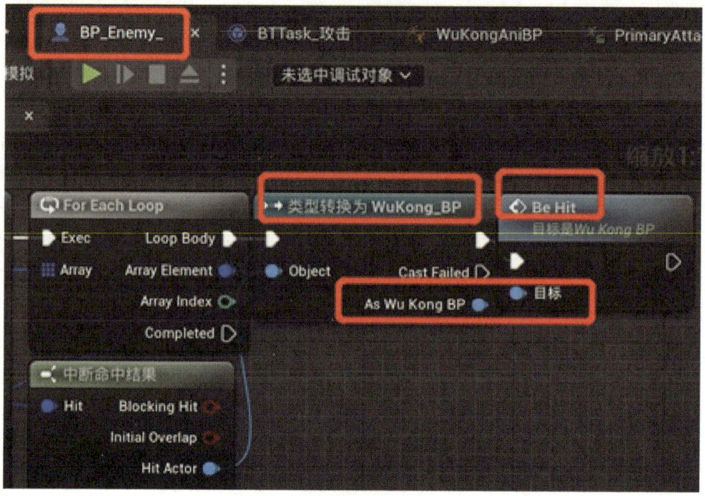

图8-2-7

如图8-2-8所示，在怪兽动画蓝图中新建“尝试获取Pawn拥有者”节点并在该节点下提取“类型转换为BP_Enemy_Child”节点，然后增加“Attack Trace”节点并与“类型转换为BP_Enemy_Child”节点相连接，编译并保存后回到游戏关卡播放模式测试内容。

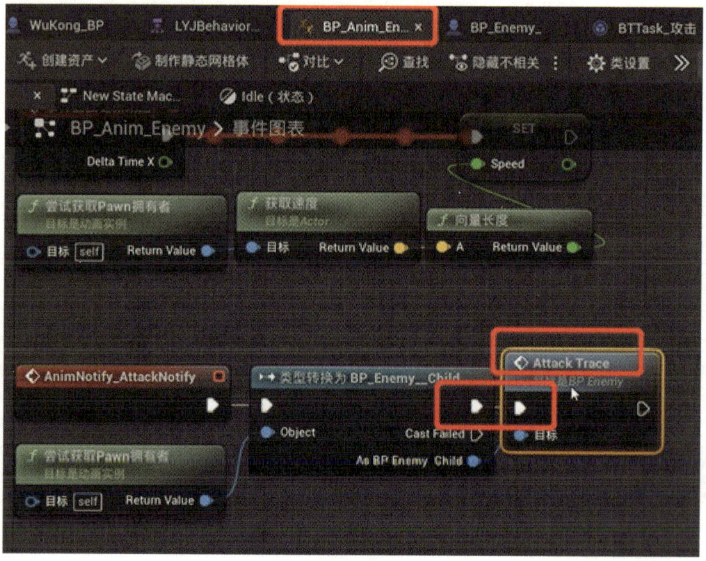

图8-2-8

完善玩家被击打过程。如图8-2-9所示，拷贝之前做好的被击打动画蓝图节点到被击打的玩家角色蓝图中。然后如图8-2-10所示，将拷贝好的节点与被击打事件节点相连接，随后修改“选择”节点中的四个动画，将原来设定的怪兽动画替换为玩家动画。

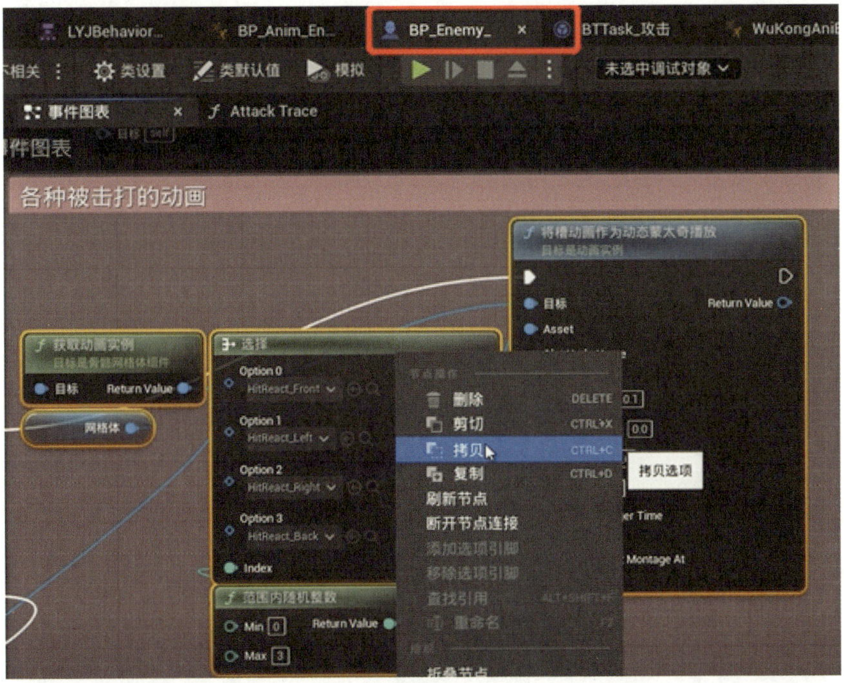

图8-2-9

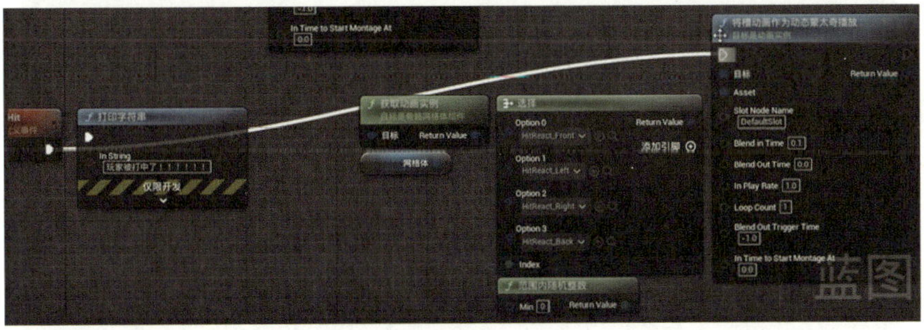

图8-2-10

增加玩家的死亡判定。如图8-2-11所示，在怪兽角色蓝图中拷贝死亡判定到玩家角色蓝图中。将被击事件与分支相连接，角色血量值增加到“30”。制作好基本判定后，角色死亡时播放相应的动画，复制一个槽动画并将槽动画中

"Asset"资产替换为玩家死亡动画资产，编译并保存后回到游戏关卡中测试游戏内容，如图8-2-12所示。随后如图8-2-13所示，在玩家动画蓝图中增加单独的玩家死亡状态机，并取消循环动画。

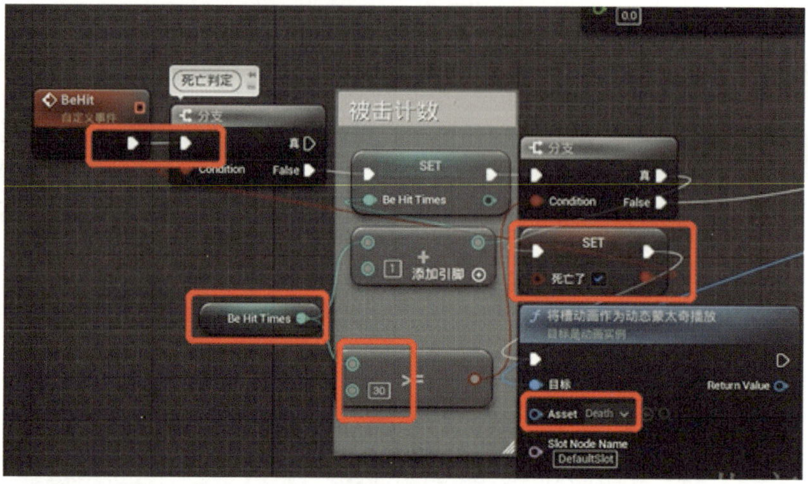

图8-2-11

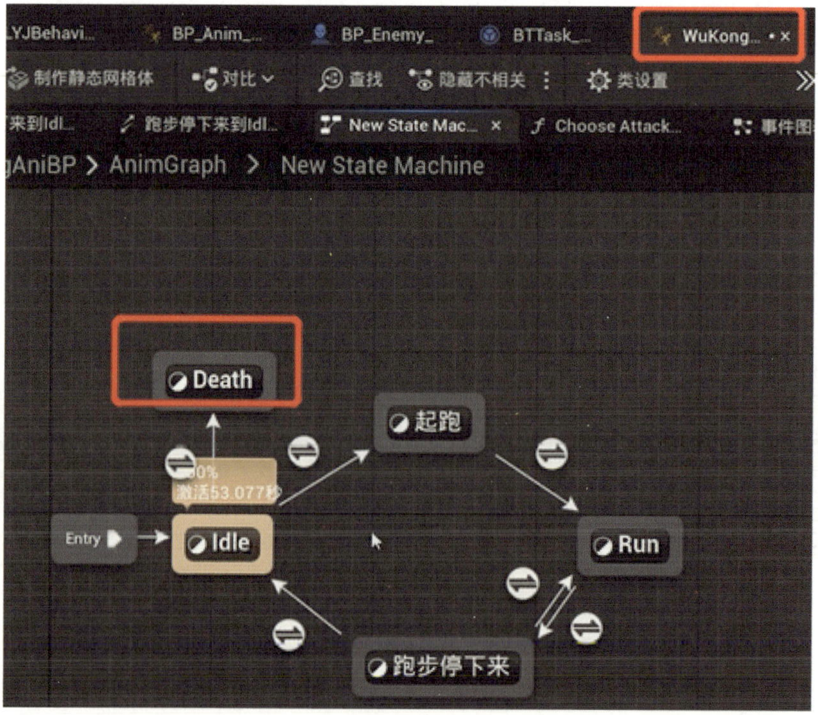

图8-2-12

图8-2-13

如图8-2-14所示，获得具体的玩家动画蓝图，随后将槽动画延迟事件值增加到“1.2”，此时给状态机发送玩家死亡的布尔值，编译并保存后回到游戏关卡中测试玩家死亡状态。

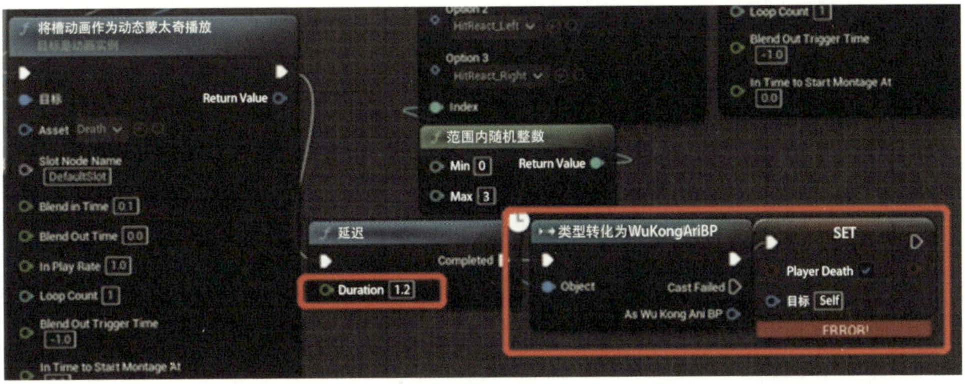

图8-2-14

第九章　怪兽攻击、AI 行为树、远程怪与首领怪

第一节　远程怪模型、AI 与远程攻击动画

本节主要内容是制作远程怪模型，以区别远程怪和近程怪的造型，在近程怪的基础上制作远程怪 AI 与动画蓝图。制作远程怪后为其添加攻击和反馈，以丰富远程怪攻击玩家时的真实效果。

首先在文件夹中新建第九章文件夹并保存当前关卡内容，随后修改第八章内容中的变量和蓝图。如图 9-1-1 所示，复制一个怪兽蓝图类，随后更名为“BP_Enemy_Child 远程”，再将图 9-1-2 中标记的行为树、AI 都按照以上操作复制并移动至第九章文件夹中。

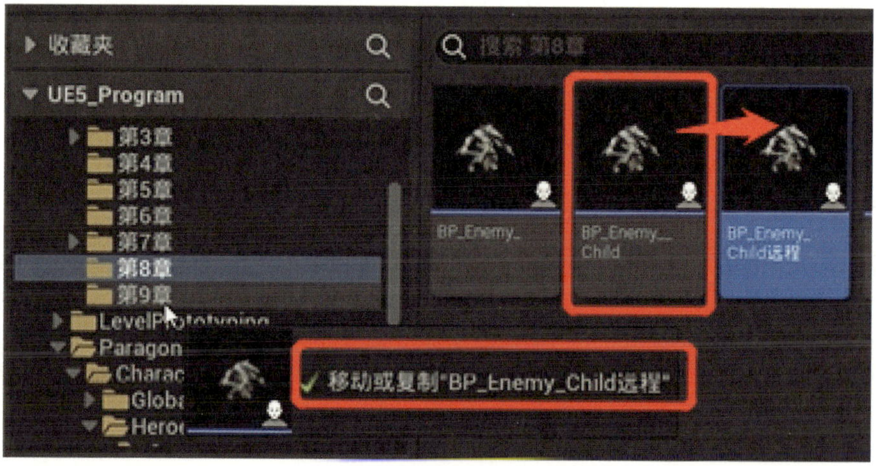

图 9-1-1

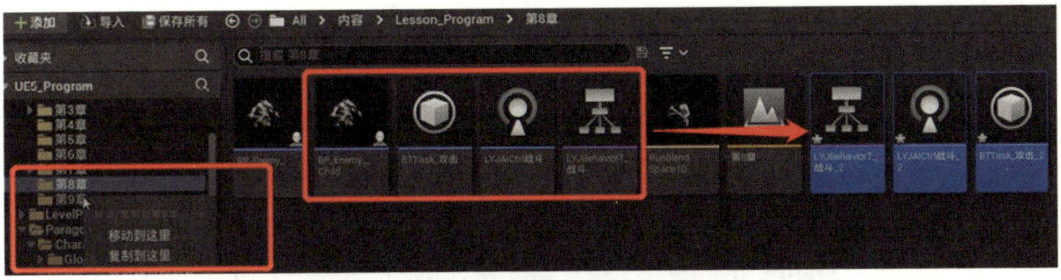

图 9-1-2

打开完整版的怪兽蓝图标记，随后如图 9-1-3 所示在网格体中更换新的骨骼网格体。随后将新的骨骼网格体中武器的材质更改为透明的材质，这是为了让怪兽攻击动态更契合远程视觉效果。将武器材质混合模式更改为“半透明”，随后与蓝图中新材质下的“不透明度”连接，再点击编译并保存。

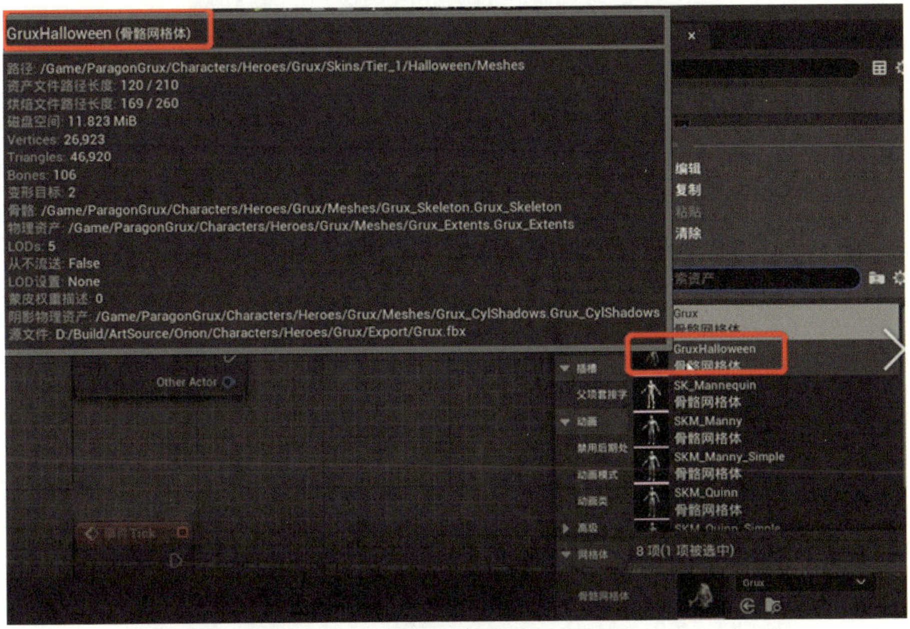

图 9-1-3

如图 9-1-4 所示更换怪兽的 AI，在怪兽远程攻击子蓝图中的“细节”下更换 AI，随后点击编译并保存。接下来为远程攻击怪兽扩大感知范围，将怪兽蓝图中的感知组件距离加大。普通怪兽感知范围约 8 米，远程攻击怪兽的感知范围根据具体游戏设置进行更改，如图 9-1-5 所示在本案例中失去视线范围值为“1800.0”，视觉半径为“1500.0”。编译并保存蓝图设置后，回到界面拖动游戏怪兽模型到关卡中点击播放进行测试。

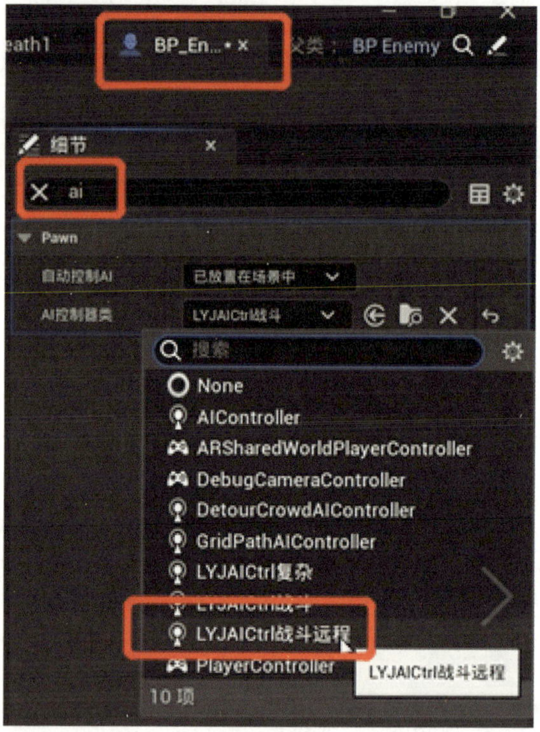

图 9-1-4

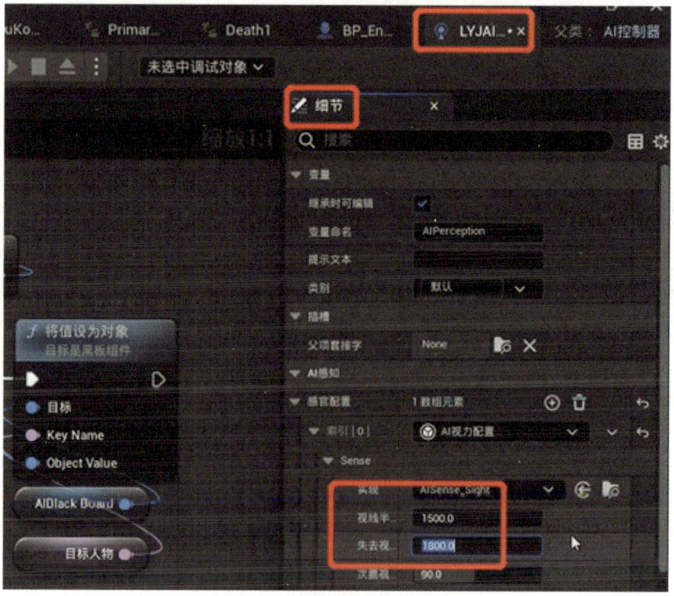

图 9-1-5

基本的怪兽攻击制作好后，将行为树中的近距离攻击更改为远程攻击，如图 9-1-6 所示，打开怪兽的行为树，删除默认攻击并更换为“BTTask_远程”。如图 9-1-7 所示双击进入“BTTask_远程”任务节点中修改槽动画，将近程攻击更改为远程施法的动画状态。

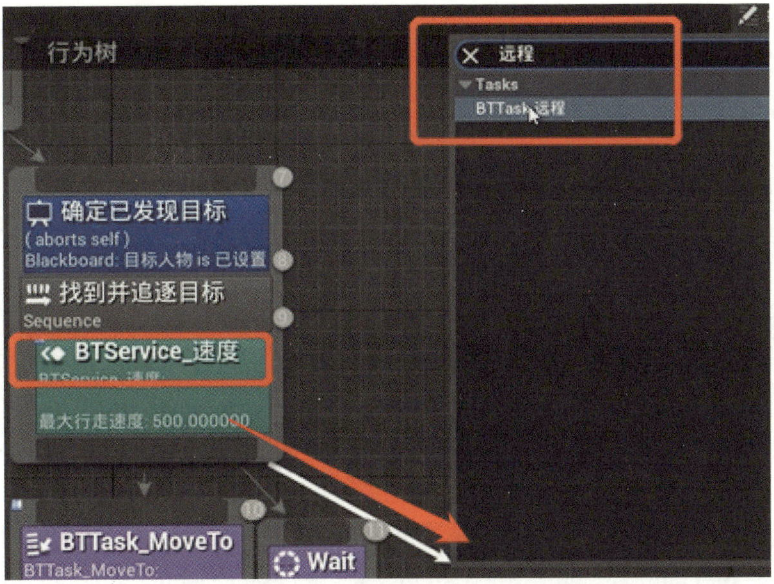

图 9-1-6

图 9-1-7

如图9-1-8所示，复制第七章中制作好的“Move To”，更名为“BTTask_MoveTo1”并拖动至第九章内容中。双击进入“BTTask_MoveTo1”节点，将“移动到Actor数值”修改为“600.0”。如图9-1-9所示，将行为树中“BTTask_MoveTo远程”节点中目标人物修改为“目标人物”。

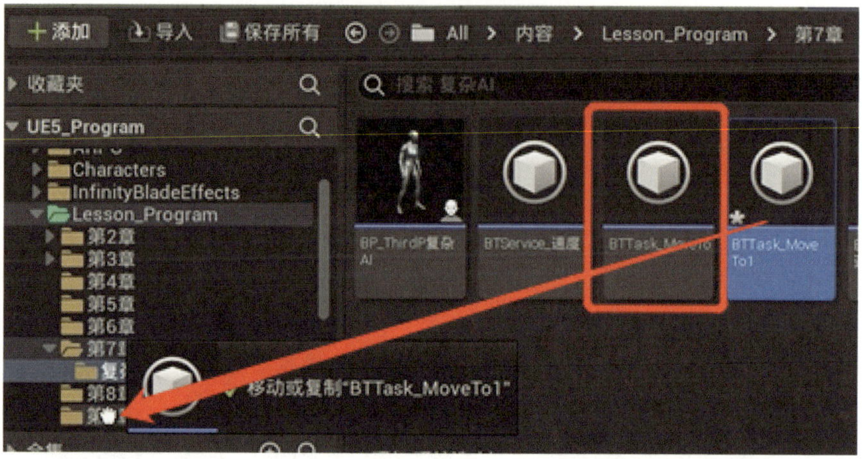

图9-1-8

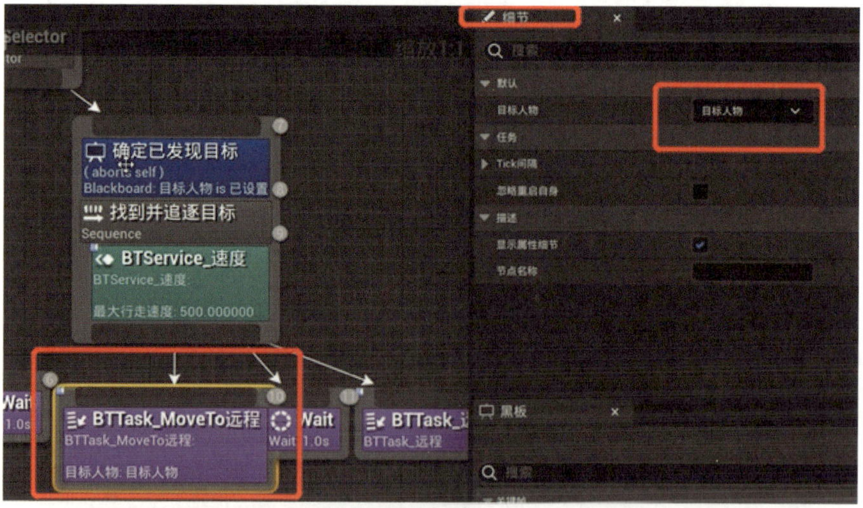

图9-1-9

如图9-1-10所示，将“类型转换为BP Enemy_Child”替换为“类型转换为BP_Enemy_Child远程”节点，随后执行“获取动画实例”目标，编译并保存后回到游戏关卡中测试内容。

图9-1-10

第二节　远程怪攻击与玩家被击打反应

本节通过具体案例制作远程怪的攻击和玩家被击打反应，制作怪兽在一定距离范围内对玩家发动火球攻击，以及当远程攻击命中玩家后产生的反应。需要在蓝图中远程攻击动画中增加插槽、位置、方向和攻击通知。随后在角色蓝图中使用插槽，在网格体中添加骨骼网格体和远程插槽。最后在远程怪动画蓝图中的远程攻击中增加通知事件，生成一个远程攻击球。接下来分步骤讲解具体制作内容。

首先如图9-2-1所示，在怪兽的动画蓝图中找到“Cast”施法动画，随后在“骨骼树”中的“root”处点击鼠标右键，选择“添加插槽”并命名为“root_插槽远程”。接下来如图9-2-2所示，在视图内将“root_插槽远程”移动到怪兽的前方范围，随后编译并保存当前内容。

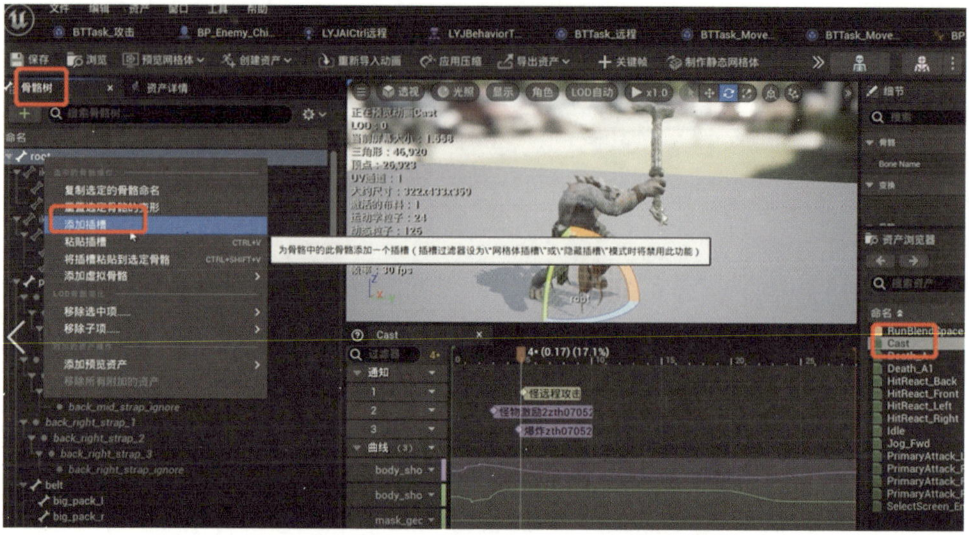

图 9-2-1

图 9-2-2

如图 9-2-3 所示，在怪兽的蓝图中网格体下增加“骨骼网格体组件”。随后如图 9-2-4 所示，在右侧栏“细节”下找到“插槽”，输入“root”选择“root插槽_远程”，编译后保存当前内容。

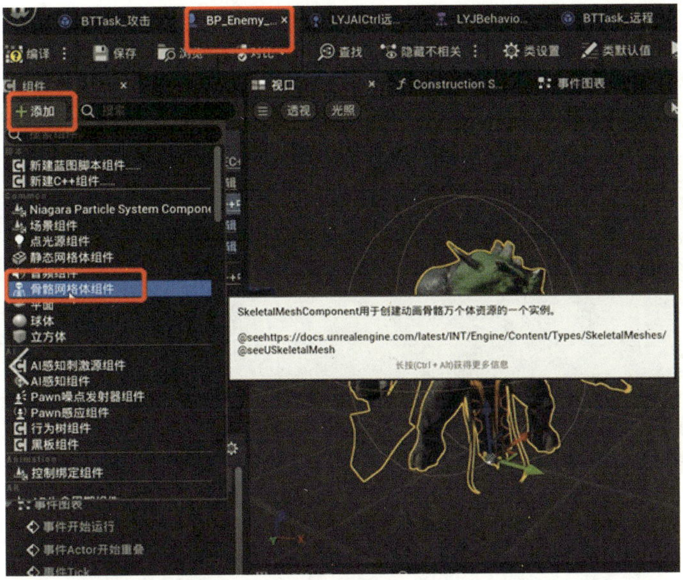
BTTask_攻击
BP_Enemy_...
LYJAICtrl远...
LYJBehavio...
BTTask_远程
编译
保存
浏览
查找
隐藏不相关
类设置
类默认值
组件
+添加
视口
Construction S...
事件图表
透视
光照
新建蓝图脚本组件...
新建C++组件...
Niagara Particle System Compone
场景组件
点光源组件
静态网格体组件
骨骼网格体组件
球体
立方体
AI感知刺激源组件
AI感知组件
Pawn噪点发射器组件
Pawn感应组件
行为树组件
黑板组件
控制绑定组件
事件图表
事件开始运行
事件Actor开始重叠
SkeletalMeshComponent用于创建动画骨骼万个体资源的一个实例。
@seehttps://docs.unrealengine.com/latest/INT/Engine/Content/Types/SkeletalMeshes/
@seeUSkeletalMesh
长按(Ctrl + Alt)获得更多信息

图 9-2-3

BP_Enemy_Child远程
细节
10°
0.25
4
变量
继承时可编辑
变量命名
SkeletalMesh
提示文本
类别
默认
变换
位置
旋转
缩放
root
Root
root插槽_远程
root插槽_远程_0
root
ik_foot_root
ik_hand_root
插槽
父项套接字
动画
禁用后期处理蓝图
动画模式
使用动画蓝图
动画类
无
高级
网格体
无

图 9-2-4

如图9-2-5所示，制作好插槽后在怪兽的动画蓝图中用鼠标右键点击“添加通知”，随后选择“新建通知”中的“怪远程攻击”，把节点拖动到怪兽抬动手臂的节点。制作好通知、骨骼网格体和插槽后，制作攻击通知事件中的内容。

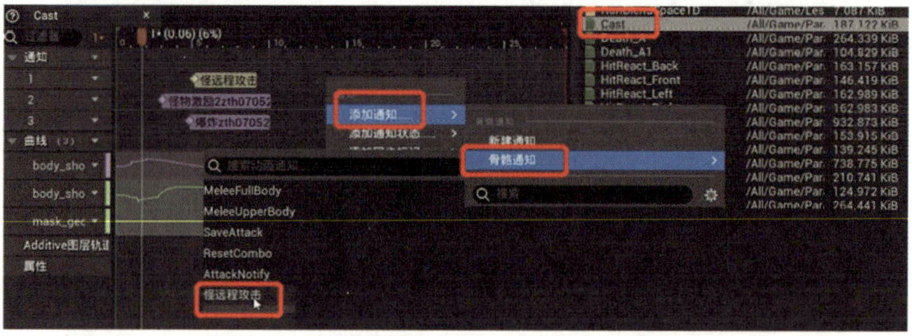

图9-2-5

如图9-2-6所示，在蓝图中点击鼠标右键在动画通知事件中新建“AnimNotify_怪远程攻击”，选择并创建该节点。随后选择“AnimNotify_怪远程攻击”节点，拖曳选择“从类生成Actor”后创建“生成ActorNONE”节点。生成的位置是已经制作好的插槽位置，所以要先提取“获取Pawn拥有者”节点，随后在该节点下拖动输入“类型转换为BP_Enemy_Child远程攻击”。制作完成后在“类型转换为BP_Enemy_Child远程攻击”节点点击鼠标右键将其设为“转换为纯类型转换”。接下来获取“获取Skeletal Mesh”节点，并在该节点中获取“获取世界变换”。连接好节点后，设置“生成ActorNONE”节点下“Class”节点，选择“类资产”中的远程攻击球。编译并保存以上制作内容后回到游戏关卡中测试远程攻击内容。

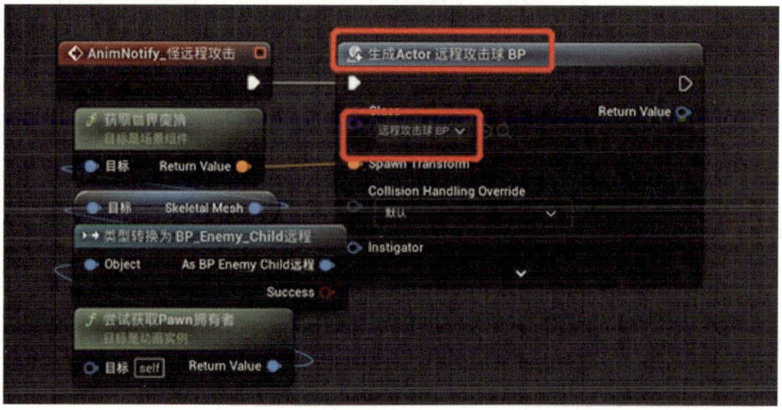

图9-2-6

如图 9-2-7 所示，找到动画蓝图中的远程攻击球，双击进入蓝图内部。随后如图 9-2-8 所示，在生成爆炸之后点击“销毁 Actor”节点。如果攻击触碰到物体，将会在碰撞的地方发生爆炸，同时攻击物体时也会产生销毁效果。

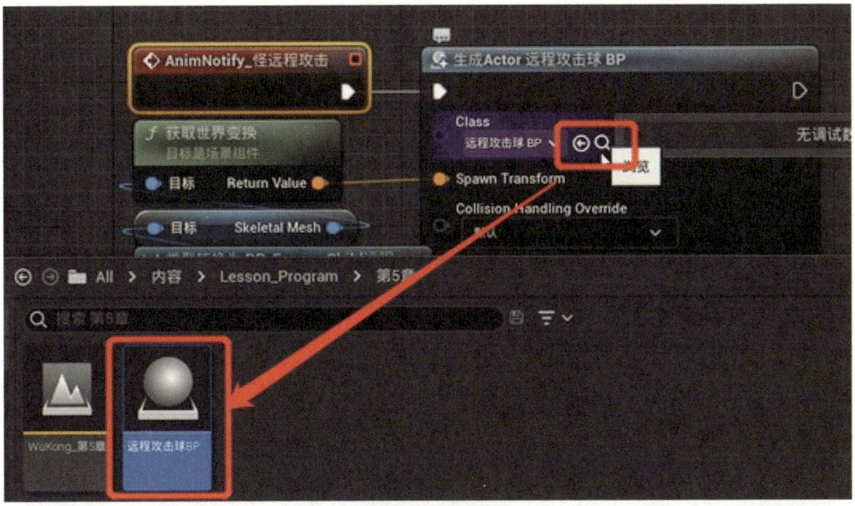

图 9-2-7

图 9-2-8

在"被击事件"栏后，如果发现物体碰撞并重叠，要在胶囊体组件后增加"组件开始重叠时"节点，如果远程攻击球与角色发生碰撞，将会调取"被击事件"。如图9-2-9所示，在"组件开始重叠时"节点中拖曳生成"类型转换为远程攻击球BP"节点，编译并保存当前设置内容后回到游戏关卡中，在播放模式下测试游戏制作内容。此时游戏玩家被攻击后应没有声音，而怪兽有被击打的声音。

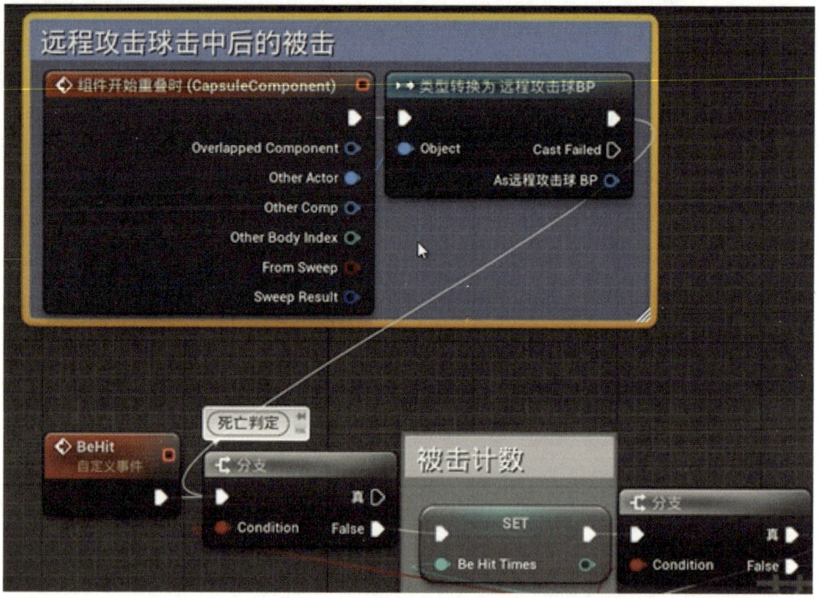

图9-2-9

第三节　玩家被远程攻击后的故障修复、优化与敌我双方远程攻击效果区分

本节是对前两节内容的补充并包含对故障的修复。首先修复玩家被远程攻击后不能移动和攻击时的故障，然后调整远程怪的探测距离、攻击距离与特效之间的范围。接下来对怪兽AI行为树中反应时间和攻击频率进行调节，并在此基础之上区分敌我双方远程攻击效果。接下来根据案例分步骤讲解。

修复玩家被远程攻击后不能移动的问题。当玩家受到攻击、执行完被攻击动画后设置为可以移动。如图9-3-1所示，勾选"Is Can Move"选项，修复此故障后点击编译并保存，然后回到游戏关卡中测试内容。

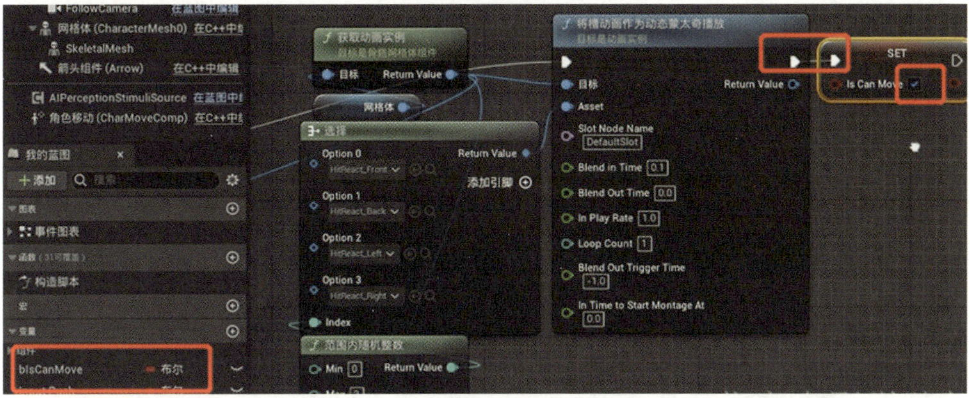

图 9-3-1

玩家角色远程攻击球数量是有限的，因此需要适当地为游戏角色调整远程怪的探测距离、攻击距离与触发特效距离位置。如图 9-3-2 所示，在玩家蓝图中增加“播放音效 2D”节点并为其赋予声音特效，双击音效可以调节音量的数值，编译并保存后回到游戏关卡中进行测试。接下来如图 9-3-3 所示，在行为树中的“Wait”节点调整等待时间值为“2.0s”，也可以再增加一个“Wait”节点，以调整整体等待时长。

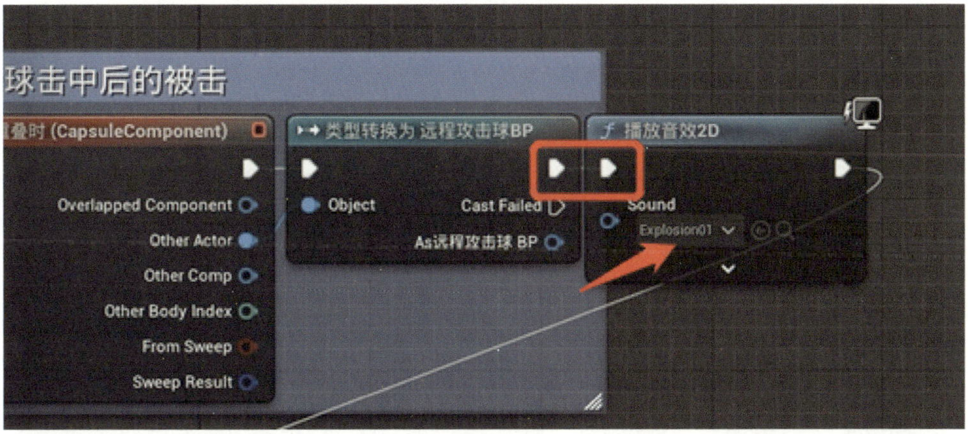

图 9-3-2

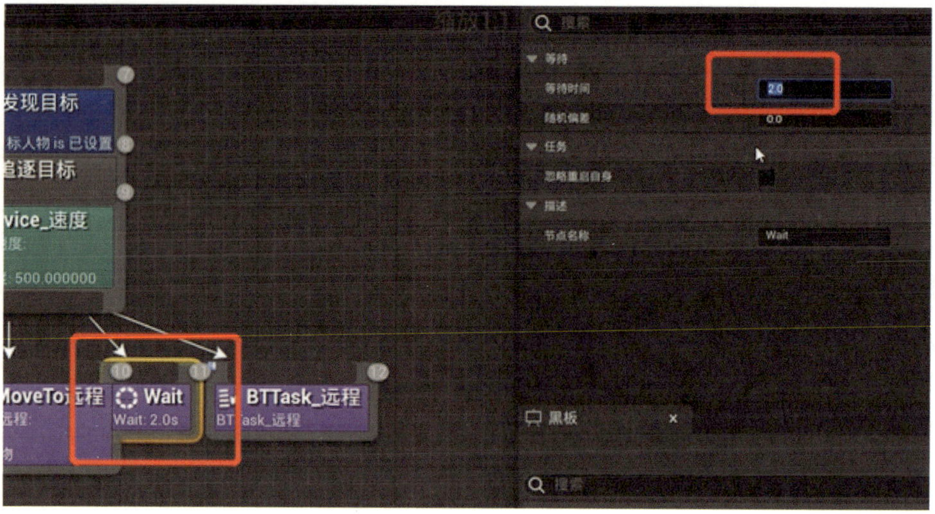

图 9-3-3

进入远程攻击球的蓝图中，如图 9-3-4 所示复制一个远程攻击球并更名为“攻击球 BP_怪”，随后双击进入攻击球内部。在右侧“细节”中“粒子”下找到该攻击球的特效，复制一个材质球并双击进入材质球内更改材质属性。如图 9-3-5 所示，根据具体制作内容更改材质球信息，更换“生命内颜色”和“初始颜色”，修改“生命周期”中的常量，编译并保存后回到蓝图中替换新制作好的材质球，编译并保存后回到关卡中测试内容。

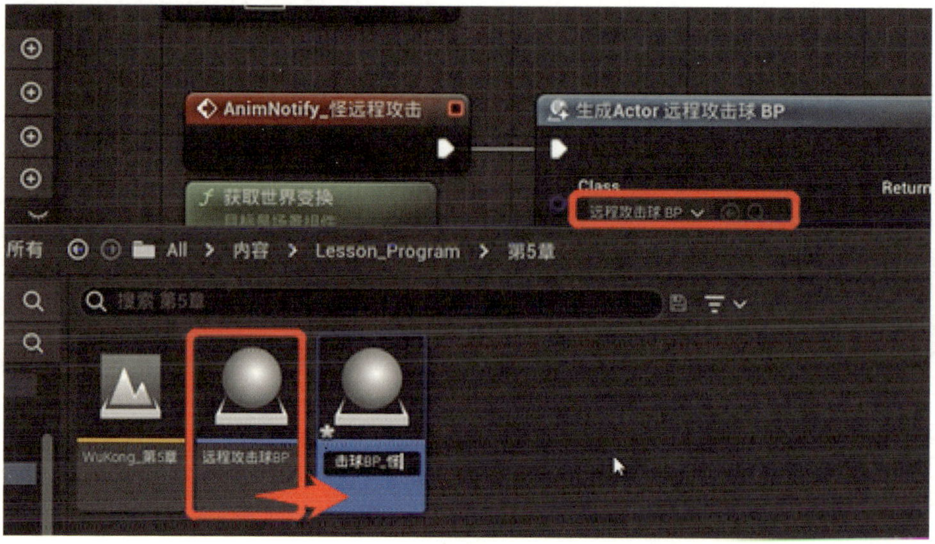

图 9-3-4

图9-3-5

优化攻击球攻击玩家后炸开的特效部分。如图9-3-6所示，打开玩家角色蓝图中远程攻击球被击中后的节点，复制一个爆炸特效，以替换原有被攻击的特效资产。如图9-3-7所示，在新的材质球中修改“生命内颜色”，再将远程攻击球被击部分的节点替换为图9-3-8中的“类型转换为远程攻击球BP_怪”节点，编译并保存所有制作的节点后回到游戏关卡中测试游戏内容，可以根据具体制作情况修改参数值。

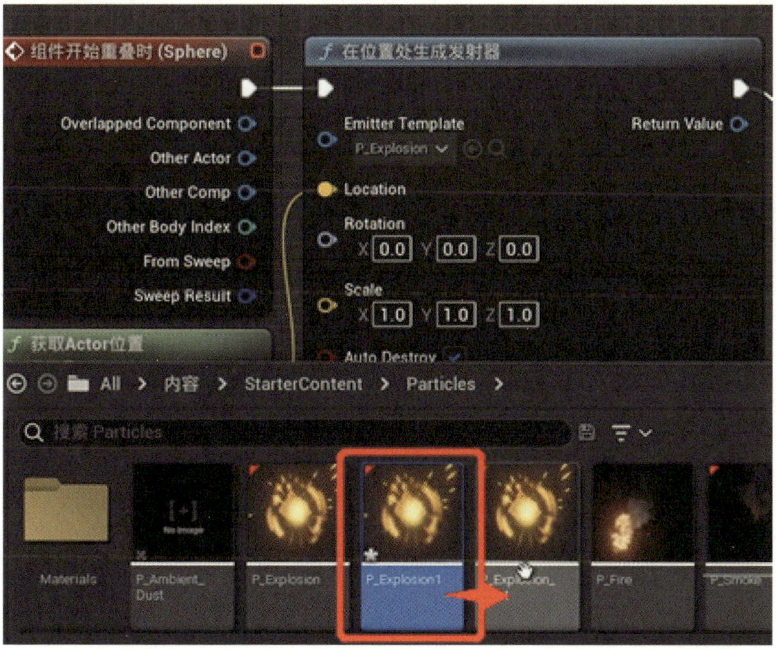

图9-3-6

图 9-3-7

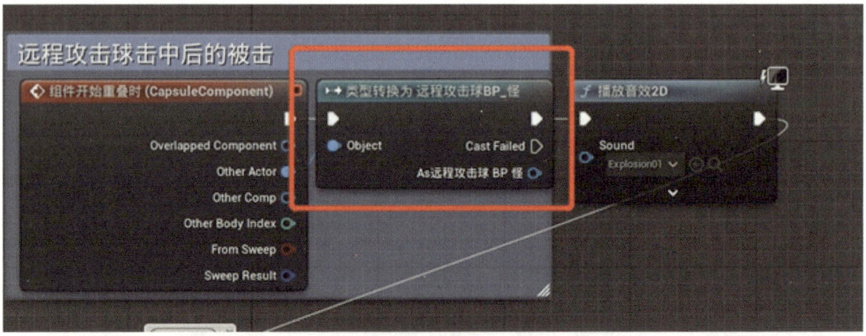

图 9-3-8

以上是游戏关卡制作中关于远程攻击效果的制作内容，通过制作两种典型的AI近程和远程怪攻击完成游戏关卡设计。

第十章　游戏声音与特效

第一节　游戏音效

本章学习游戏声音和特效的制作。第一节内容主要是通过在动画、Actor蓝图和关卡蓝图中插入声音优化游戏关卡。人物和某个物体发生碰撞时产生的声音在Actor蓝图中制作，关卡全局相关的环境声音和背景音乐在关卡蓝图中制作播放。接下来分步骤讲解游戏关卡中声音的制作。

新建第十章内容文件夹，将之前制作好的内容进行保存，打开玩家的动画蓝图删除之前攻击动作声音，然后回到场景中进行测试。随后打开动画蓝图，此时悟空角色没有攻击声音，制作角色声音时在关键位置增加武器挥动声音，可以提升角色攻击速度。如图10-1-1所示，在动画蓝图中增加“播放音效”节点，点击“Play Sound”右侧出现“细节”栏。如图10-1-2所示，新建文件夹并命名为“声音”，将需要添加的音乐文件进行保存，随后找到“音效”选择自己需要的音效，然后将其拖动到适当攻击节点进行保存。在细节栏中可以根据自己制作游戏的实际需求调节声音的音量和音高等具体参数值。制作一个动作声音后，根据角色整体攻击动态逐一增加攻击动态声音节点。修改声音时可以使用Premiere修改音效，然后再导入UE音效文件夹中，调整好动作声音后点击编译并保存，然后返回游戏关卡中播放测试游戏音效。

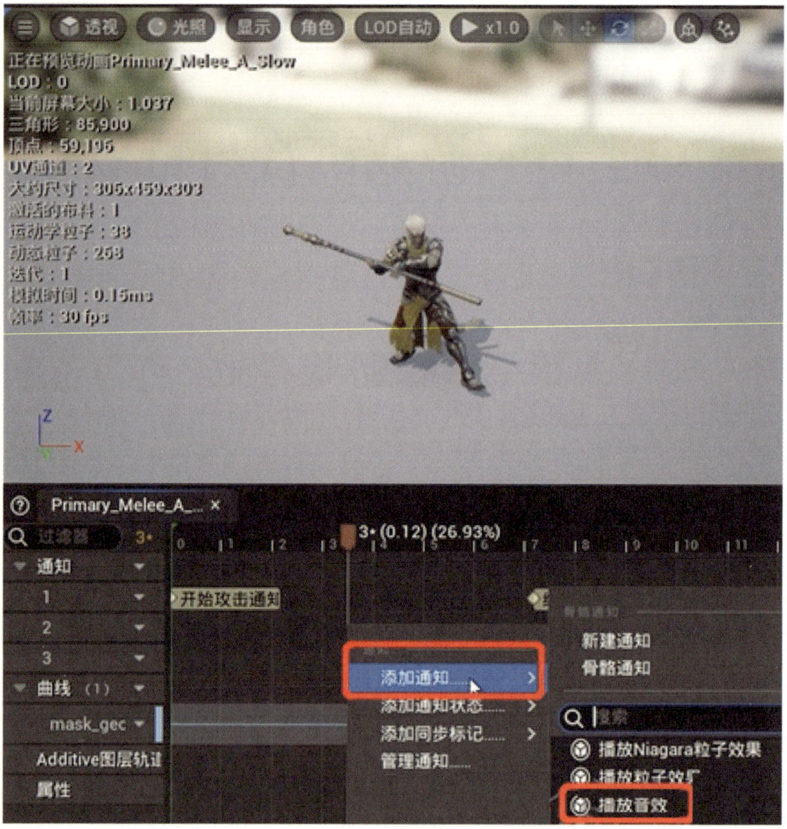
透视
光照
显示
角色
LOD自动
x1.0
正在预览动画Primary_Melee_A_Slow
LOD：0
当前屏幕大小：1.037
三角形：85,900
顶点：59,196
UV通道：2
大约尺寸：305x459x303
激活的布料：1
运动学粒子：33
动态粒子：258
迭代：1
模拟时间：0.15ms
帧率：30 fps
Z
X
Primary_Melee_A_...
3• (0.12) (26.93%)
通知
1
2
3
曲线 (1)
mask_gec
Additive图层轨
属性
开始攻击通知
添加通知......
添加通知状态......
添加同步标记......
管理通知......
新建通知
骨骼通知
搜索
播放Niagara粒子效果
播放音效

图 10-1-1

细节
预览场景设置
Trigger Settings
资产浏览器
声音
停靠在布局中
播放选中的音波

图 10-1-2

将远程攻击怪兽模型拖动至游戏关卡中测试玩家被攻击后的效果，随后进入玩家角色蓝图修改蓝图节点。如图10-1-3所示，在“播放音效2D”节点中选择“在位置处生成音效”节点，随后创建“获取Actor位置”并按照图片所示进行连接，这样在怪兽位置处可以产生全局覆盖音效。

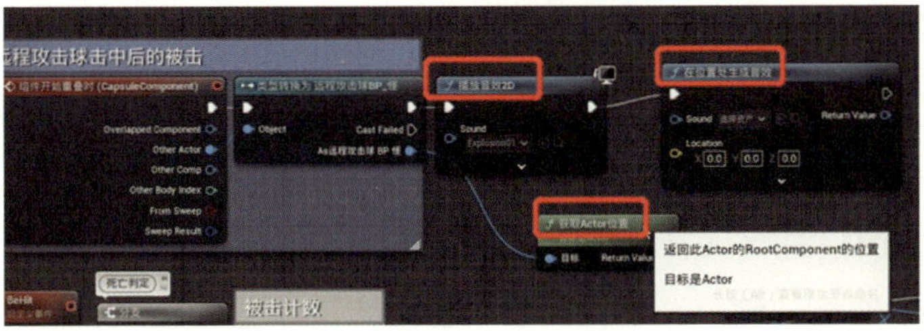

图10-1-3

在关卡蓝图中播放声音。首先找到环境声音素材，如风声、鸟声、落雨声等，将文件导入UE音效文件夹中。随后如图10-1-4所示，打开关卡创建“事件开始运行”节点后并“播放音效2D”节点，在“播放音效2D”节点下的“Sound”节点中选择音效资产。完成以上制作后回到游戏关卡播放模式测试环境声音内容，此时的音效应该是贯穿游戏关卡始终的效果。

以上是声音部分的制作，通过在动画蓝图中添加通知轨道找到动作发生节点位置添加音效，制作时要优化声音细节，避免音效重复并区分声音的中长短节奏。对于声音不明显的资产，可以在PR软件中修改音乐的音轨。在蓝图中播放声音，当怪兽被远程击中时会产生声音。制作时可以采用“播放音效2D”节点，也可以使用“在位置处播放生效”节点。制作时根据游戏环境特点、角色形象调整音乐类型。

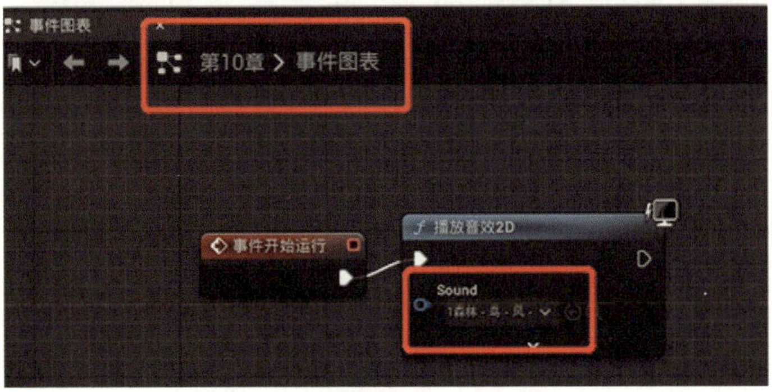

图10-1-4

第二节　游戏特效

本节对游戏关卡特效制作进行讲解。首先在动画片段部分插入特效，随后在蓝图中插入特效。增添角色在战斗时武器的拖尾特效、击打产生烟尘等特效。

首先在动画中插入特效，打开玩家的角色蓝图逐一增加动作的特效。如图10-2-1所示，调整游戏玩家动作的时间节点，增加通知轨道。如图10-2-2所示，在动画蓝图中右侧“细节”下找到“粒子系统”并替换制作游戏所需要的特效资产，双击进入特效资产修改参数。随后如图10-2-3所示，复制插槽动画特效名称，随后用鼠标选中攻击特效的动画节点，然后在右侧“插槽命名”内粘贴并选择特效资产。修改特效中的参数，如图10-2-4所示，在特效蓝图中根据游戏制作调整火苗、烟雾、颜色等细节，编译并保存后回到游戏关卡中测试特效制作内容。

图10-2-1

图 10-2-2

图 10-2-3

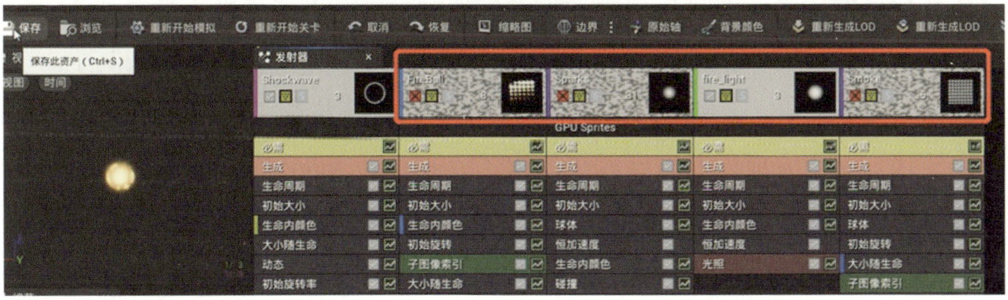

图 10-2-4

制作玩家在奔跑状态时脚下产生的尘土、烟雾特效。打开游戏玩家的动画蓝图并在蓝图中添加“添加通知轨道”，在特效资产中找到烟尘特效并自定义命名。随后如图 10-2-5 所示，双击进入特效蓝图中修改参数，关闭图中标记的特效内容并将“生命周期”值修改为“1.0”至“2.0”之间。按照这种制作方式和不同游戏关卡环境效果调整粒子参数。

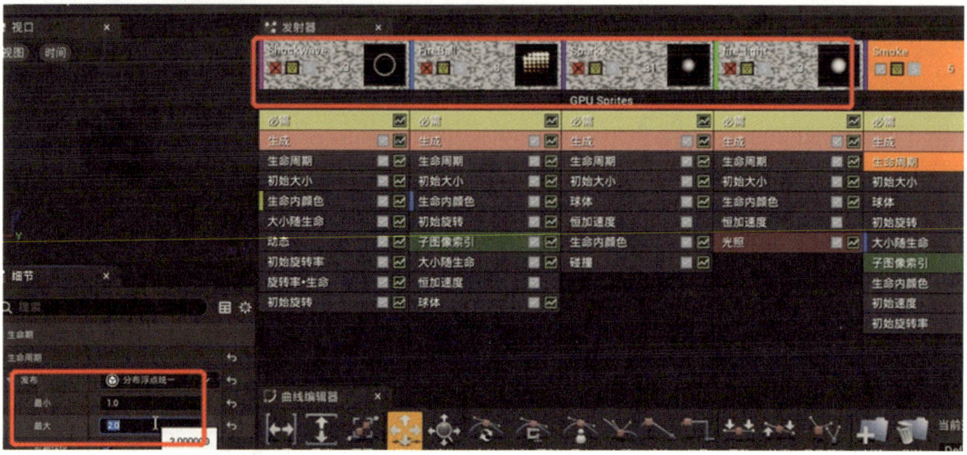

图 10-2-5

接下来在蓝图中插入特效。之前案例中学习的当远程攻击球碰撞物体后产生爆炸和玩家角色在攻击状态时产生的特效都是在蓝图中插入特效形成的效果。如图10-2-6所示，打开游戏角色的动画蓝图，制作角色在奔跑状态运用武器时产生的拖尾特效，在“将槽动画作为动态蒙太奇播放”节点创建“生成发射器已附加”节点，随后在该节点下的“Emitter Template”添加一个可以使角色武器产生拖尾效果的特效资产。接下来如图10-2-7所示，为该特效添加位置，打开游戏角色的动画蓝图，找到武器需要添加特效的节点并拷贝右侧“细节”栏下的插槽名称到“生成发射器已附加”节点下的“Attach Point Name”中。随后如图10-2-8所示，拖曳“网格体”到蓝图空白处，并与“生成发射器已附加”节点连接。制作完成以上内容后修改拖尾特效。双击进入特效蓝图内部，根据游戏角色特点修改特效的生命周期值、特效颜色值等内容，编译并保存后回到游戏关卡中点击播放进行测试。

图 10-2-6

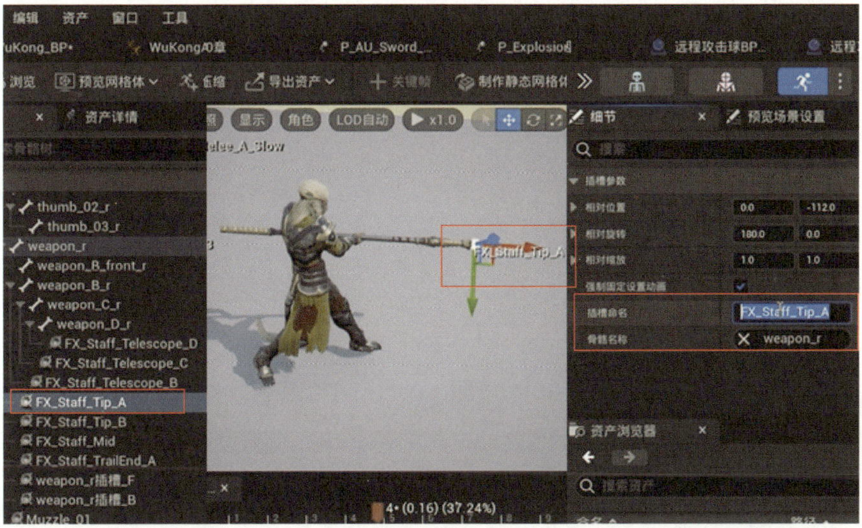

图 10-2-7

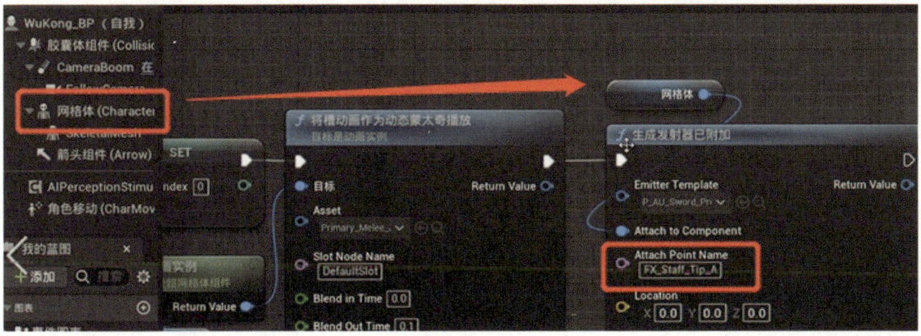

图 10-2-8

接下来制作怪兽在碰撞的过程中产生被击效果的特效。在怪兽攻击时识别到对方后，对方可以识别到被攻击位置并生成发射器。如图10-2-9所示，在怪兽攻击蓝图中被击状态下增加“在位置处生成发射器”节点，怪兽去碰撞识别到的位置。随后在“在位置处生成发射器”节点附加被打击的特效资产，双击进入该特效资产内部，随后如图10-2-10所示，修改怪兽被攻击产生烟雾的发布值为“分布浮点常量”，常量值为“0.5”，参数值在40至60之间。根据制作实际情况调整被击打烟雾特效存在的“生命周期”等具体参数，编译并保存后回到游戏关卡中点击播放进行测试。这样的制作方式可以应用于游戏角色升级特效制作，从角色等级起始点到满级状态，角色不同成长阶段的武器攻击特效有所区别。

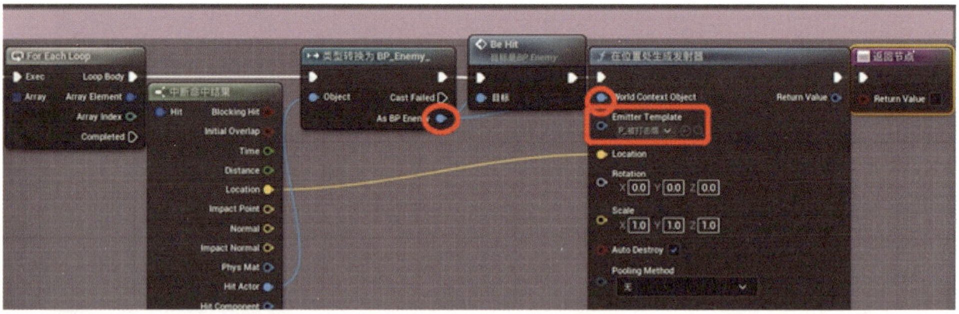

图10-2-9

图10-2-10

第三节　高级破碎特效——Chaos 破碎和力场控制

本节讲解制作高级破碎特效降解插件的使用和基本的操作方式，讲解、构造场和瞬态场，为破碎特效扩大应用范围、增加应用效果。接下来分步骤讲解具体内容。

首先通过案例讲解Chaos插件的使用。在当前UE5.0.1版本中安装好Chaos插件，随后如图10-3-1所示新建一个物体并拖动至场景中，选择“破裂模式”下的“破裂”。随后如图10-3-2所示，将新建物体保存在文件夹“Chaos”中并创建几何体集。接下来对该几何体进行破碎，如图10-3-3所示，选择“统一”并修改“统一Voronoi”数值。此时视图中显示的分割线越多，则表示被破碎模型的切面数量和运算消耗越多。随后点击“破裂”，在下方显示出“等级统计数据”层级，第0级显示破碎一个物体，第一级显示破碎22个物体。

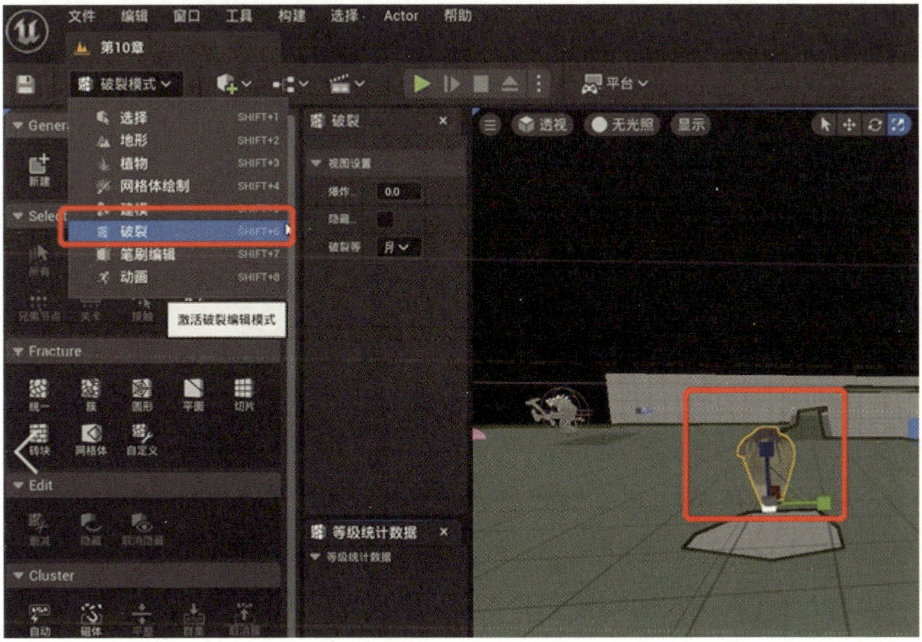

图10-3-1

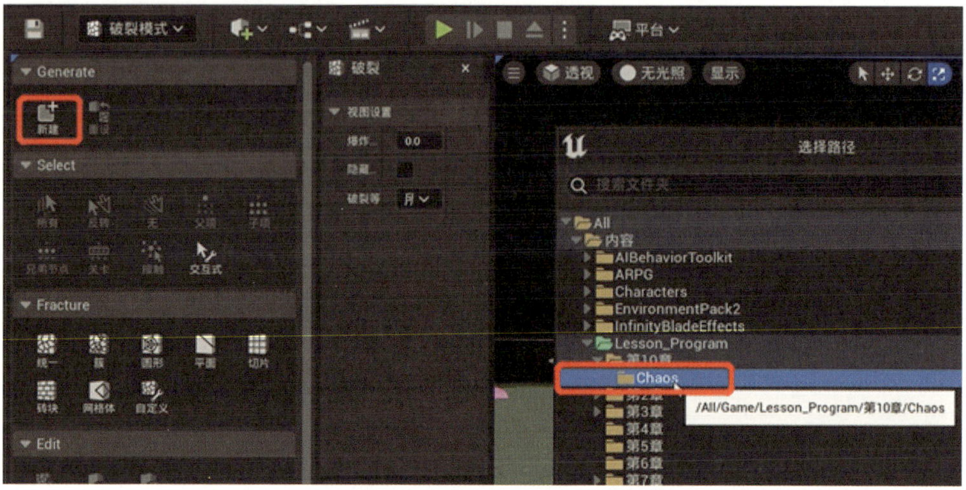

图 10-3-2

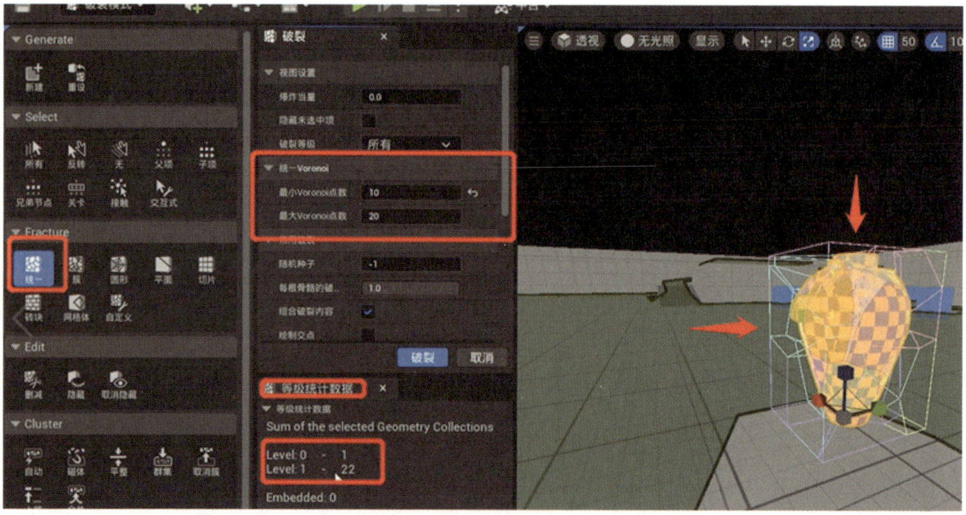

图 10-3-3

将被破碎的模型形成大小分布协调的效果。点击“Select”下的“所有”，将已经破碎的22块小模型全部选择后再次执行“破裂”，此时第三级的数量为106个模型。根据制作游戏的实际情况来考虑运算量和相应的参数。如图10-3-4所示，选中被破碎的物体，随后在右侧数值栏内的“General”中取消“显示骨骼颜色”选项。破碎需要一定的冲击力，会影响到物体自身。如图10-3-5所示选中该物体，调整好物体的位置和模型大小后将“伤害阈值”修改为“500000.0”，此时播放画面检测物体产生的破碎效果。

图 10-3-4

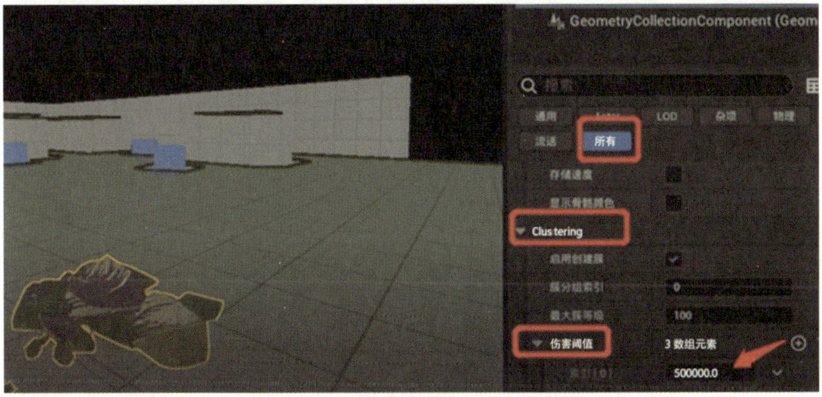

图 10-3-5

接下来设置控制破碎的方式。首先通过“禁用力场制作”来实现物体的部分破碎效果。假设图 10-3-1 中物体上半身为陶瓷材质，下半身为金属材质，可通过持久场破碎实现两种破碎效果的区分。如图 10-3-6 所示，在蓝图类中创建“场系统 actor”并命名为“力场_静止”，“力场_静止”的作用是改善材质不受外界力量影响的效果。如图 10-3-7 所示，双击进入该蓝图为其添加“剔除域”和“盒体衰减”。接下来选中“Box Fall off”，复制并将两个变量命名为“Box

Fall off_内”“Box Fall off_外”，随后在“添加”中新建“Box Collision”，“Box Collision”的作用是控制力场的范围。

图 10-3-6

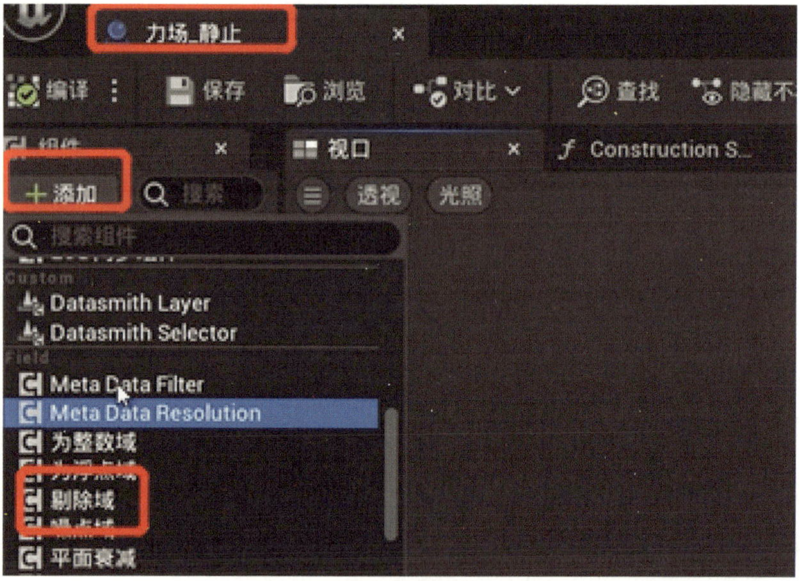

图 10-3-7

创建好以上三个变量后，如图 10-3-8 所示，在蓝图内拖曳“场系统组件”节点，随后创建“添加持久场”和“移除持久场”两个节点，勾选“Enable Field”，选择“Physics Type”且参数设为“已禁用阈值”。接下来如图 10-3-9 所示，拖曳“Box Fall off内”节点并创建“设置盒体衰减”节点，在“设置盒体衰减”节点下选择“Field Magnitude”并将其提升为变量，且生成节点，在右侧栏中将默认值修改为“1000.0”。接下来复制一个“设置盒体衰减”节点，再将“Box

Fall off外”节点与“设置盒体衰减”节点中的“目标”连接。随后如图10-3-10所示，拖曳“Culling Field”节点至蓝图中，并在此基础上创建“设置剔除域”节点，随后按照图中所示连接好相应节点，编译并保存当前设置内容后回到游戏关卡中点击播放进行测试。

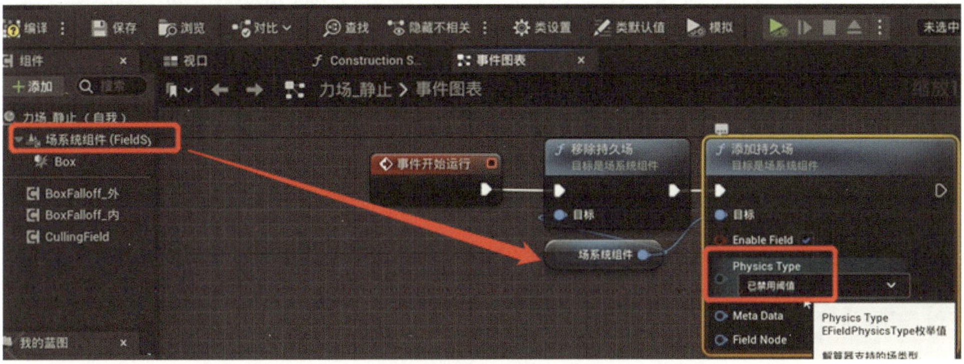

图10-3-8

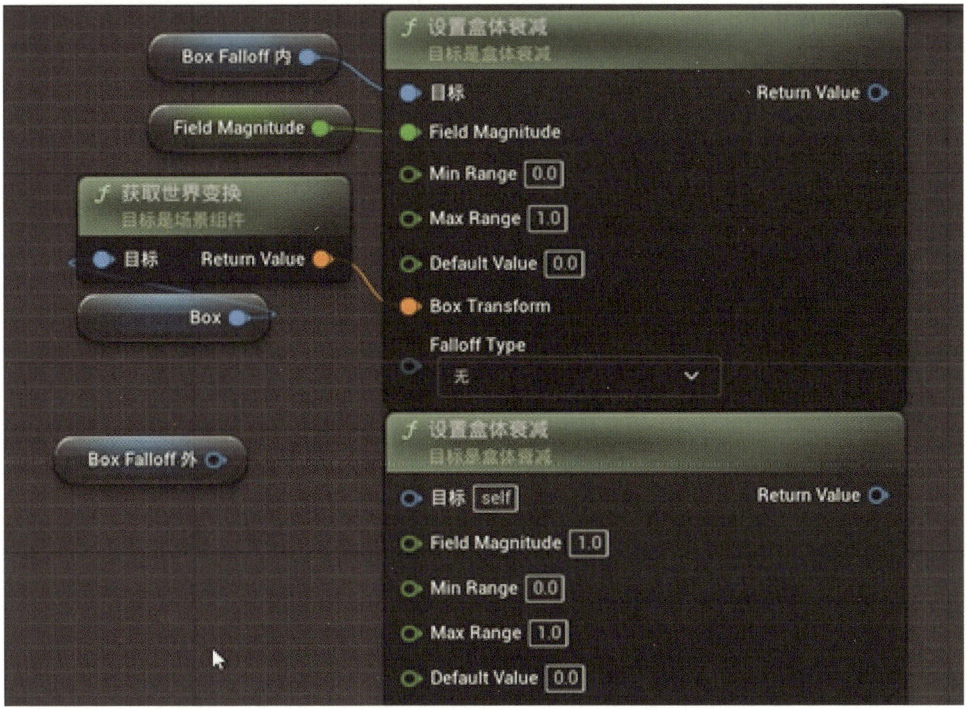

图10-3-9

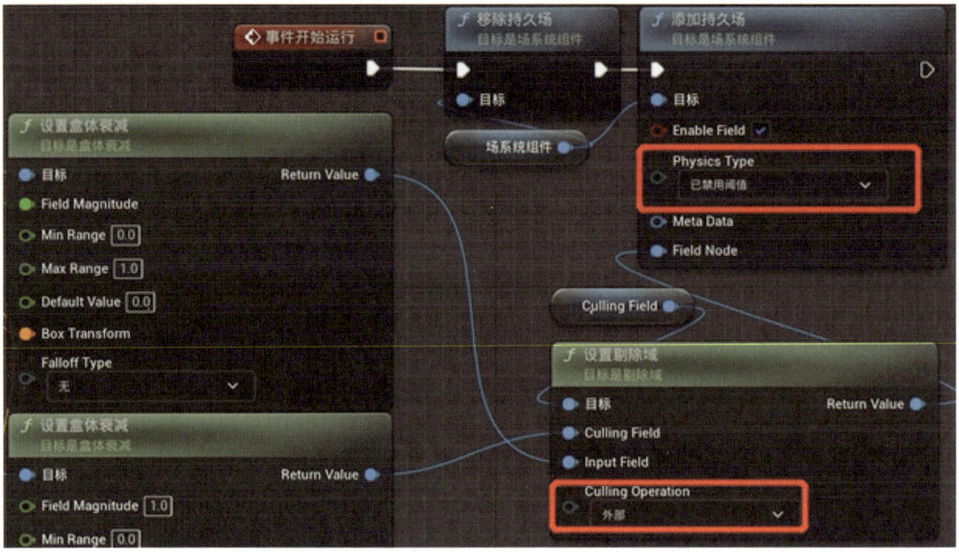

图 10-3-10

接下来通过构造场为破碎特效制作应用蓝图，在蓝图类中创建力场“场系统actor”并将该力场命名为“力场_固定”。如图10-3-11所示，添加“盒体衰减”、“统一整数”变量和“Box Collision”。创建好后在蓝图中制作细节化的功能节点，如图10-3-12所示，在构造函数中创建“场系统组件”，随后创建“添加构造场”和“移除构造场”节点。将“Box Fall off”节点拖动至蓝图中执行“设置盒体衰减”节点，随后拖动“Box”变量至蓝图空白处并创建“获取世界变换”。完成以上操作后拖曳“Culling Field”节点至蓝图中，并在此基础上创建“设置剔除域”节点。增加变量并命名为“状态”后，将布尔修改为“E对象状态类型列举”并拖动至蓝图中获取状态。接下来将“Uniform Integer”变量拖动至蓝图空白处生成节点并在此节点中创建“设置统一整数”。最后如图10-3-13所示在“状态”节点下获取“转换为整型（字节）”节点并连接相应节点，同时“状态”的默认值设为“静态”，编译并保存当前内容后回到游戏关卡中点击播放进行测试。

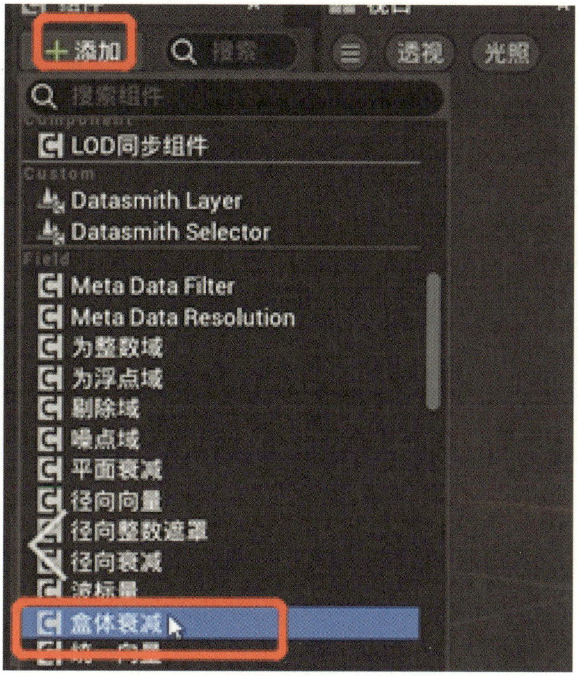

图 10-3-11

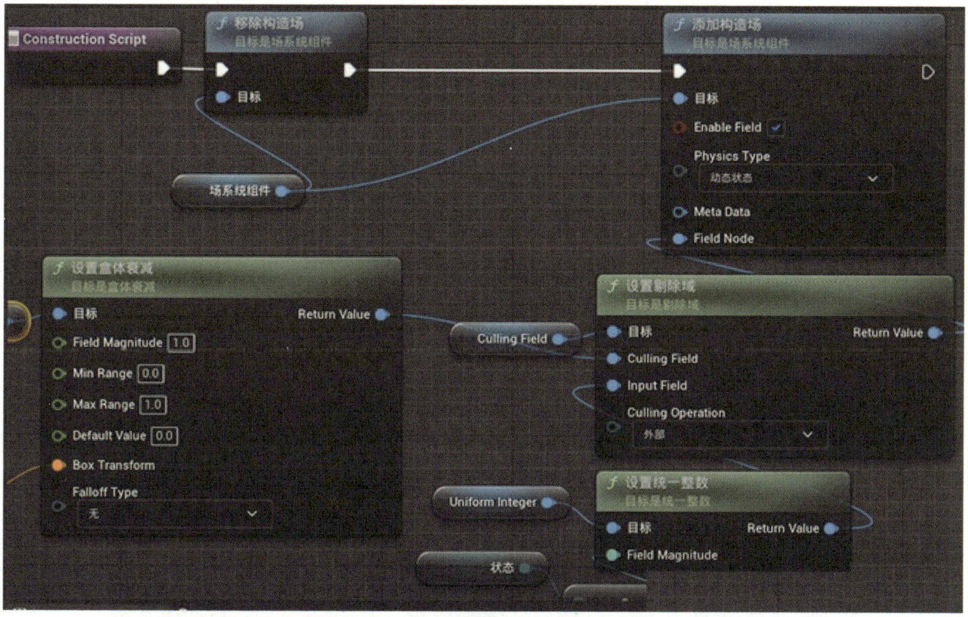

图 10-3-12

图 10-3-13

最后通过制作瞬态场为破碎特效制作应用蓝图。在蓝图类中创建力场“场系统actor”并将该力场命名为“力场_张力”。在蓝图中“增加”下创建“径向衰减”和“Sphere Collision”两种变量，随后如图10-3-14所示在“事件图表”中创建“延迟”节点，随后拖曳“场系统组件”至蓝图中并生成节点。创建“添加临时场”节点，将物理类型选择为“外部张力”，随后勾选启动。接下来如图10-3-15所示，拖动“径向衰减”到蓝图中并生成节点，创建“设置径向衰减”节点，再提升一个变量，变量默认值为“700000.0”。如图10-3-16所示，将球体变量拖动至蓝图中并生成节点，随后在此节点上创建“获取世界位置”和“获取缩放的球体半径”。如图10-3-17所示，增加“事件Tick”节点并在此节点基础上创建“延迟”节点，延迟时间为“0.2”秒。编译并保存当前内容后回到游戏关卡中点击播放进行测试。

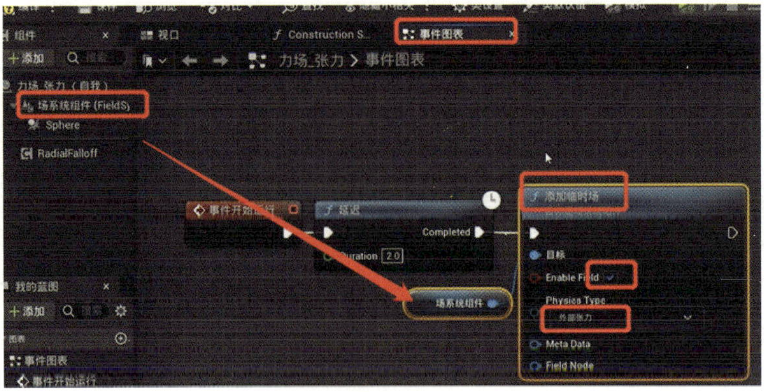

图 10-3-14

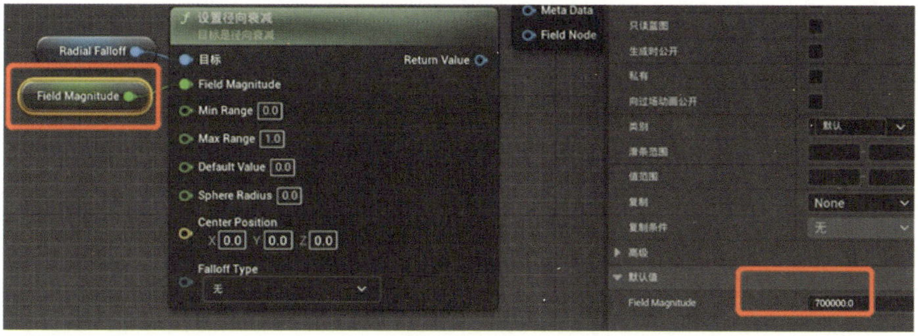

图 10-3-15

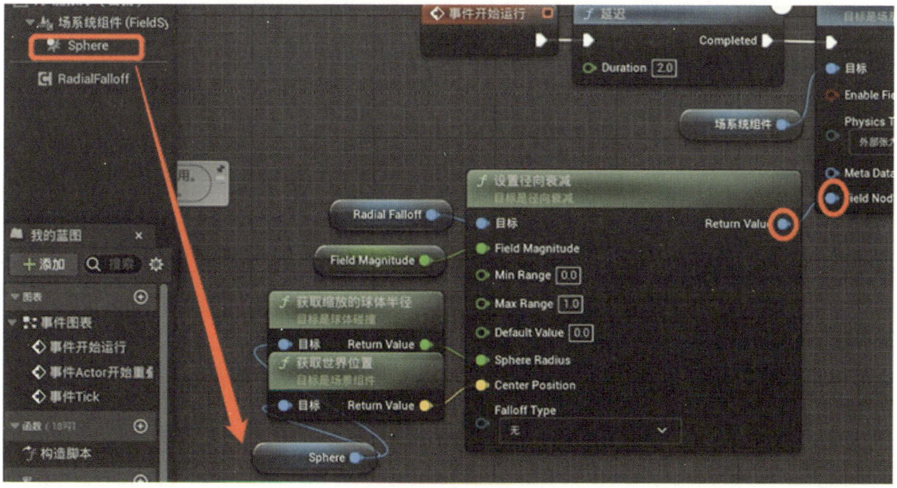

图 10-3-16

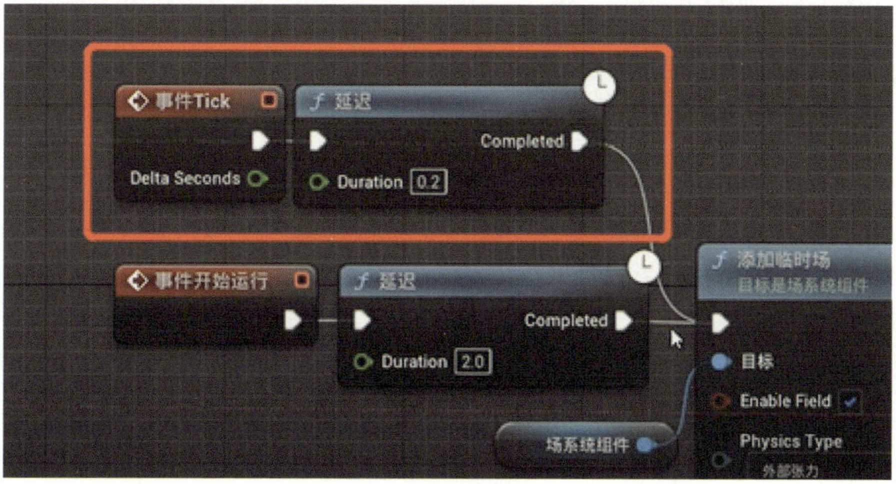

图 10-3-17

第十一章　游戏界面与数据

第一节　界面基础——完整的界面制作流程

本节通过具体案例讲解游戏界面制作，通过完整的UI制作了解整个流程。开始界面包含设置、开始、加载UI等功能。战斗模式界面包含玩家血量显示、暂停、退出、返回游戏等功能模块，游戏玩家在游戏中最终获得通关或者失败。接下来通过案例分步骤讲解。

首先新建文件夹并命名为“第11章”，将之前制作的内容进行保存，以便进行修改。随后开始制作游戏设置的UI，如图11-1-1所示，在内容的用户界面中新建“控件蓝图”，选择“用户控件”并命名为“UI_游戏设置”。双击打开“UI_游戏设置”，进入内部制作基础面板。如图11-1-2所示，在面板中拖曳“画布面板”到层级中建立“画布面板”区，随后将屏幕尺寸修改为“1080i，1080p”，此时的分辨率为1920×1080。

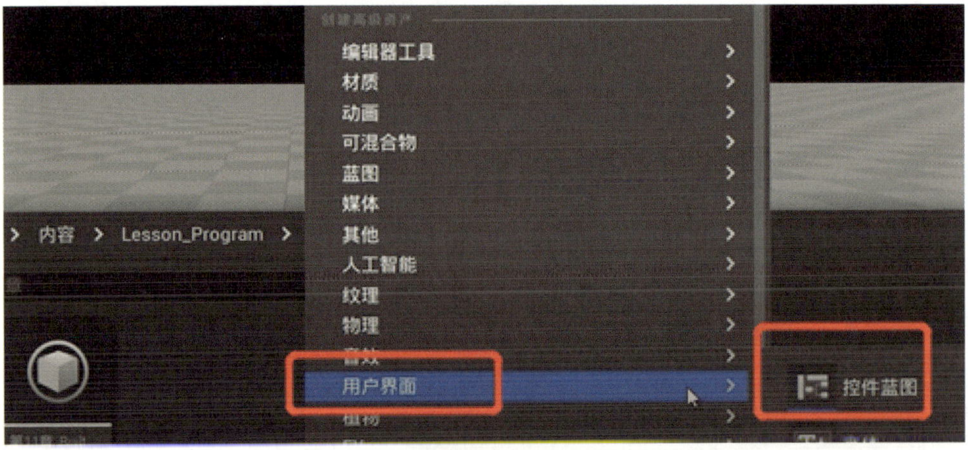

图11-1-1

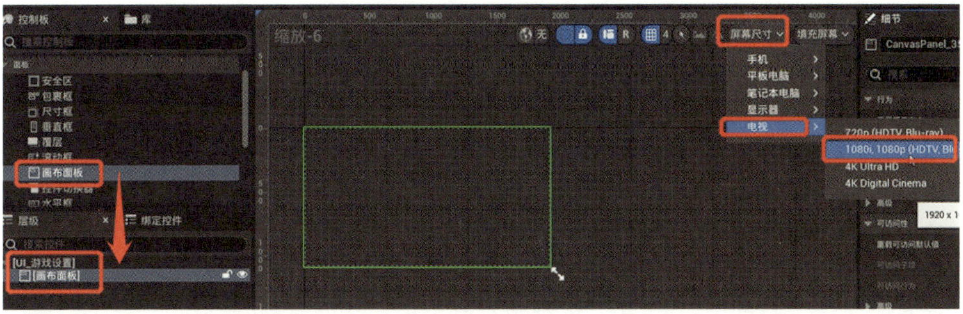

图11-1-2

随后增加UI的基础背景作为参考。如图11-1-3所示，在“通用”中找到“图像”，将其拖动至“画布面板”下一级中生成“图像”功能区并命名为“设置界面背景”。将制作好的“游戏设置”图片拖动至“第11章”文件夹中，如图11-1-4所示在“细节”栏下“笔刷”中的“图像”中增加背景图，随后调整背景图尺寸大小，或者在“尺寸X”和“尺寸Y”中修改具体参数，以保证图片和画布比例协调。

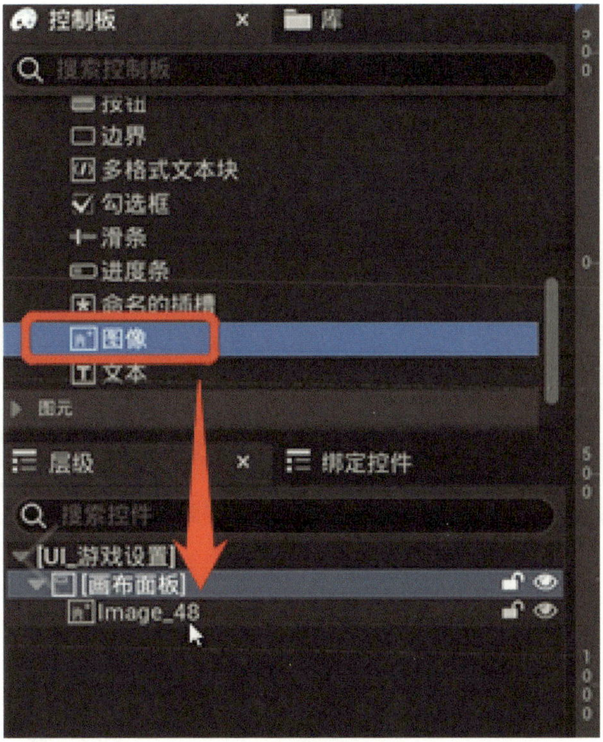

图11-1-3

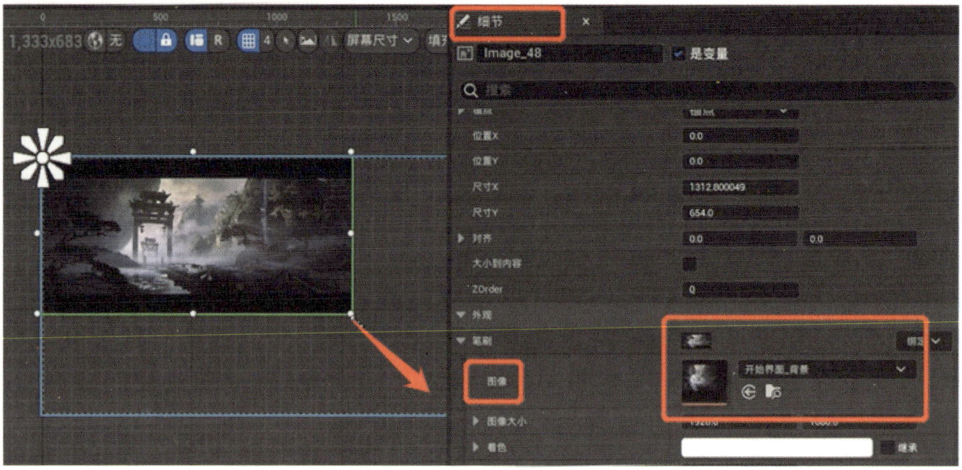

图11-1-4

如图11-1-5所示，接下来在“通用”中找到“图像”，将其拖动至“画布面板”下一级中生成“图像”功能区并命名为“Image_背景参照图”。随后如图11-1-6所示，将“设置界面背景”锚点的参数修改为“中心锚点”，以保证与画面中心对齐，尺寸具体数值根据实际制作比例调整。最后修改“设置界面背景”中的“着色”与“颜色和不透明度”，使界面背景呈灰色透明效果。

图11-1-5

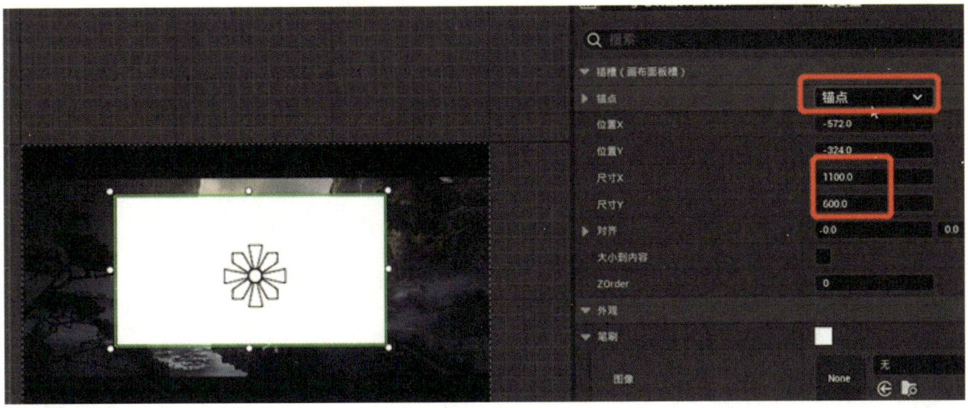

图11-1-6

接下来制作“文本”和“按钮”。复制一个“设置界面背景”，并命名为“Image_设置抬头背景”。将透明值修改为不透明，颜色如图11-1-7所示加深抬头颜色。随后如图11-1-8和图11-1-9所示，给抬头增加文本功能。勾选“对齐”下的“大小到内容”，修改文本名称为“游戏设置”，并调整文字间距、尺寸等细节。再次以相同的方式增加“音量设置”“分辨率设置”等文本内容。最后增加按钮。如图11-1-10所示，新建“按钮”，并命名为“Button_返回主界面”，随后按照图中具体参数调整尺寸、位置、颜色、透明度等内容，完成以上制作后编译并保存。

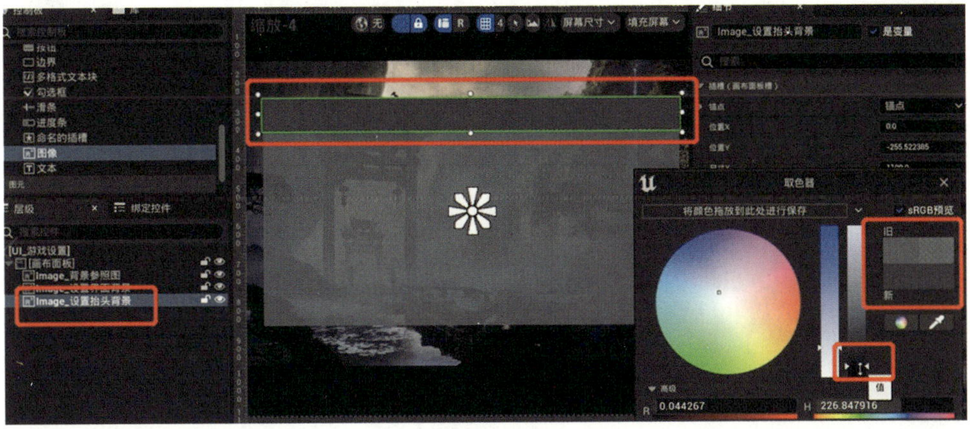

图11-1-7

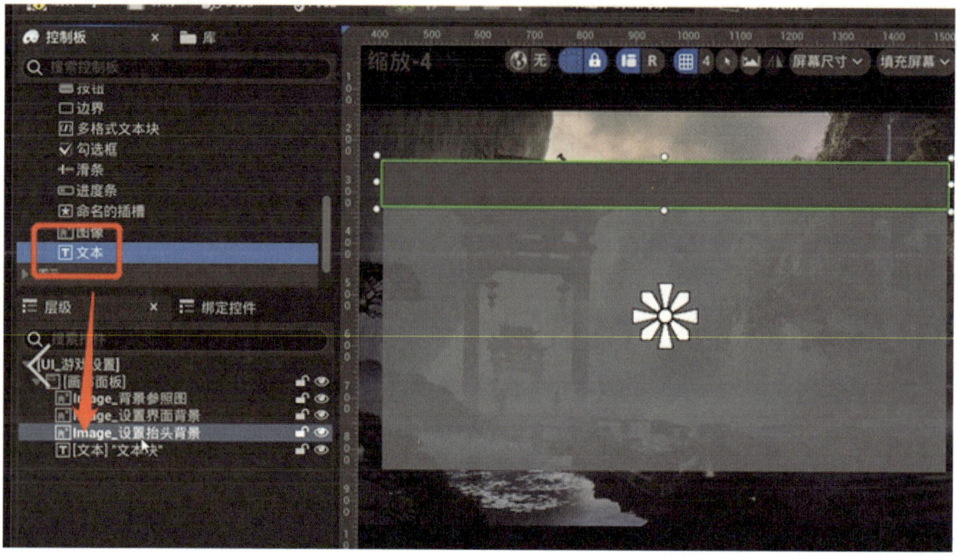

图 11-1-8

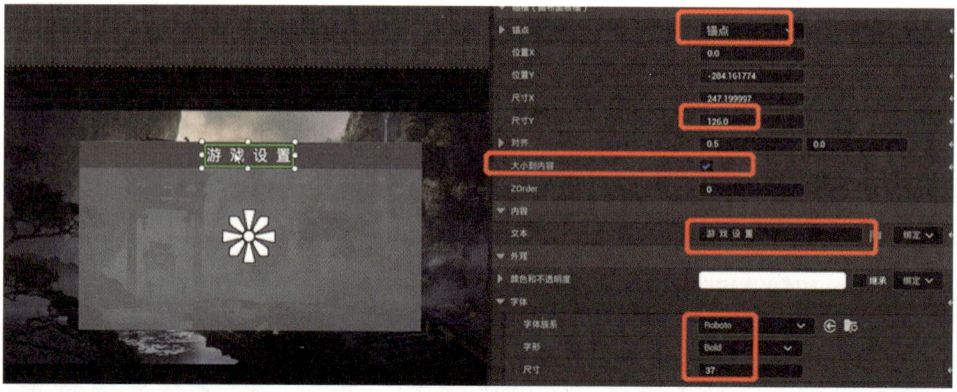

图 11-1-9

图 11-1-10

完成以上内容后制作音量条等内容。如图11-1-11所示，将“滑条”拖动至层级中，随后再拖动至“音量设置”文本旁调整大小。如图11-1-12所示，以同样的方式在“控制面板”中找到“组合框（字符串）”并直接拖到“分辨率设置”旁，完成全部内容制作后编译并保存。

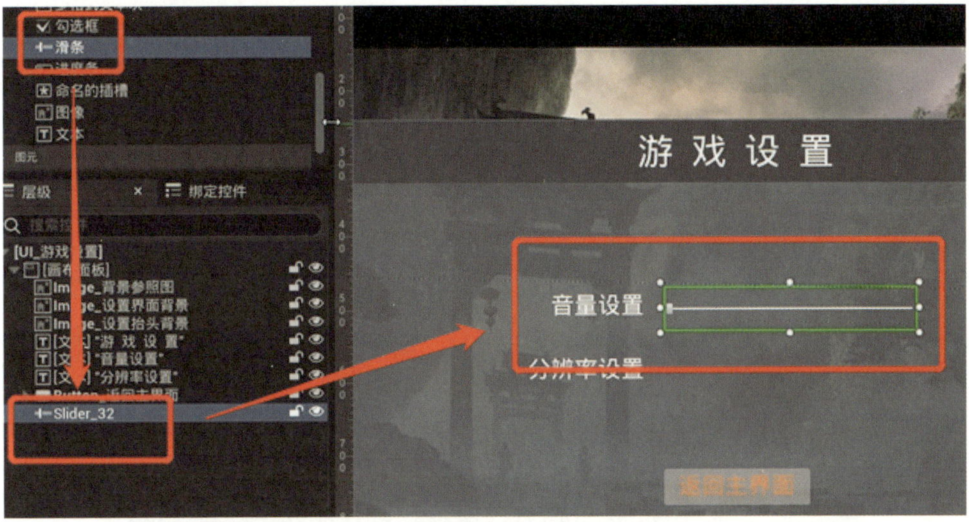

图11-1-11

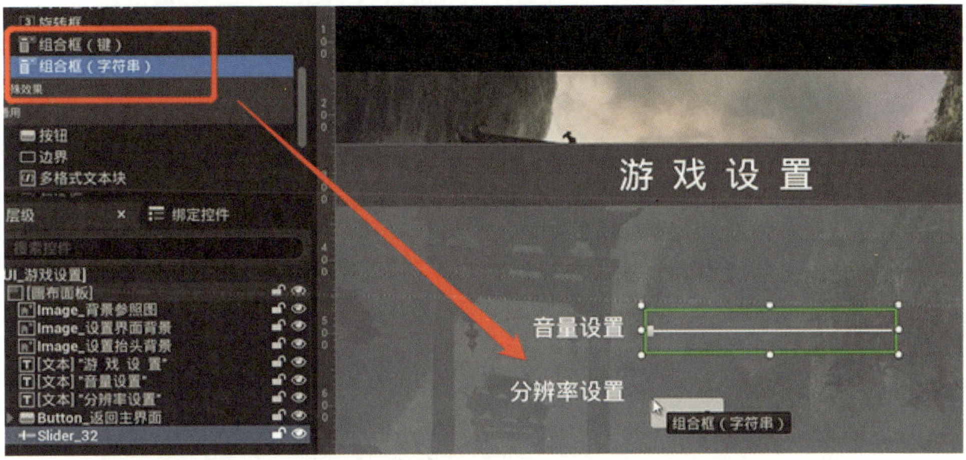

图11-1-12

将已经制作好的UI界面添加到游戏关卡中。打开需要放置界面的关卡蓝图。如图11-1-13所示，创建“创建UI游戏设置控件”并在此节点上新建“添加到视口”节点。随后回到游戏设置UI蓝图中在“设置界面背景”层级上添加“背景模糊”。接下来如图11-1-14所示，在UI制作蓝图右上角打开“图表”，随后找到左侧栏中的“Button_返回主界面”并点击“+”进入蓝图中。在蓝图中增加“从父项中移除”节点，编译并保存后回到游戏关卡中点击播放测试内容。

图11-1-13

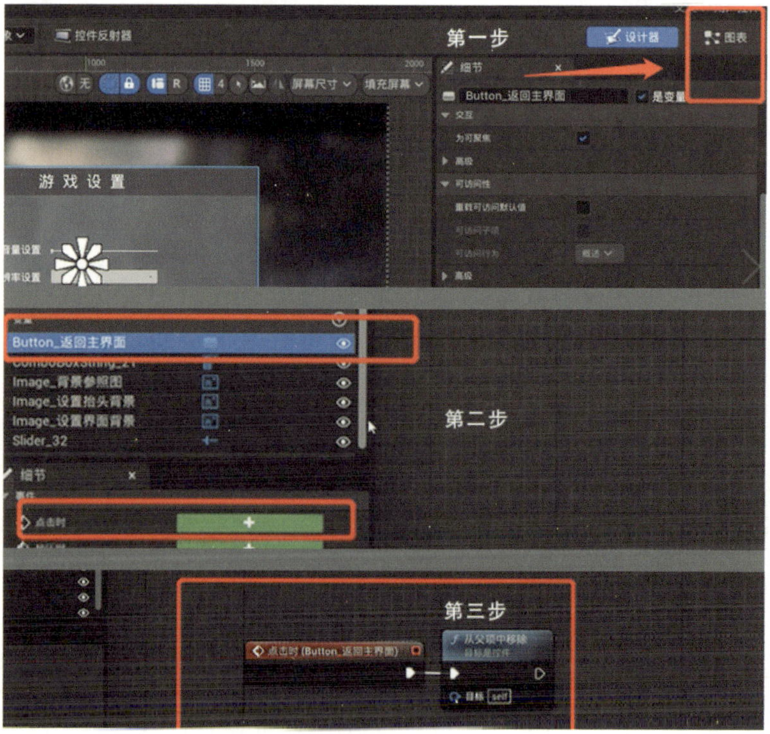

图11-1-14

第二节　开始界面——设置、开始游戏、退出游戏

本节制作游戏UI开始界面，制作内容包括开始页面中的设置、开始游戏、退出游戏等功能。在开始界面将具体功能与游戏关卡相连接，形成可人机交互的状态。接下来分步骤制作具体内容。

首先新建文件夹并命名为“UI_开始界面”，随后如图11-2-1所示，新建“画布面板”并设置屏幕尺寸。接下来如图11-2-2所示，拖曳“图像”并创建节点，随后命名为“背景图”并将其参数修改为“1920×1080”，然后将已经绘制好的游戏开始页面背景图拖至“图像”，导入蓝图中进行制作。

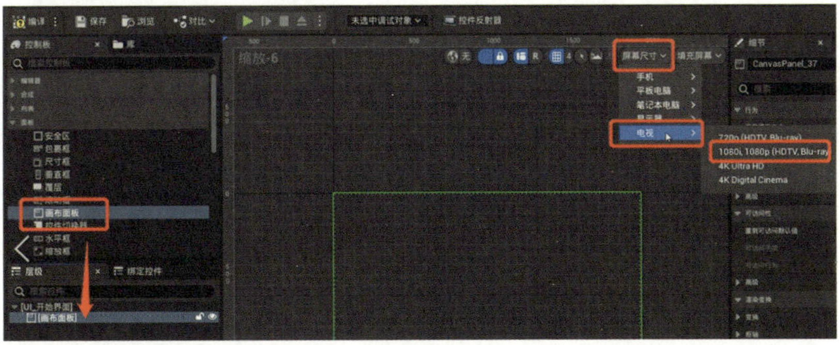

图11-2-1

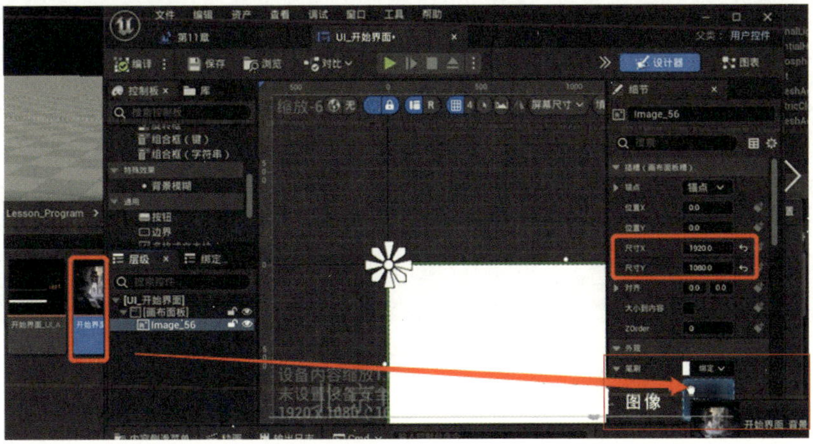

图11-2-2

接下来如图11-2-3所示在蓝图中新建“图像”，自定义“背景文字框”、“开始游戏”按钮、“开始游戏”文本等内容，再将以上功能摆放至界面适当位置。随后如图11-2-4所示，选中“开始游戏”按钮，点击右键新建“尺寸框”。需要注意的是，设计游戏界面内容时调整的是“尺寸框”层级内的“文本”“按钮”等具体参数，而不需要修改“尺寸框”本身的大小参数。随后再次新建一个“尺寸框”，按住“Shift”键勾选两个“尺寸框”，点击鼠标右键选择“包裹”内的“垂直框”，此时界面中出现三个按钮。根据游戏界面设计的实际情况修改“细节”中的尺寸、颜色等具体参数。按住“Shift”键勾选两个“文本”并修改字体颜色，最终案例效果如图11-2-5所示，编译后保存所有。

图11-2-3

图11-2-4

图11-2-5

将制作好的游戏开始界面与游戏关卡相连接，如图11-2-6所示，打开游戏关卡蓝图。如图11-2-7所示在蓝图内修改UI开始界面控件资产为“UI开始界面”，编译并保存后回到游戏关卡中的播放模式测试游戏UI制作内容。

图11-2-6

图 11-2-7

增加UI界面中游戏启动后光标点选功能。如图11-2-8所示，在游戏关卡蓝图空白处新建“获取玩家控制器”节点，并在该节点下新建“设置Show Mouse Cursor”节点，编译并保存后回到游戏关卡中的播放模式测试游戏UI制作内容。

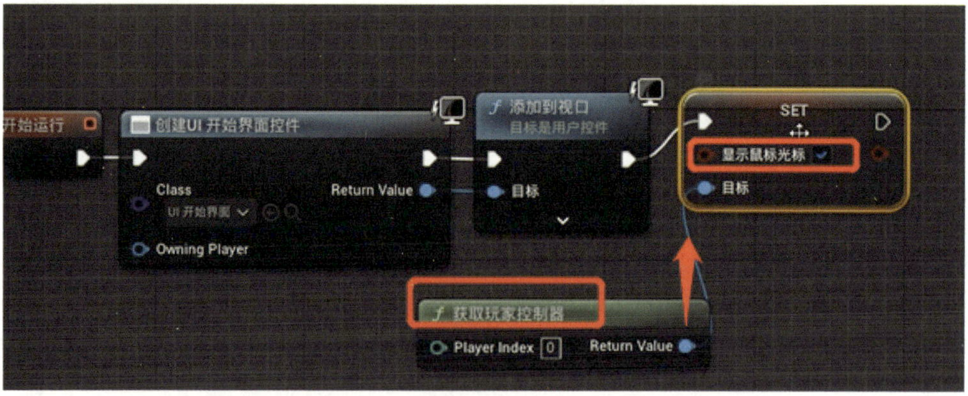

图 11-2-8

制作点击“开始游戏”后进入游戏关卡的部分内容。如图11-2-9所示，打开制作游戏界面蓝图中右上方的“图表”功能，随后选中“开始游戏”按钮进入蓝图，选择“事件”栏下的“点击时（Button_开始游戏）”进入设置蓝图。新建“打开关卡（按名称）”节点并修改所需要打开的关卡资产。同样，在“图表”中点击“设置游戏”按钮，选择“事件”栏下的“点击时（Button_设置游戏）”进入设置蓝图，当玩家点击“游戏设置”时将会创建一个设置。如图11-2-10所示，在蓝图空白处新建“创建UI游戏设置控件”节点并在该节点中将资产修改为“UI游戏设置”，随后创建“添加到视口”节点。编译并保存后回到游戏关卡的播放模式测试游戏UI制作内容。

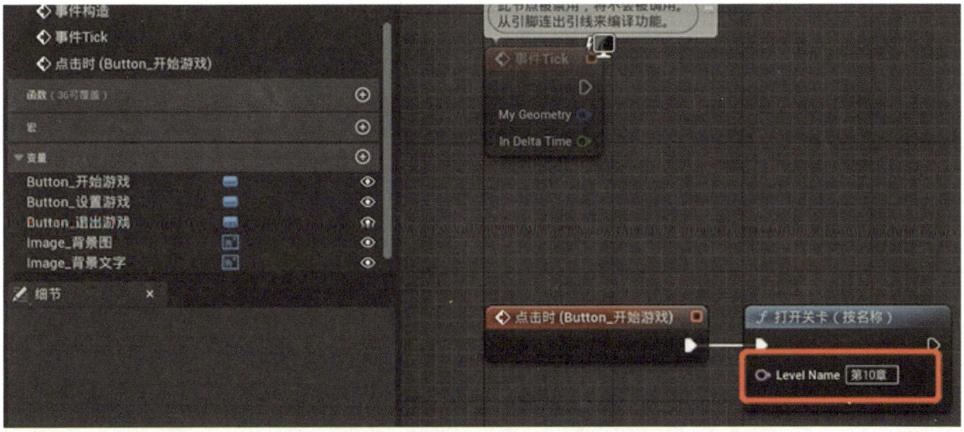

图11-2-9

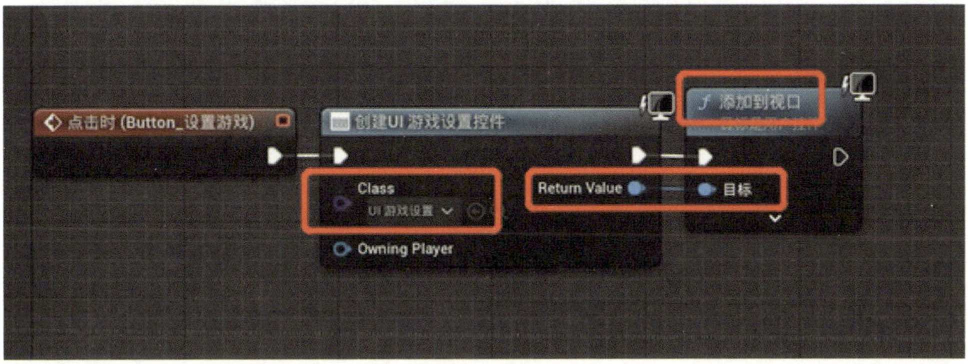

图11-2-10

接下来制作在声音控制前添加声音资产。如图11-2-11所示，将游戏音乐资产导入游戏制作文件中，然后在游戏关卡蓝图中创建“播放音效2D”，随后添加音效资产。如图11-2-12所示，创建“音效类”和“音效类混合”并进行自定义命名。打开“音效类”，如图11-2-13所示添加组件并选择音效资产。如图11-2-14所示，以同样的方式打开“音效类混合”，添加混合修改器组件并选择音效资产。打开需要应用于场景关卡的声音资产，在“音效”中的“类”

下修改需要使用的音效类资产。简言之，关于音效制作，需要有一个音乐源，以确保音乐可以在游戏关卡中正常播放，随后通过“播放音效2D”将音乐连接起来。需要设置修改音量，新建“音效类”和“音效类混合”并将彼此关联，最后再将音乐源与制作好的“音效类”关联，在“被动音效混合修改器”中添加音乐后，模式修改为“混合”，随后回到音乐源中打开资产修改制作好的音效类。完成以上全部操作后，编译并保存后回到播放模式测试音乐内容。

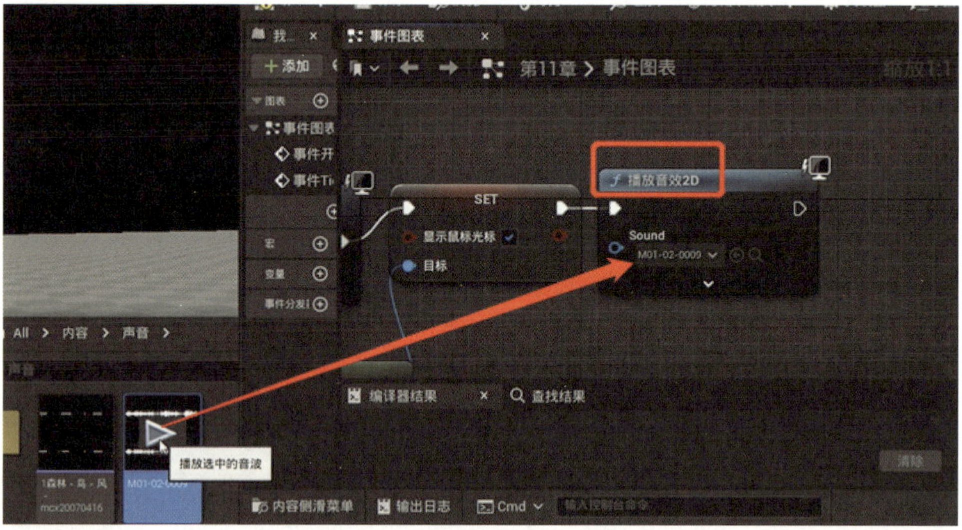

图11-2-11

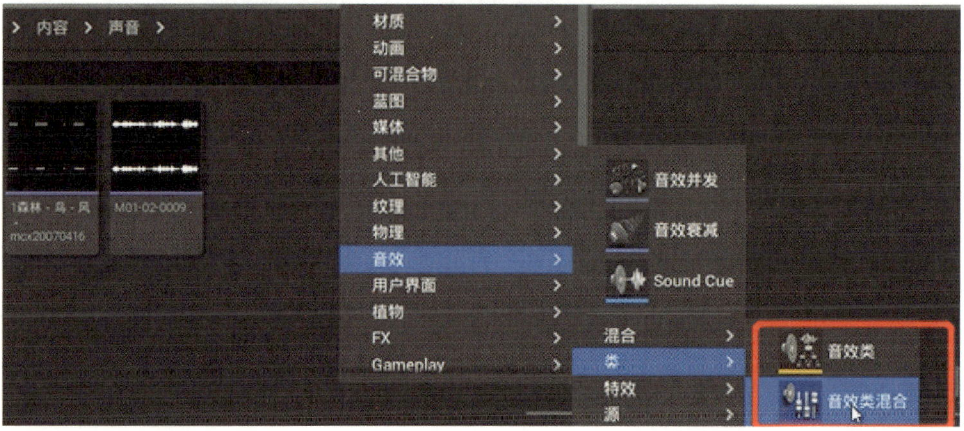

图11-2-12

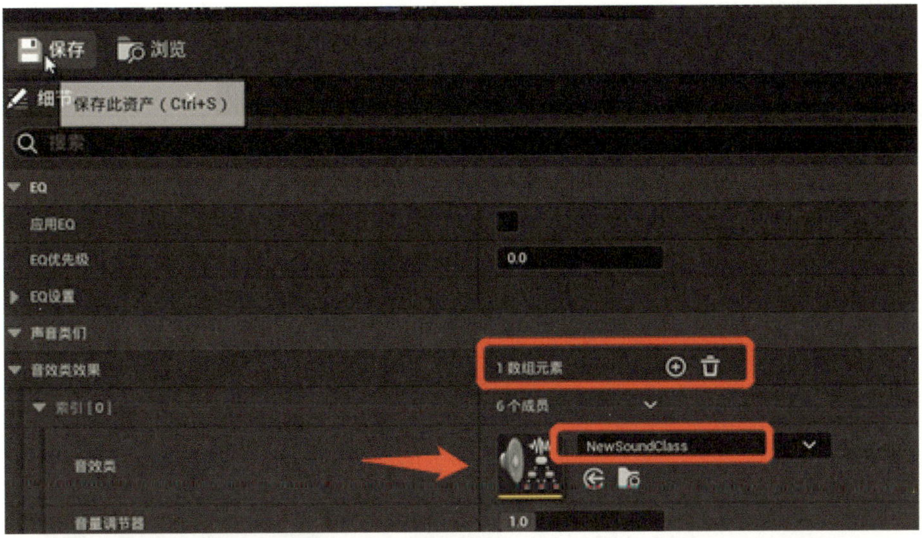

图11-2-13

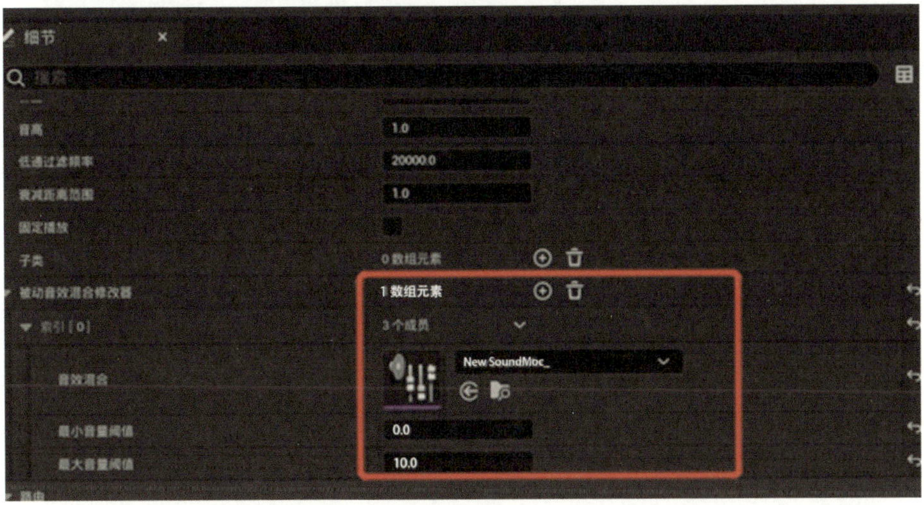

图11-2-14

接下来设置游戏UI声音。打开UI设置界面蓝图，修改音量滑竿名称为“Slider_音量设置”。打开“Slider_音量设置”图表，按照图11-2-15所示打开“鼠标捕获结束时”蓝图。随后如图11-2-16所示在蓝图内拖曳新建“Slider音量设置”，创建“获取值”和“设置音效混合类重载”节点并添加音效资产。完成以上全部操作后编译并保存，回到播放模式测试游戏音效内容。

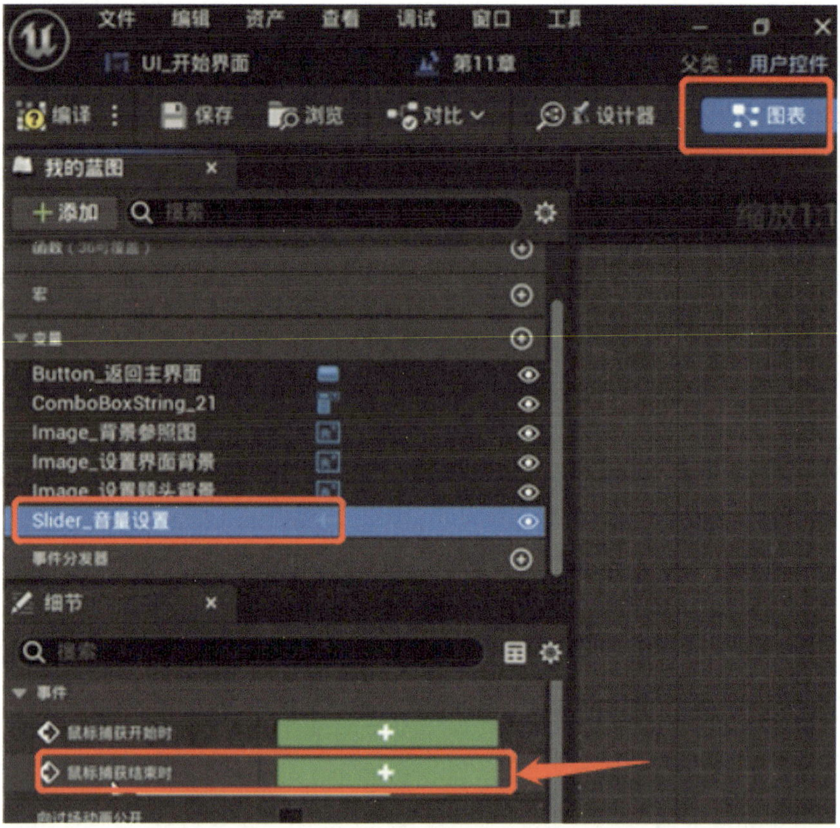

图 11-2-15

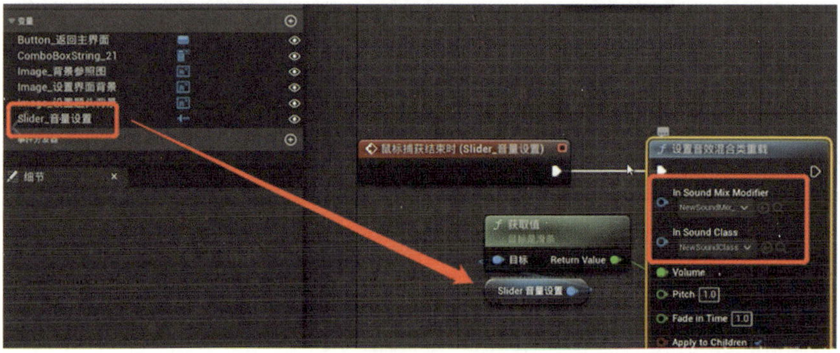

图 11-2-16

接下来制作分辨率设置的应用。在游戏界面蓝图中新建“组合框（字符串）”，随后命名为“分辨率设置”，进入“图表”中，选中“分辨率设置”，点击“选择已变化时”后进入蓝图。如图 11-2-17 所示，拖曳“分辨率设置”到蓝图空白处并生成节点，随后在“Selected Item”中生成“完全相等（字符串）”节点，在该节点内输入“1920×1080”。完成以上节点创建后，复制三个相同节点并按照图11-2-17所示修改数值。接着拖曳“分辨率设置”到蓝图空白处生成“获取分辨率设置”，随后在该节点下创建“获取选定索引”节点，然后在“获取选定索引”中创建“切换整型”。最后在三个“完全相等（字符串）”节点添加“分支”节点，添加图11-2-17中对应的设置分辨率节点。

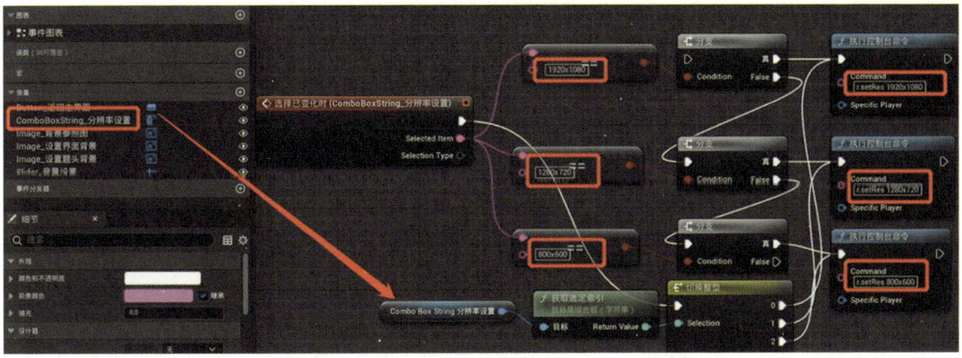

图11-2-17

第三节　战斗界面玩家血量与暂停、退出和返回游戏

本节制作战斗界面的内容，包括玩家的血量、暂停、退出游戏、返回游戏UI功能。接下来通过游戏界面案例分步骤讲解具体内容。

首先制作游戏玩家血量。选择游戏开始关卡中赋予游戏玩家的血量条。如图11-3-1所示，在内容中“用户界面”下新建“控件蓝图”，随后选择“用户控件”并命名为“UI_Player血条”。双击进入“UI_Player血条”蓝图中制作基础面板，新建“画布面板”和“进度条”，随后将屏幕尺寸修改为“1080i”。如图11-3-2所示，将“进度条”拖至界面中调整具体参数、血条的位置、颜色等具体内容。

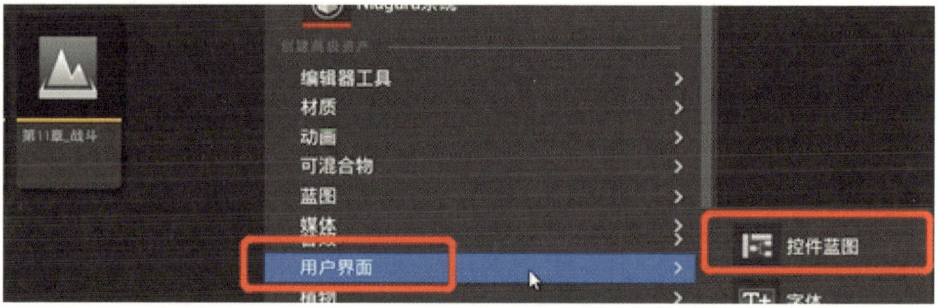

图 11-3-1

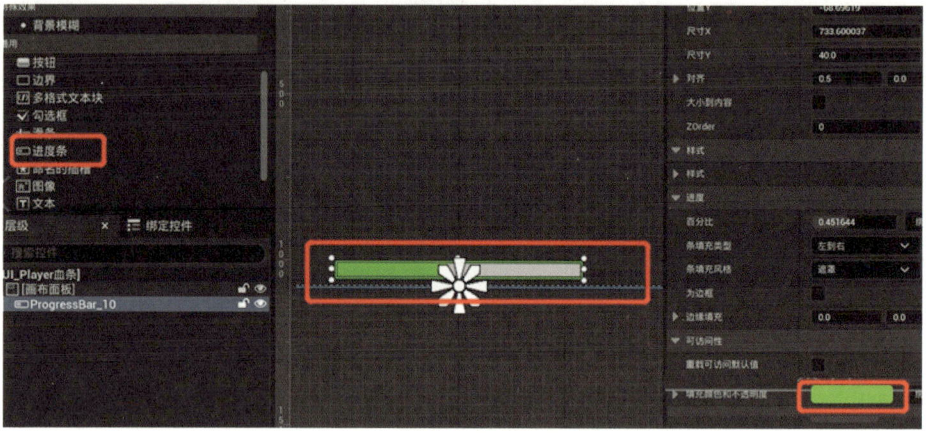

图 11-3-2

在战斗界面中打开关卡蓝图，在蓝图中“播放音效2D”节点中执行“创建UI Player血条控件”节点并选择资产“UI Player 血条”，完成以上节点制作后创建“添加到视口”节点。按图 11-3-3 所示连接相应节点，编译并保存后回到游戏关卡播放模式中测试具体内容。

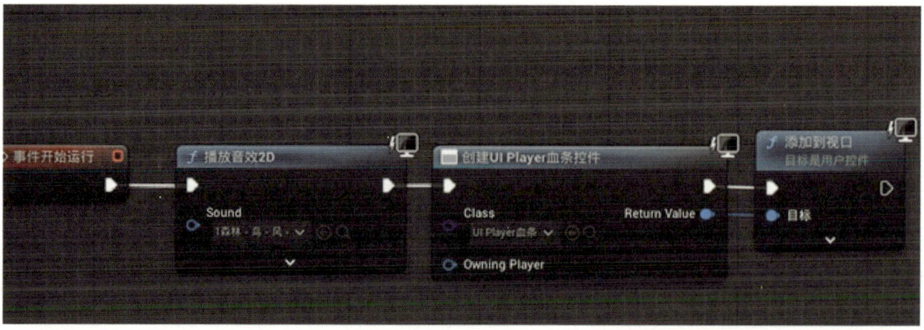

图 11-3-3

将制作好的UI血条和游戏玩家角色蓝图中被击的部分相结合。如图11-3-4所示，打开游戏玩家的角色蓝图，创建一个整数变量并命名为“总血量”，拖曳“总血量”到蓝图空白处选择获取“总血量”，再将被击数值修改为“60”并连接好相应节点，此时总血量是被击次数的总合。随后增加一个血量的计算公式并将其与用户界面中的血条相连接。打开UI血条蓝图选中血条，如图11-3-5所示在血条的右侧栏中创建“创建绑定”。随后打开右上方的“图表”，在“图表”中获取相应数值，如图11-3-6所示在蓝图中新建“获取玩家Pawn”节点，随后在该节点下执行“类型转换为WuKong_BP”节点，点击鼠标右键将“类型转换为WuKong_BP”节点转换为“转换为纯类型转换”。在“转换为纯类型转换”节点下提取“获取Be Hit Times”和“获取总血量”，随后在“获取Be Hit Times”节点中提取“转换为整型（浮点）”，再次复制“转换为整型（浮点）”并与“获取总血量”节点相连接。最后在“转换为整型（浮点）”节点中拖曳输入“除”和“减”创建相应的运算节点，编译并保存后回到游戏关卡中测试玩家攻击过程中血条衰减效果。

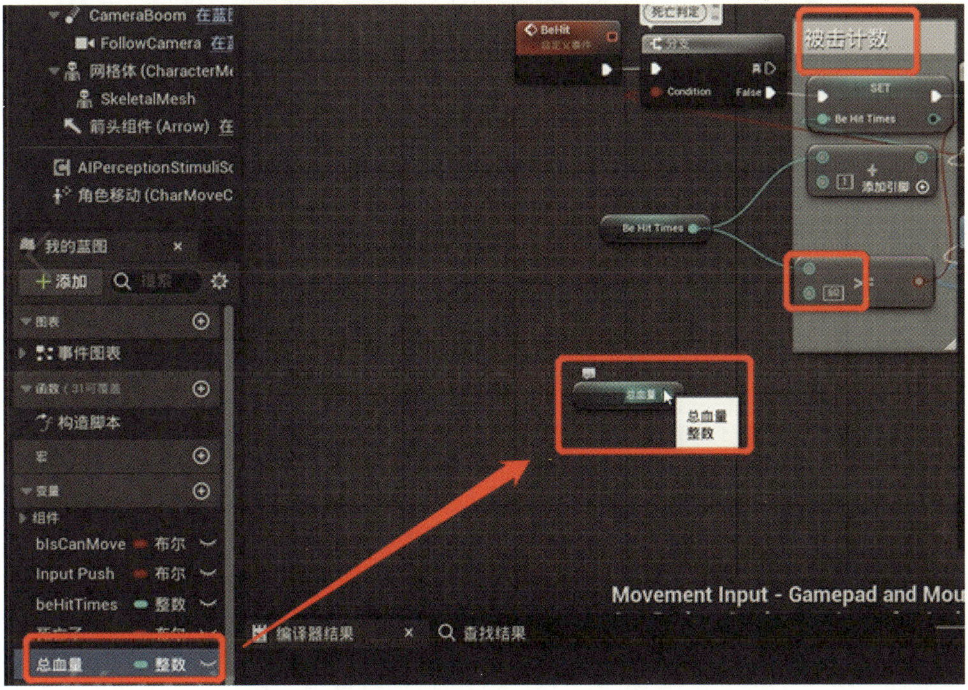

图11-3-4

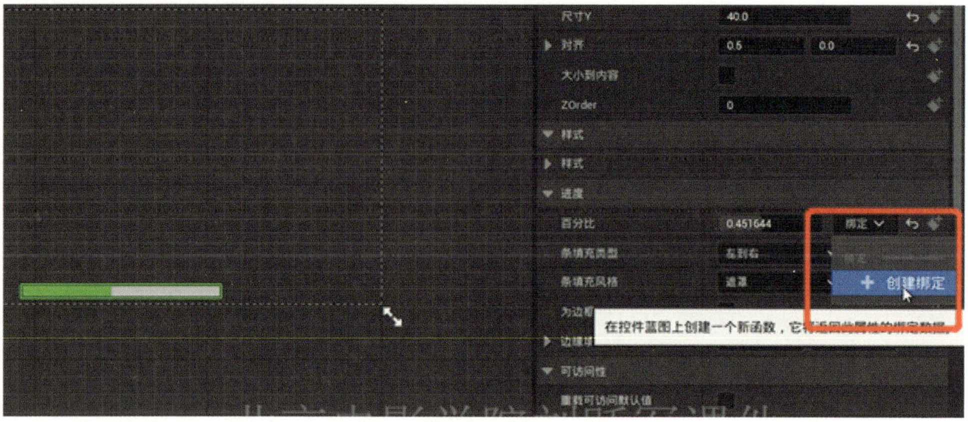

图 11-3-5

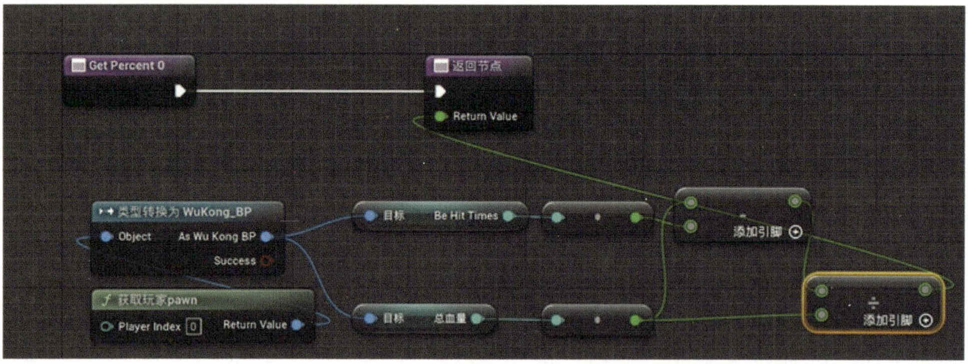

图 11-3-6

接下来制作暂停功能。如图11-3-7所示，复制之前制作好的“游戏制作UI”并更名为“UI_暂停游戏”，随后进入蓝图内部修改内容。将抬头“UI_游戏设置”更名为“暂停游戏”，随后删除“音量设置”和“分辨率设置”并保留“返回游戏”按钮。点击蓝图右上方的“图表”，删除“UI_游戏设置”内的蓝图节点。接下来如图11-3-8所示，增加一个“按钮”并命名为“Button_退出游戏”，在按钮右侧的“细节”中勾选“大小到内容”，创建“文本”并命名为“Button_退出游戏”。接下来如图11-3-9所示，新建按钮并命名为“Button_返回游戏”，随后点击鼠标右键选中“退出游戏”和“返回游戏”，并分别给两个按钮新建“尺寸框”。然后如图11-3-10所示，选择两个“尺寸框”后新建“水平框”。将“返回游戏”按钮的填充数值左边设为“80.0”，锚点设为“居中”，尺寸X值、Y值分别为“100.0”“30.0”。可根据游戏制作的具体情况调整页面设计。

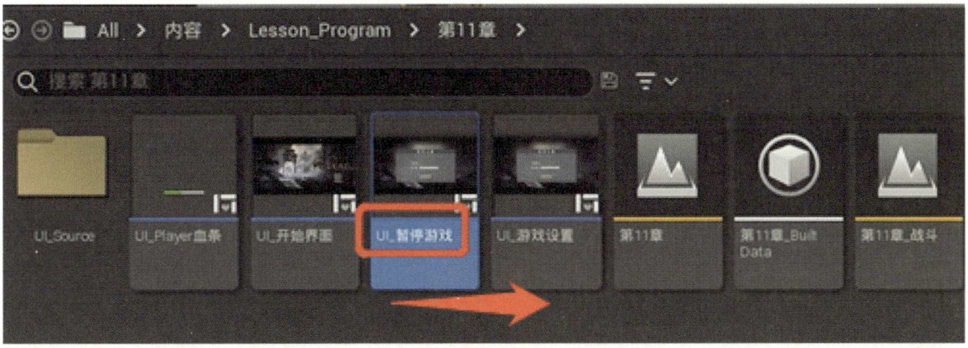

图 11-3-7

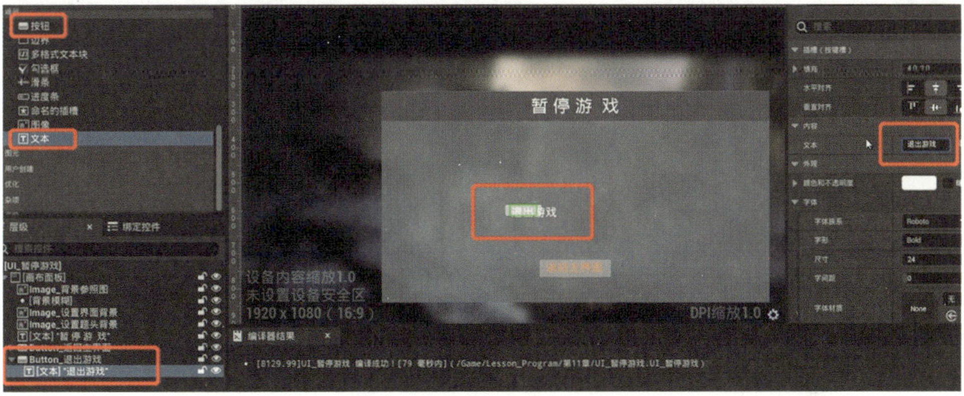

图 11-3-8

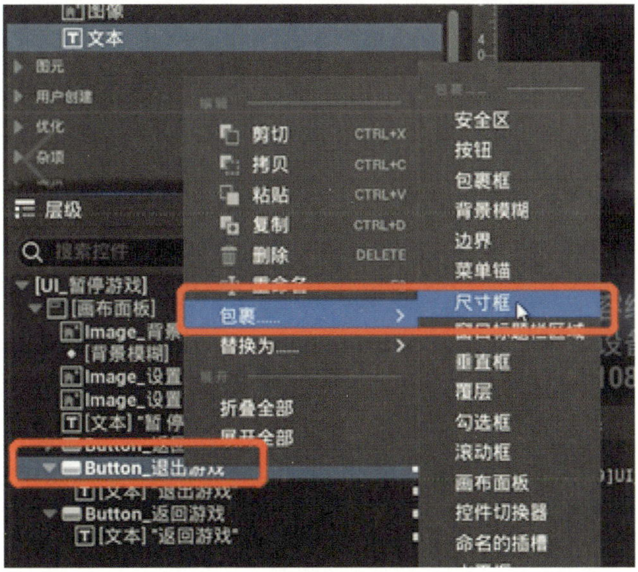

图 11-3-9

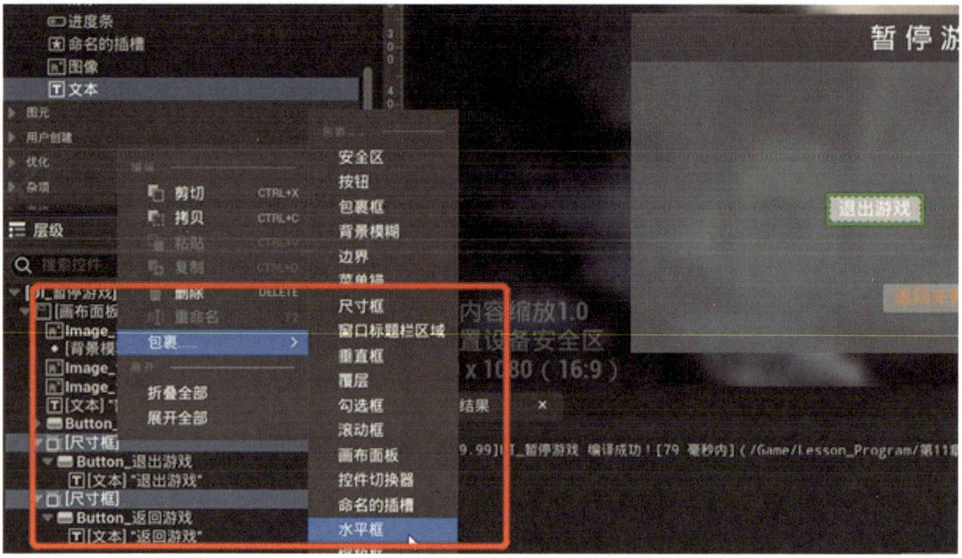

图 11-3-10

接下来给已经制作好的页面增加“退出游戏”和“返回游戏”功能，使其UI界面与游戏关卡产生交互。首先如图11-3-11所示，打开“UI_暂停游戏”蓝图中右上方的“图表”，进入“图表”后选择“退出游戏”按钮下的“点击时”进入蓝图设置节点。如图11-3-12所示在蓝图空白处拖曳“点击时（Button_退出游戏）”“点击时（Button_返回主界面）”“点击时（Button_返回游戏）”三个节点，随后按照图中所示增加相应节点并选择每个节点对应的界面资产进行连接，编译并保存后回到游戏关卡中打开关卡蓝图。如图11-3-13所示在蓝图空白处新建“Esc”节点，随后创建“创建UI暂停游戏控件”和“添加到视口”节点。最后如图11-3-14所示，创建“获取玩家控制器”并在该节点下创建“设置Show Mouse Cursor”节点，随后勾选该节点下的“显示鼠标光标”，在“获取玩家控制器”节点下创建“设置仅输入模式UI”节点，编译并保存后回到游戏关卡中测试游戏UI制作内容。

图 11-3-11

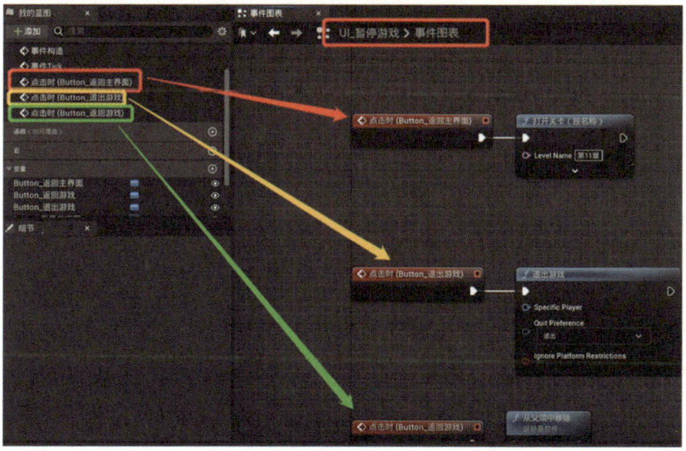

图 11-3-12

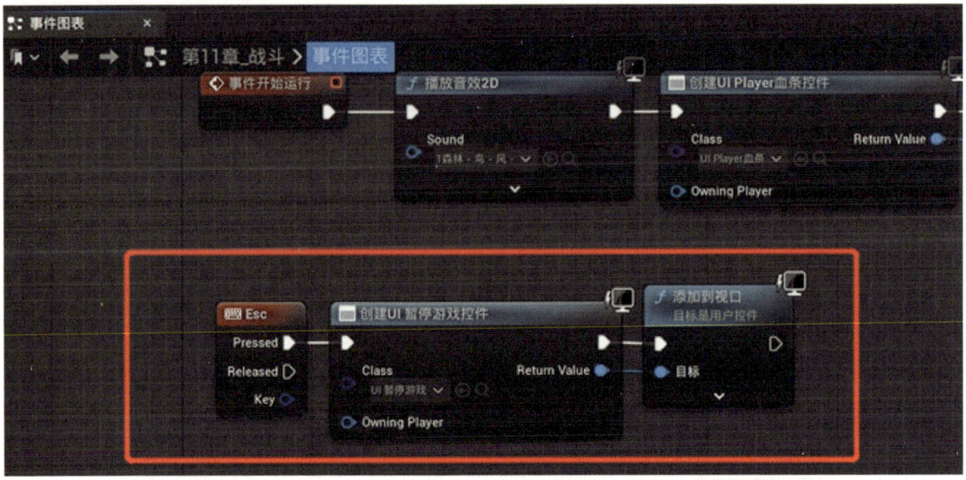

图 11-3-13

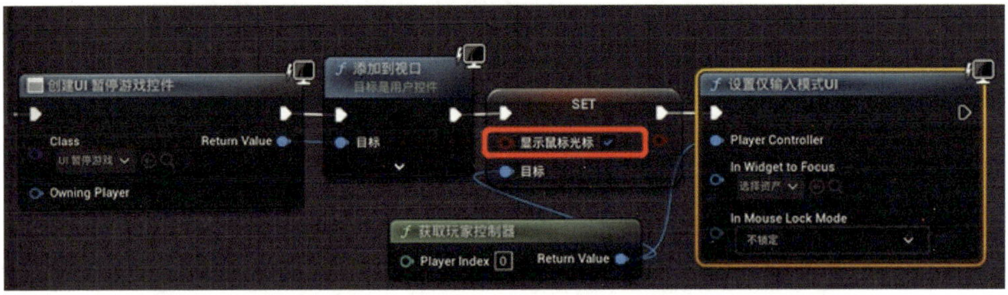

图 11-3-14

制作“返回游戏”UI功能。如图11-3-15所示打开“UI_暂停游戏”蓝图，随后在蓝图中新建“获取玩家控制器”节点并在该节点下创建“设置Show Mouse Cursor”和“设置输入”，在该节点下创建“启用输入”节点，最后在“设置Show Mouse Cursor”节点下创建“设置仅输入模式游戏”，编译并保存后回到游戏关卡中测试暂停游戏和返回游戏功能。

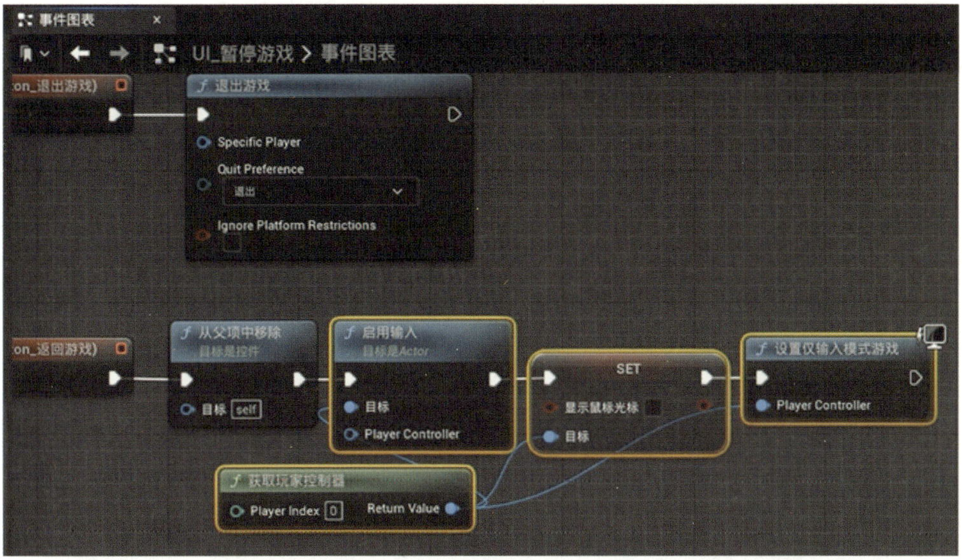

图 11-3-15

第四节　界面制作玩家的获胜与失败

在本节中讲解制作玩家游戏过程中获胜和失败两种UI模式。

首先制作游戏获胜UI界面。复制之前制作好的“UI_暂停游戏”内容并更名为“游戏胜利UI”，在此基础上修改内容，完成玩家游戏胜利UI界面制作。如图11-4-1所示，将抬头文字“暂停游戏”更改为“游戏胜利!!!”，随后更改字体颜色，“返回游戏”更改为“重新开始”。打开蓝图中右上方的“图表”，删除之前“重新开始”节点后的全部内容，如图11-4-2所示，新建“打开关卡(按名称)”节点并修改关卡名称。

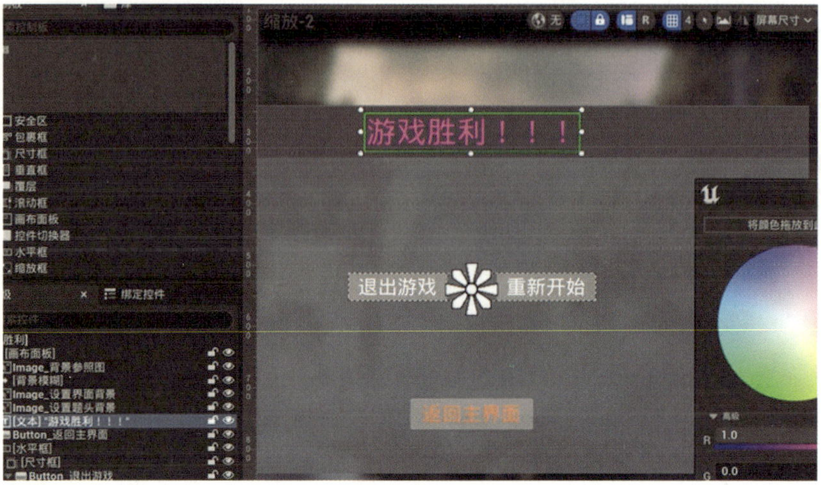

图 11-4-1

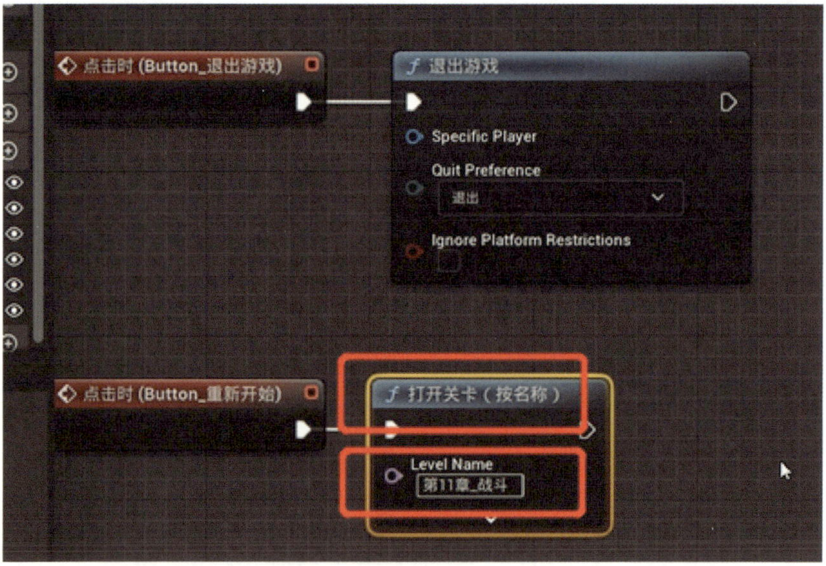

图 11-4-2

接下来制作游戏失败UI界面。复制之前制作好的“游戏胜利UI”内容并更名为“游戏失败UI”，在此基础上修改内容，完成玩家游戏失败UI界面制作。将抬头文字“游戏胜利!!!”更改为“游戏失败了!!!”，并更改字体颜色。

制作游戏失败的条件。如图11-4-3所示在玩家角色蓝图中找到玩家死亡时的动画。如图11-4-4所示创建“创建UI失败控件”，选择“UI失败”并进行连接，随后添加“添加到视口”节点，提取“获取玩家控制器”和“设置Show Mouse

Cursor”。当界面显示时会出现光标，勾选节点中的“显示鼠标光标”。最后在“获取玩家控制器”节点下创建“设置仅输入模式UI”，编译并保存后回到游戏关卡中测试玩家死亡后的UI界面。

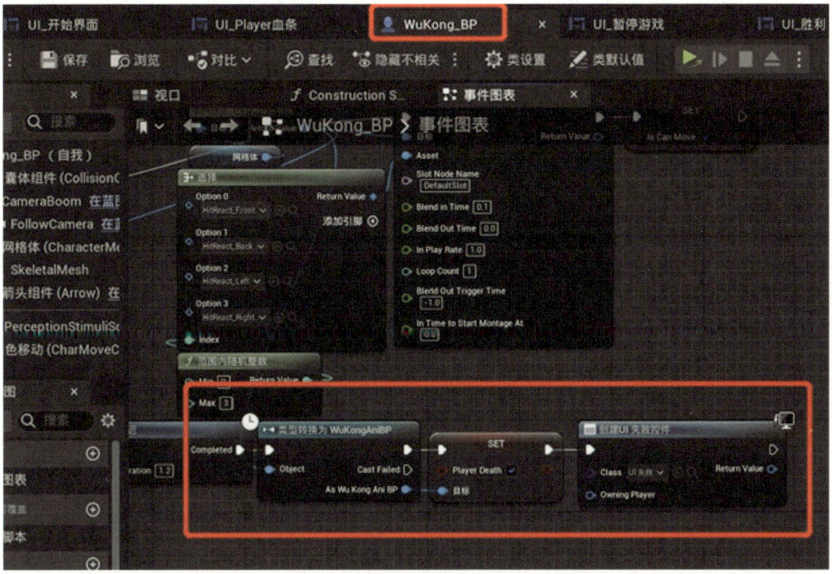

图 11-4-3

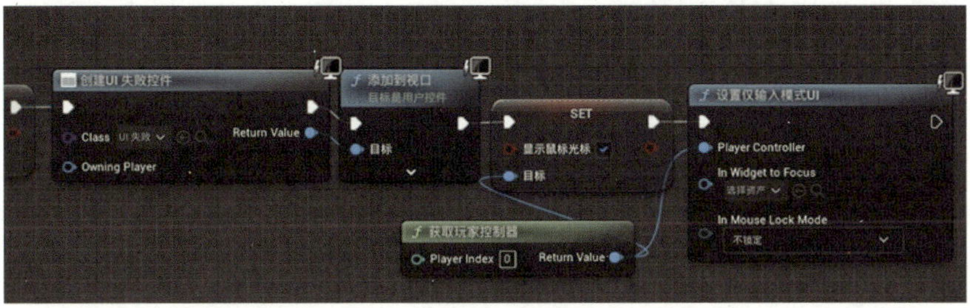

图 11-4-4

制作游戏胜利的条件。当玩家攻击敌人时敌人累计死亡数量达到所设定的数量值，则玩家胜利。如图 11-4-5 所示，打开游戏角色蓝图，增加自定义事件节点并命名为“敌人死亡累加”，随后增加整数变量值并命名为“杀死敌人数量”和“敌人总数”，敌人总数总量为“2”，默认杀死敌人的数量为“0”。随后拖曳两个变量到蓝图空白处选择“获取”并生成节点，再新建“设置杀死敌人数量”节点。当敌人死亡时，节点会向“设置”节点发送一个事件，所以再创建一个“+”节点。当区域内的敌人数量大于等于敌人总数时创建“大于等于”节点，此时代表玩家胜利。接下来如图11-4-6所示，当“分支”为“真”时，创建“创建UI胜利控件”，在“创建UI胜利控件”节点中选择“UI胜利”并添加“添加到视口”。最后如图11-4-7所示，打开怪兽的父类蓝图，找到怪兽的死亡状态节点，添加“获取玩家Pawn”节点，随后点击右键选中“类型转换为WuKong_BP”节点，选择“转换为纯类型转换”，创建“敌人死亡累加”。编译并保存后回到游戏关卡内点击“保存所有”并测试游戏胜利效果。

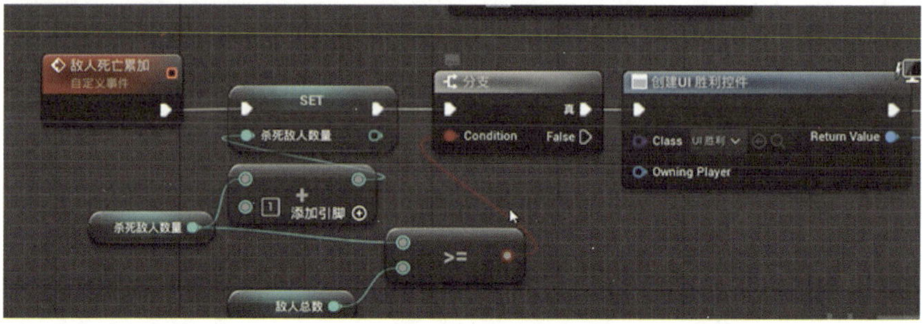

图11-4-5

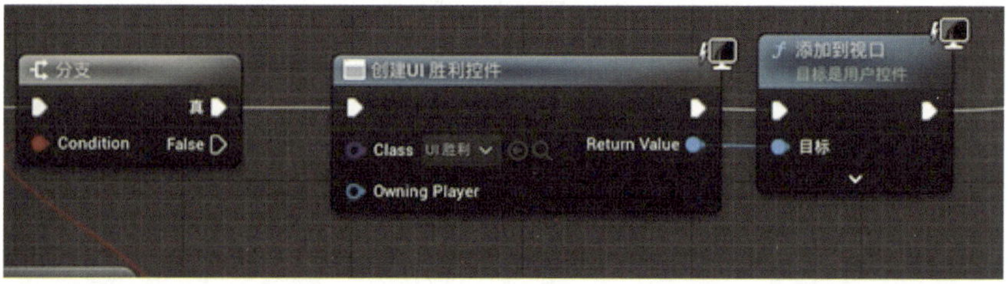

图11-4-6

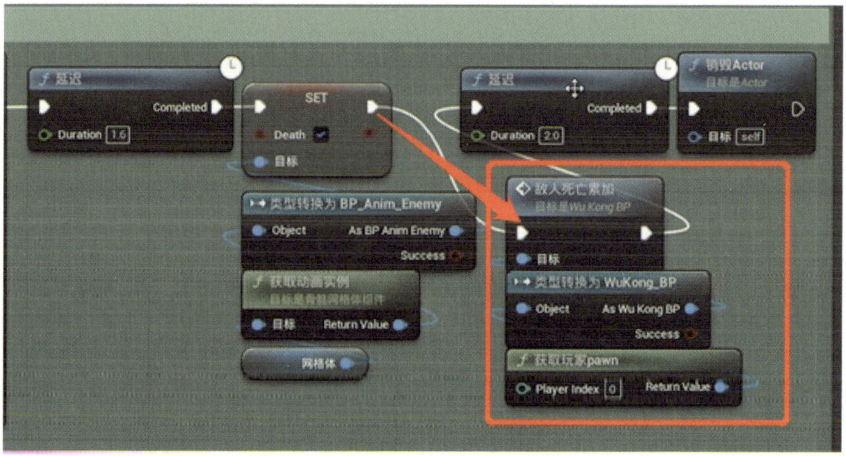

图11-4-7